1권 개념

믿고 보는 초등 과학 개념서

HIGHTOP

하이탑

초등 과학

4-1

HIGHTOP

하이탑

초등 과학의 **구성과 특징**

1 단계

❶ 단원 개념도

단원 전체 학습 흐름과 개념 간의 관계를 미리 알고 학습할 수 있습니다.

❷ 필수 개념 30

과학 이야기를 읽듯이 차근차근 읽다 보면 과학 필수 개념 30개를 체계적으로 학습할 수 있습니다.

❸ 개념 이해

그림, 비교, 표, 과정, 실험, 그래프의 구조화 방식을 통해 개념을 쉽게 이해할 수 있습니다.

❹ 보충 / 심화

필수 개념에 대한 자세한 보충 설명과 좀더 확장된 심화 설명으로 이해의 폭을 넓힐 수 있습니다.

|도움영상|

과학 도움 영상

생생한 동영상 자료를 통해 과학 원리를 좀더 쉽게 이해할 수 있습니다.

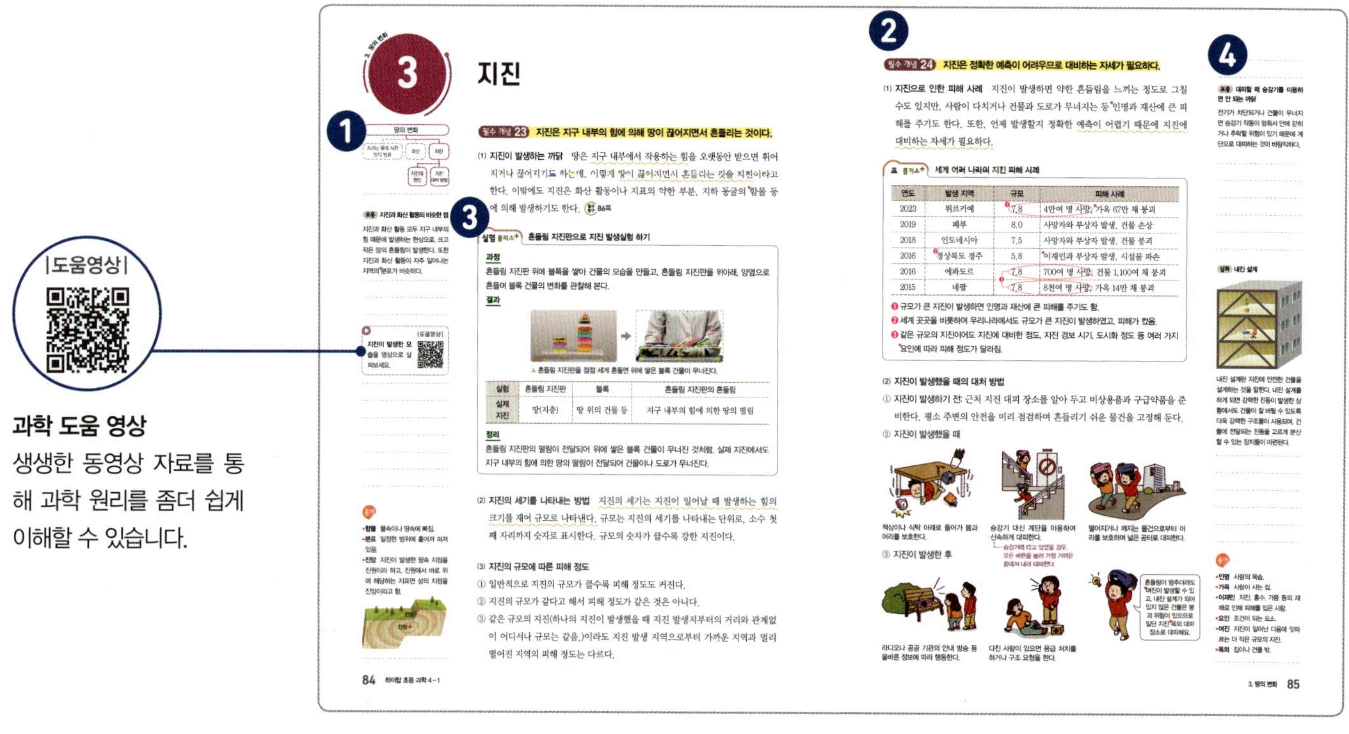

초등부터 고등까지 영역별로 보는 과학 개념도

영역		초등학교 3학년	초등학교 4학년	초등학교 5학년	초등학교 6학년
운동과 에너지	힘과 에너지	• 밀기와 당기기 • 무게 • 수평 잡기 • 도구의 이용			• 위치의 변화 • 속력 • 속력과 안전
운동과 에너지	전기와 자기		• 자석과 물체 사이의 힘 • 자석과 자석 사이의 힘 • 자석의 극 • 자석의 이용		• 전기 회로 • 전지의 직렬연결 • 전자석 • 전기 안전
운동과 에너지	열			• 온도 • 열의 이동 • 단열	
운동과 에너지	빛과 파동	• 소리의 발생 • 소리의 세기 • 소리의 높낮이 • 소리의 전달		• 빛의 직진 • 평면거울에서 빛의 반사 • 빛의 굴절 • 렌즈의 이용	
물질	물질의 성질	• 물체와 물질 • 물질의 세 가지 상태		• 용액, 용매, 용질 • 용해 • 용액의 진하기 • 혼합물의 분리	
물질	물질의 성질		• 물의 상태 변화		
물질	물질의 성질		• 기체의 무게 • 온도와 압력에 따른 기체의 부피 변화		
물질	물질의 변화				• 지시약 • 산성 용액, 염기성 용액 • 연소 조건 • 연소 생성물
생명	생물의 구조와 에너지	• 특징에 따른 동물 분류 • 다양한 환경에 사는 동물	• 균류, 원생생물, 세균	• 세포의 구조 • 뼈와 근육 • 소화, 순환, 호흡, 배설 기관	
생명	생물의 구조와 에너지	• 특징에 따른 식물 분류 • 다양한 환경에 사는 식물			• 뿌리, 줄기, 잎, 꽃의 구조 • 증산 작용 • 광합성 산물
생명	생명의 연속성	• 동물의 한살이 • 식물의 한살이 • 식물이 잘 자라는 조건			
생명	환경과 생태계		• 생물 요소와 비생물 요소 • 환경오염이 생물에 미치는 영향 • 먹이사슬과 먹이그물		
지구와 우주	고체 지구		• 강 주변 지형 • 화산 활동 • 화성암 • 지진 대처 방법	• 지층 • 퇴적암 • 화석의 생성 • 과거 생물과 환경	
지구와 우주	유체 지구	• 지구의 대기		• 날씨와 기상 요소 • 이슬, 안개, 구름 • 고기압과 저기압	
지구와 우주	유체 지구	• 바다의 특징 • 밀물과 썰물 • 갯벌 보전			
지구와 우주	천체		• 달의 모양과 표면 • 달의 위상 변화 • 태양계 행성 • 별과 별자리		• 태양과 별의 위치 변화 • 지구의 자전과 공전 • 계절별 별자리 변화 • 태양 고도의 일변화 • 계절별 낮의 길이

DAY 4 

자석의
같은 극끼리는 밀어내고,
다른 극끼리는 끌어당긴다.

DAY 5 

나침반 바늘의
빨간색 부분은
자석의 **S극**을 가리킨다.

DAY 6 

자석의 N극은 **북쪽**,
S극은 **남쪽**을 가리킨다.

DAY 10 

물의 상태가
다른 상태로 변하는 것을
물의 상태 변화라고 한다.

DAY 11 

물이 얼 때
부피는 늘어나고
무게는 변하지 않는다.

DAY 12 

얼음이 녹을 때
부피는 줄어들고
무게는 변하지 않는다.

DAY 16 

우리 생활에서
물의 상태 변화는
다양하게 이용된다.

DAY 17 

흐르는 물은
침식, 운반, 퇴적 작용으로
땅의 모습을 변화시킨다.

DAY 18 

강 상류에서는 **침식,**
하류에서는 **퇴적** 작용이
활발하게 일어난다.

DAY 22 

화산 활동은 우리 생활에
피해를 주지만
이로운 점도 있다.

DAY 23 

지진은 지구 내부의 힘에
의해 땅이 끊어지면서
흔들리는 것이다.

DAY 24 

지진은 정확한 예측이
어려우므로
대비하는 자세가 필요하다.

DAY 28 

세균은 구조가
단순한 생물로, 우리 주변의
어느 곳에나 산다.

DAY 29

생물은 우리 생활에
이로운 영향뿐만 아니라
해로운 영향도 미친다.

DAY 30

생물을 이용한 **생명과학**은
우리 생활에 널리 이용된다.

30 DAYS 필수 개념 챌린지

DAY 1 

철로 된 물체는
자석에 붙는다.

DAY 2 

자석과 철로 된 물체는
사이가 조금 떨어져 있어도
서로 끌어당긴다.

DAY 3 

자석의 극은
항상 두 개이다.

DAY 7 

철로 된 물체는
자석의 성질을 띠게
할 수 있다.

DAY 8 

자석을 이용한 생활용품은
우리 생활을 편리하게 한다.

DAY 9 

물은 고체, 액체, 기체의
세 가지 상태가 있다.

DAY 13 

증발은 물이
표면에서 수증기로
상태가 변하는 현상이다.

DAY 14 

끓음은 물의 표면뿐만
아니라 물속에서도
물이 수증기로 변한다.

DAY 15 

수증기가 물로
상태가 변하는 현상을
응결이라고 한다.

DAY 19 

화산은 마그마가
지표 밖으로 분출하여
만들어진 지형이다.

DAY 20 

화산 분출물에는
화산 가스, 용암, 화산재,
화산 암석 조각 등이 있다.

DAY 21 

현무암과 화강암은
화산 활동으로
만들어진 암석이다.

DAY 25 

작은 생물을 자세히
관찰할 수 있는 도구에는
현미경이 있다.

DAY 26 

포자로 번식하는
버섯, 곰팡이와 같은 생물을
균류라고 한다.

DAY 27 

해캄, 짚신벌레는
생김새가 단순한 생물인
원생생물이다.

중학교			고등학교
1학년	2학년	3학년	통합과학
• 힘의 평형 • 질량과 무게 • 중력, 탄성력, 마찰력, 부력		• 등속 운동 • 자유낙하운동 • 중력 가속도 • 위치 에너지, 운동 에너지 • 역학적 에너지 보존	• 중력장 내의 운동 • 운동량, 충격량 • 에너지 전환과 효율
	• 마찰 전기, 정전기 유도 • 전압, 전류, 저항 • 저항의 직렬, 병렬연결 • 자기력, 자기장		• 발전
• 열평형 • 전도, 대류, 복사 • 비열, 열팽창			
	• 빛의 반사와 굴절 • 거울과 렌즈의 상 • 빛의 합성과 색 • 파동의 발생과 전달 • 파동의 요소와 소리의 특성		
• 물질의 특성 • 밀도, 용해도, 녹는점, 끓는점 • 순물질과 혼합물 • 확산과 증발 • 상태 변화와 열에너지 • 기체의 압력과 부피의 관계 • 기체의 온도와 부피의 관계			• 물질의 전기적 성질 • 원소의 주기성 • 이온 결합, 공유 결합
	• 원소, 원자, 분자, 이온 • 화합물, 화학식 • 주기율표	• 화학 변화, 화학 반응식 • 질량 보존 법칙 • 일정 성분비 법칙 • 기체 반응 법칙	• 산화와 환원 • 산성과 염기성 • 중화 반응 • 물질 변화에서의 에너지 출입
• 세포의 구조와 기능 • 동물과 식물의 차이 • 생물의 다양성과 변이의 관계 • 종의 개념과 분류 체계	• 소화계, 순환계, 호흡계, 배설계의 구조와 기능 • 소화, 순환, 호흡, 배설의 관계 • 광합성 과정 • 광합성에 영향을 미치는 요인 • 식물의 호흡과 광합성의 관계	• 감각기관의 구조와 기능 • 뉴런과 신경계의 구조와 기능 • 자극에서 반응하기까지의 경로	• 생명 시스템의 기본 단위 • 물질대사 • 유전자와 단백질
		• 세포분열 • 동물의 발생 과정 • 유전 형질과 유전 원리	• 세포 내 유전 정보의 흐름 • 자연선택 • 생물의 다양성
• 생물다양성 보전의 필요성과 방안			• 생태계 구성 요소 • 생태계 평형
	• 지구계의 요소와 지권의 층상 구조 • 광물의 특성 • 암석의 순환 과정과 풍화 작용 • 대륙이동설		• 지구시스템의 구성과 상호작용 • 판구조론과 지각 변동 • 지질시대의 생물과 화석 • 지질시대 환경 변화와 대멸종
		• 기권의 층상구조 • 온실 효과와 지구 온난화 • 대기 대순환과 강수 과정 • 기압, 기단, 전선에 따른 날씨 • 수권과 수자원 • 염분과 해류	• 대기와 해양의 상호작용 • 온실 기체와 지구 온난화
• 태양계 구성 천체 • 태양의 표면과 활동 • 달의 위상 변화 • 일식과 월식	• 연주 시차 • 별의 특성 • 우리 은하의 구조와 크기 • 우주 팽창		

과학 고수가 되는 길!
초등부터 **HIGHTOP**과 함께라면
과학 공부 어렵지 않아요.

2단계

① 필수 탐구
과학 교과서의 필수 탐구를 과정, 결과, 알 수 있는 사실까지 꼼꼼하게 정리할 수 있습니다.

② 탐구 문제
탐구 관련 문제를 풀면서 탐구로 알 수 있는 사실을 다시 한번 정리할 수 있습니다.

③ 개념 확인 문제
문제를 풀면서 오늘 공부한 개념을 정리하고 다질 수 있습니다.

과학 실험 동영상
실험 영상을 통해 과정과 결과를 다시 한번 정리할 수 있습니다.

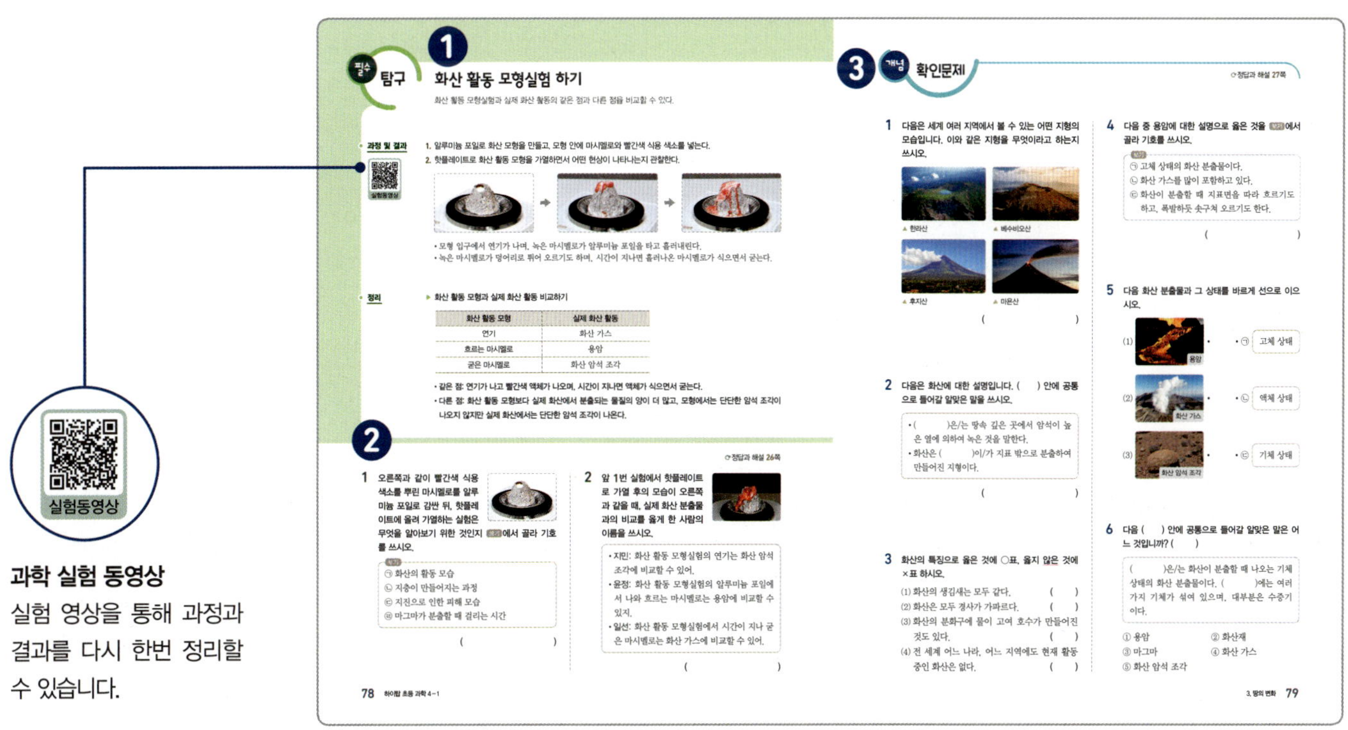

초등 과학의 **구성과 특징**

3단계

① 실력 강화 문제

개념 확인 문제보다 한 단계 수준 높은
문제로 구성하였습니다. 각 핵심 개념의
어려운 문제를 풀어봄으로써 자신의 실력을
향상시킬 수 있습니다.

도전! 하이탑 최상위 수준의 문제로 응용력과 문제
해결력을 향상시킬 수 있습니다.

② 단원 평가

학교에서 실시하는 단원 평가에 자주
출제되는 문제 유형으로 구성하였습니다.
문제를 푼 후 틀린 문제는 자세한 풀이를
보면서 확실하게 이해할 수 있습니다.

서술형 문제 서술형 답을 쓸 때 꼭 들어가야 하는
핵심 내용을 정리하는 습관을 키울 수 있습니다.

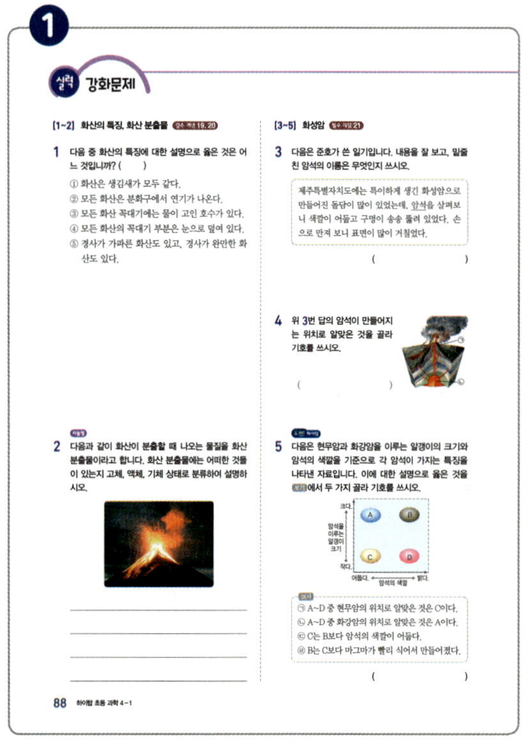

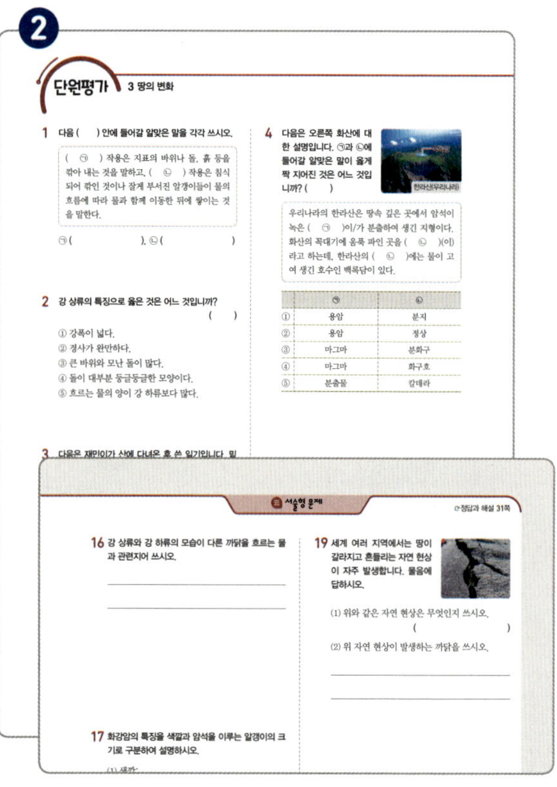

2권 심화

❶ 중학교 개념 특강

초등 과학 필수 개념과 연계된 중학교 기초 개념을 미리 쉽게 학습하면서 과학 전체 개념의 이해 폭을 넓힐 수 있습니다.

❷ 중학교 개념 테스트

중학교 개념 특강에서 배운 내용을 잘 이해했는지 간단한 퀴즈를 통해 확인할 수 있습니다.

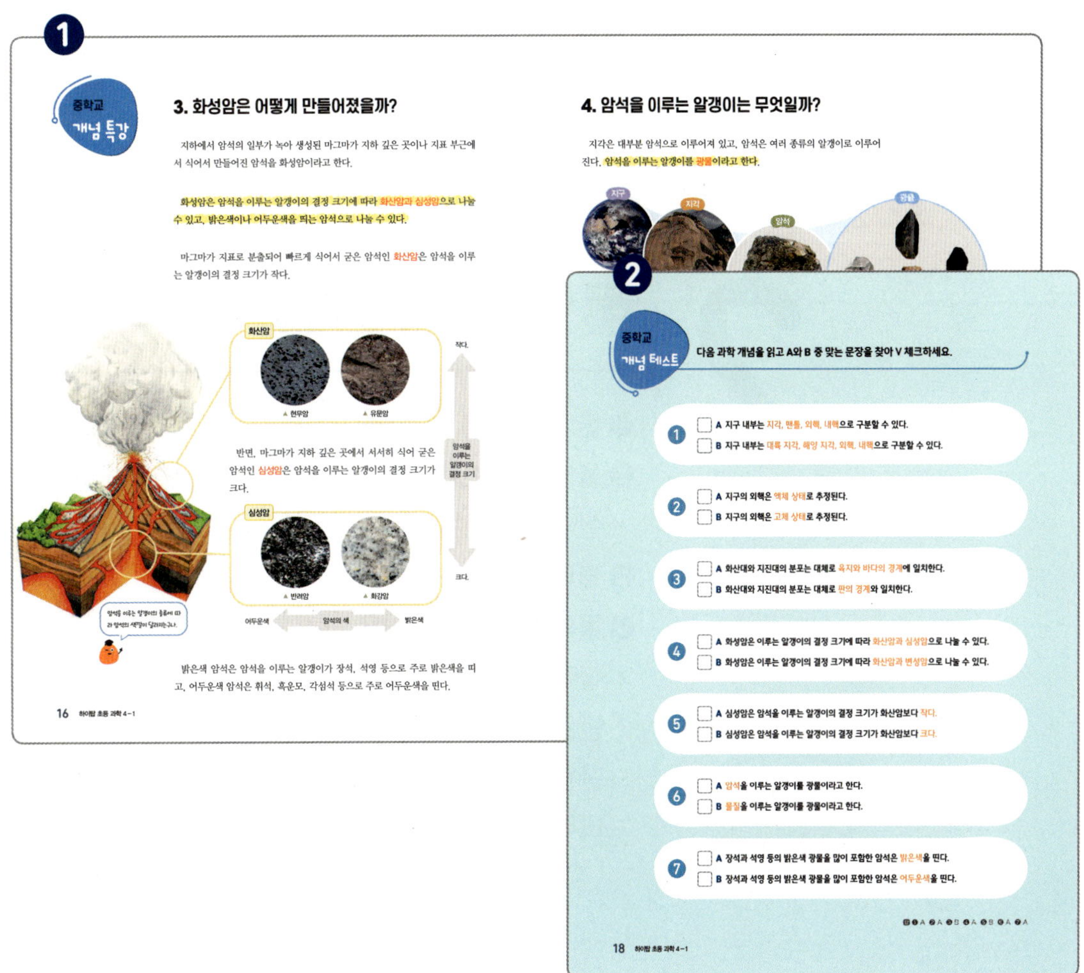

3 땅의 변화

4 다양한 생물과 우리 생활

1 자석의 이용

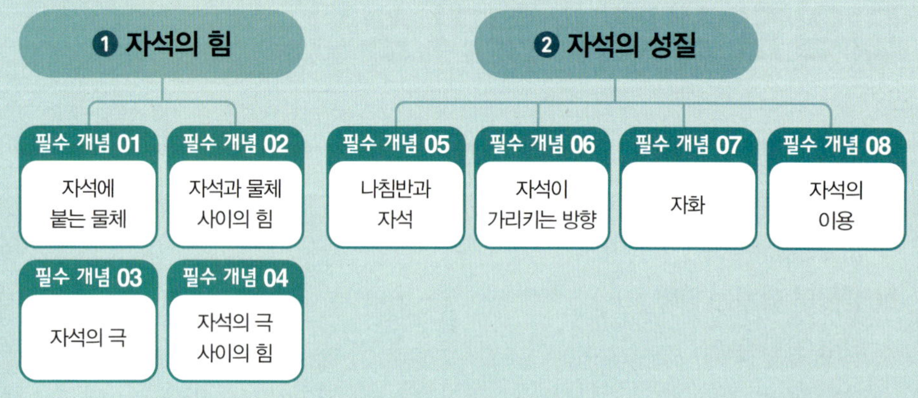

❶ 자석의 힘

필수 개념 01	필수 개념 02
자석에 붙는 물체	자석과 물체 사이의 힘

필수 개념 03	필수 개념 04
자석의 극	자석의 극 사이의 힘

❷ 자석의 성질

필수 개념 05	필수 개념 06	필수 개념 07	필수 개념 08
나침반과 자석	자석이 가리키는 방향	자화	자석의 이용

이 단원의
학습

초등학교 4학년

자석의 이용
자석에 붙는 물체와 자석의 극,
자석 사이의 힘, 자석의 이용에
대해 안다.

후속 학습

중학교 2학년

전기와 자기
자기장의 특성, 자기와 전기와의
관계, 전자석, 전동기 등 우리
생활에 활용한 예를 이해한다.
2권 중학교 개념특강 1쪽

자석의 힘 (1)

보충 자기력

자석이 철을 끌어당기는 힘이나 자석 사이에 작용하는 힘을 말한다.

보충 자석에 붙지 않는 금속

생활 속에서 사용되는 합금 제품 중에서 철의 함량이 높은 것은 자석에 붙는 경우도 있기 때문에 금속으로 된 물체는 모두 자석에 붙는다고 생각할 수 있다. 하지만 알루미늄 캔, 동전 등과 같이 모든 금속이 자석에 붙는 것은 아니다.

용어

- **날** 가위나 칼과 같이 무엇을 자르고, 베거나 깎는 데 쓰는 도구의 가장 얇고 날카로운 부분.
- **합금** 금속에 다른 금속이나 원소를 섞어서 만든 새로운 물질.
- **함량** 물질이 어떤 성분을 포함하고 있는 분량.

필수 개념 01 철로 된 물체는 자석에 붙는다.

(1) **자석** 자석은 철을 끌어당기는 성질이 있는 물체로 둥근 모양, 네모 모양, 막대 모양, U자 모양, 고리 모양 등 다양한 모양이며, 색깔과 크기도 다양하다.

(2) **자석에 붙는 물체와 자석에 붙지 않는 물체**

① 철로 만들어진 물체는 자석에 붙는다.

▲ 철 못　　▲ 철 클립　　▲ 철 집게　　▲ 철이 든 빵 끈　　▲ 철사

② 유리구슬, 고무지우개, 나무토막, 나무젓가락, 색종이 등의 물체는 자석에 붙지 않는다.

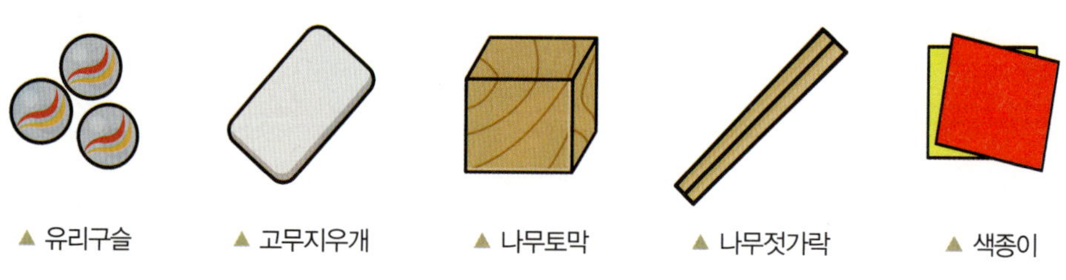

▲ 유리구슬　　▲ 고무지우개　　▲ 나무토막　　▲ 나무젓가락　　▲ 색종이

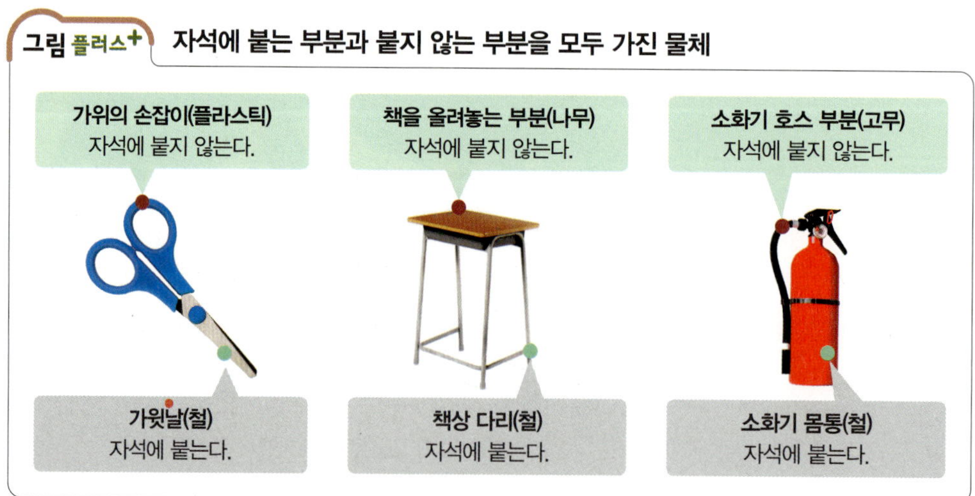

(3) **자석에 붙는 물체의 공통점** 자석에 붙는 물체는 철로 만든 물체이다. 유리, 나무, 플라스틱, 고무, 종이 등의 물질로 이루어진 물체 또는 부분은 자석에 붙지 않는다. 여러 가지 물질로 만들어진 물체는 철로 된 부분만 자석에 붙는다.

(1) **자석과 자석에 붙는 물체 사이의 힘** 조금 떨어진 거리의 철 집게 가까이에 막대 자석을 가져가면 어느 순간 막대자석 쪽으로 끌려와 붙는다.

자석과 자석에 붙는 물체(철로 된 물체) 사이는 조금 떨어져 있어도 서로 끌어당기는 힘이 작용한다.

실험 플러스⁺ **자석과 자석에 붙는 물체 사이에 작용하는 힘 알아보기**

과정

철이 든 빵 끈 조각을 각각 넣은 플라스틱 통과 유리컵 가까이에 막대자석을 가져가 보고, 다음에는 조금씩 멀리해 본다.

결과

가까이에 막대자석을 가져갔을 때	
 	빵 끈 조각이 막대자석 쪽으로 끌려와 붙는다.
막대자석을 점점 더 멀게 했을 때	
 	조금 멀리했을 때는 빵 끈 조각이 막대자석 쪽에 붙어 있지만, 점점 더 멀게 하면 빵 끈 조각이 바닥으로 떨어지는 것을 볼 수 있다.

정리

자석과 자석에 붙는 물체 사이에 얇은 플라스틱, 얇은 유리가 있어도 서로 끌어당기는 힘이 작용한다. 하지만 많이 떨어져 있을 때에는 서로 끌어당기는 힘이 작용하지 않는다. **필수 탐구 12쪽**

(2) **자석과 자석에 붙는 물체 사이에 작용하는 힘의 특징** 자석과 자석에 붙는 물체는 사이가 떨어져 있어도 서로 끌어당기며, 자석의 힘은 플라스틱, 유리, 종이와 같이 자석에 붙지 않는 물질을 통과하여 작용한다. 하지만 자석 자체의 세기가 약하거나 자석에 붙는 물체와의 사이가 멀리 떨어져 있는 경우, 자석의 힘이 통과할 물질의 두께가 두껍거나 자석에 붙는 물질인 경우에는 자석의 힘이 미치지 못한다.

보충 서로 끌어당기는 자석과 철로 된 물체

자석만 철로 된 물체를 끌어당기는 것이 아니라, 자석과 철로 된 물체가 서로 끌어당기는 힘이 작용한다. 자석보다 무거운 물체에 자석을 가까이 하면 자석을 잡은 손이 끌려가는 느낌이 든다.

심화 자석과 자석에 붙는 물체가 서로 끌어당기는 까닭

자석에 붙는 물체를 이루는 작은 알갱이들은 자석을 근처에 가져가면 외부 자기장이 가해지면서 한 방향으로 정렬한다. 이때 자석에 붙는 물체가 자석의 성질을 가지게 되어 자석과 서로 끌어당기는 힘이 작용한다.

용어

• **자기장** 자석의 주위나 전류가 통하는 물건 주위, 지구의 표면 등과 같이 자석이 물체를 끌어당기는 힘인 자기력이 미치는 공간.

자석과 자석에 붙는 물체 사이에 작용하는 힘의 특징 관찰하기

자석과 자석에 붙는 물체 사이에 작용하는 힘의 특징을 설명할 수 있다.

· 과정 및 결과

1.

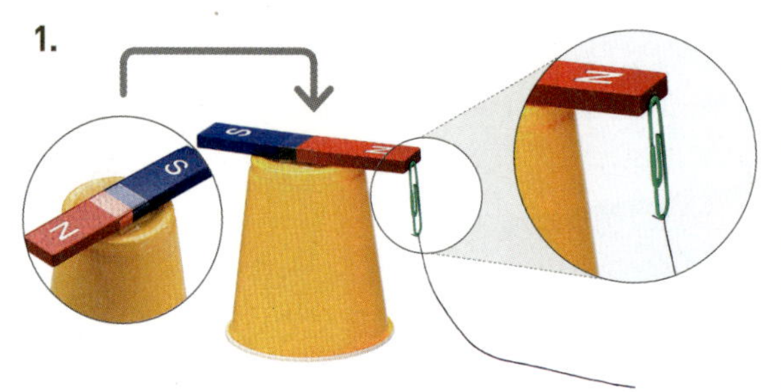

컵 위에 고정한 막대자석에 실을 묶은 철 클립을 붙이고, 컵을 움직여 막대자석을 철 클립에서 점점 멀리한다.

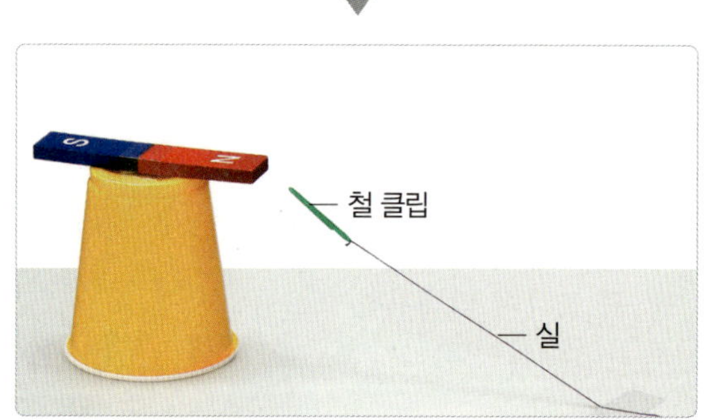

막대자석을 철 클립에서 점점 멀리했을 때 철 클립은 공중에 떠 있다.

2.

막대자석과 철 클립 사이에 각각 색종이와 얇은 플라스틱판을 넣은 후 철 클립의 변화를 관찰한다.

막대자석과 철 클립 사이에 색종이나 얇은 플라스틱판이 있어도 철 클립은 공중에 떠 있다.

· 정리

▶ 막대자석과 철 클립 사이가 조금 떨어져 있어도 서로 끌어당기는 힘이 작용한다.

▶ 막대자석과 철 클립 사이에 색종이나 얇은 플라스틱판이 있어도 서로 끌어당기는 힘이 작용한다.

↻정답과 해설 5쪽

1 오른쪽과 같이 장치하고, 컵을 움직여 막대자석을 철 클립에서 점점 멀리했을 때 나타나는 변화로 옳은 것에 ○표 하시오.

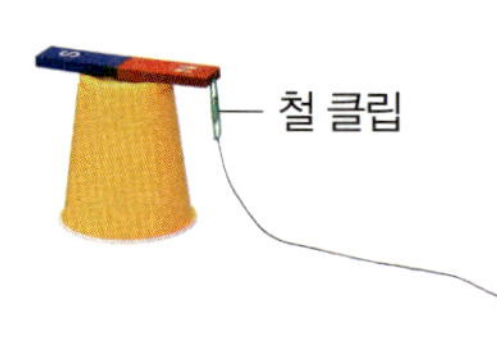

(1) 철 클립이 공중에 떠 있다. ( )

(2) 철 클립에 자석의 성질이 생긴다. ( )

(3) 철 클립이 좌우로 반복해서 움직인다. ( )

(4) 철 클립이 막대자석에 붙었다 떨어졌다를 반복한다. ( )

2 오른쪽과 같이 철 클립을 공중에 띄운 다음, 자석과 철 클립 사이에 색종이를 넣었을 때의 결과로 옳은 것을 보기 에서 골라 기호를 쓰시오.

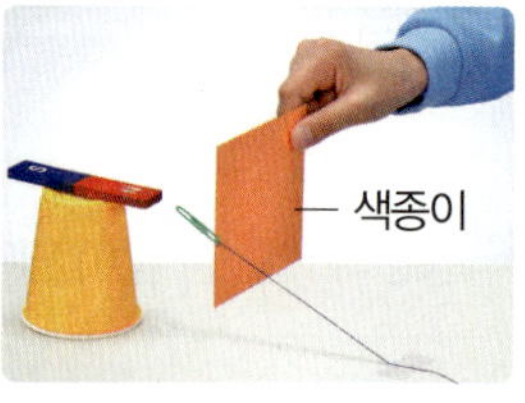

보기

㉠ 철 클립이 자석을 밀어낸다.

㉡ 철 클립이 종이에 달라붙는다.

㉢ 철 클립이 바닥으로 떨어진다.

㉣ 철 클립이 그대로 공중에 떠 있다.

( )

↪정답과 해설 5쪽

1 다음 ( ) 안에 공통으로 들어갈 알맞은 물체의 이름을 쓰시오.

> ( )은/는 철을 끌어당기는 성질이 있는 물체로 ( )와/과 ( )에 붙는 물체 사이가 떨어져 있어도 그 힘이 작용한다.

( )

2 여러 가지 자석을 관찰한 결과로 옳은 것에 ○표, 옳지 않은 것에 X표 하시오.

(1) 자석의 색깔은 모두 같다. ( )
(2) 자석은 모두 긴 막대 모양이다. ( )
(3) 자석의 색깔과 모양은 모두 비슷하다. ( )
(4) 물체의 철로 만들어진 부분은 자석에 붙는다.
( )

3 다음은 주현이네 모둠에서 교실에 있는 물체를 두 무리로 분류한 것입니다. 분류 기준으로 알맞은 것을 보기 에서 골라 기호를 쓰시오.

> 보기
> ㉠ 무거운 물체와 무겁지 않은 물체
> ㉡ 자석에 붙는 물체와 붙지 않는 물체
> ㉢ 철로 만들어진 물체와 고무로 만들어진 물체
> ㉣ 손으로 잡을 수 있는 물체와 잡을 수 없는 물체

( )

4 다음과 같은 교실의 책상에 자석을 가까이 가져갔을 때 자석에 붙는 부분을 모두 골라 ○표 하시오.

㉠ ( )
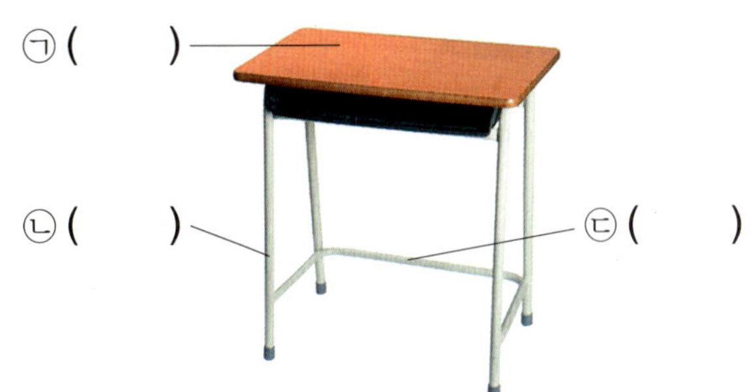
㉡ ( )   ㉢ ( )

5 다음 자석과 철 집게 사이에 작용하는 힘에 대한 설명으로 옳은 것을 보기 에서 골라 기호를 쓰시오.

철 집게

> 보기
> ㉠ 자석과 철 집게는 서로 끌어당긴다.
> ㉡ 자석과 철 집게가 떨어져 있으므로 서로 끌어당기는 힘이 작용하지 않는다.
> ㉢ 자석과 철 집게 사이에 자석에 붙지 않는 물체를 넣으면 자석은 더 이상 철 집게를 끌어당기지 않는다.

( )

6 오른쪽 실험에서 얇은 플라스틱판 대신 넣었을 때 철 클립이 그대로 떠 있는 물체로 알맞은 것을 두 가지 골라 ○표 하시오.

> 색종이, 얇은 유리판, 두꺼운 철판

자석의 힘 (2)

필수 개념 03 **자석의 극은 항상 두 개이다.**

(1) 자석에서 철로 된 물체가 많이 붙는 부분 자석에는 철로 된 물체가 많이 붙는 부분과 적게 붙는 부분이 있다. 막대자석과 말굽자석에 철로 된 물체를 붙였을 때 물체가 많이 붙는 부분은 양쪽 끝부분이다.

실험 플러스⁺ 자석에서 철로 된 물체가 많이 붙는 부분 찾기

과정

각 자석을 철 클립이 든 상자에 넣고, 천천히 들어 올려 철 클립이 붙은 모습을 관찰해 본다.

결과

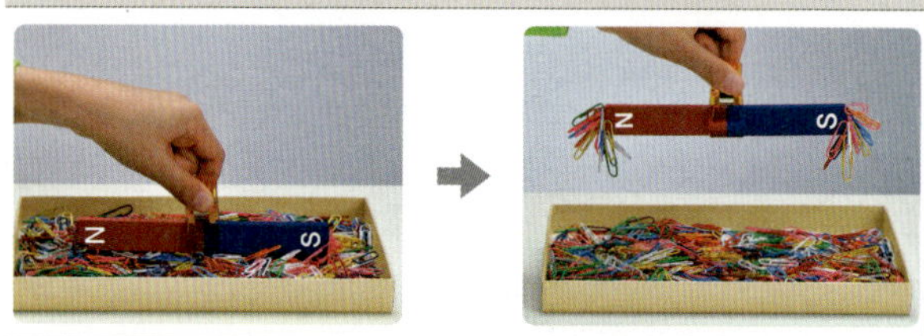

들어 올린 막대자석의 양쪽 끝부분에 철 클립이 많이 붙어 있다.

들어 올린 말굽자석의 양쪽 끝부분에 철 클립이 많이 붙어 있다.

정리

막대자석과 말굽자석에서 철 클립이 많이 붙는 부분은 자석의 양쪽 끝부분으로, 두 군데이다.

(2) 자석의 극 자석에서 철로 된 물체가 많이 붙는 부분을 자석의 극이라고 한다.

① 자석의 모양은 다양하지만, 자석의 극은 항상 두 개이다.

② 자석의 극은 N극과 S극으로 나타낸다.

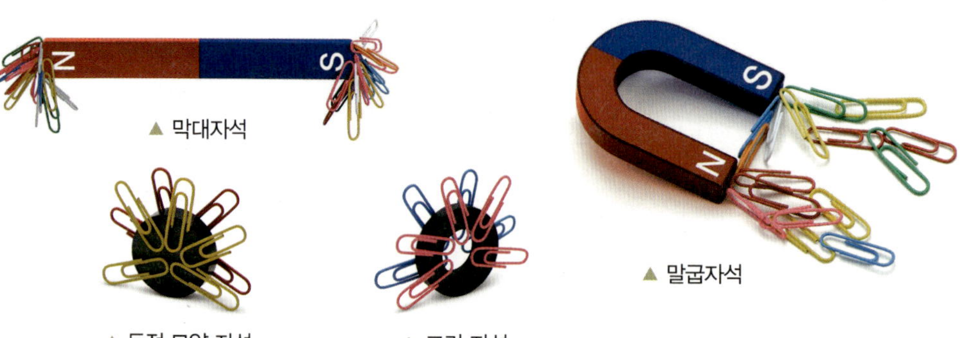

▲ 막대자석

▲ 동전 모양 자석

▲ 고리 자석

▲ 말굽자석

자석의 이용

- 자석의 힘
- 자석의 성질
  - 자석에 붙는 물체
  - 자석과 물체 사이의 힘
  - 자석의 극
  - 자석의 극 사이의 힘

보충 동전 모양 자석의 극

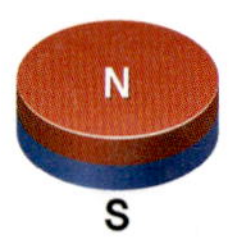

S

보통 윗면과 아랫면이 극인 경우가 많지만 가운데를 중심으로 양쪽 끝이 극인 경우도 있다.

보충 자석을 두 개로 나누었을 때 극의 개수

자석의 가운데를 자르면 N극이나 S극만 가진 자석이 될 것으로 생각할 수 있다. 하지만 잘린 자석의 양쪽 끝에 각각 N극과 S극이 있는 새로운 두 개의 자석이 된다. 자석을 아무리 작게 나누어도 항상 N극과 S극이 함께 존재한다.

용어

- **N극** 자석에서 북쪽(North)을 가리키는 부분.
- **S극** 자석에서 남쪽(South)을 가리키는 부분.

(1) **자석을 다른 자석에 가까이 가져갈 때 나타나는 현상**   자석을 다른 자석에 가까이 가져가면 서로 밀어내거나 서로 끌어당기는 힘을 느낄 수 있다.

실험 플러스⁺   **두 막대자석의 극을 가까이 해 보기** 필수탐구 16쪽

과정

막대자석의 같은 극끼리 가까이 했을 때, 다른 극끼리 가까이 했을 때 각각 손에 어떤 느낌이 드는지 이야기해 본다.

결과

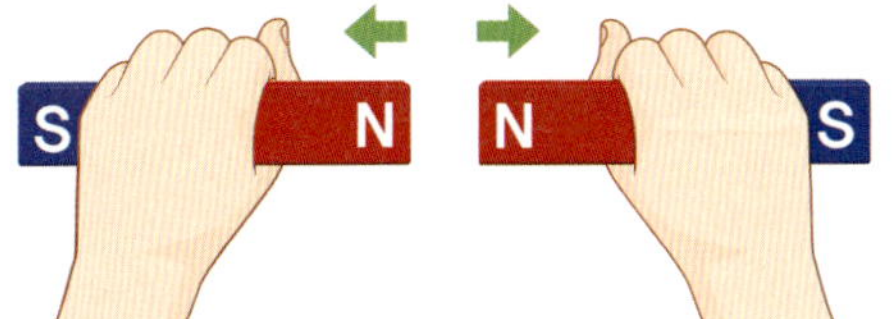

N극을 다른 자석의 N극에 가까이 할 때 자석끼리 서로 밀어낸다.

N극을 다른 자석의 S극에 가까이 할 때 자석끼리 서로 끌어당긴다.

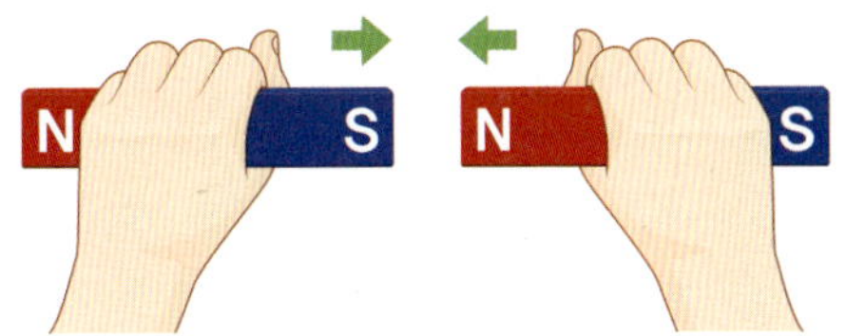

S극을 다른 자석의 S극에 가까이 할 때 자석끼리 서로 밀어낸다.

S극을 다른 자석의 N극에 가까이 할 때 자석끼리 서로 끌어당긴다.

정리

막대자석의 N극을 N극(S극을 S극)에 가까이 하면 서로 밀어 내고, N극을 S극에 가까이 하면 서로 끌어당긴다.

---

(2) **자석과 자석 사이에 작용하는 힘**   자석을 같은 극끼리 마주 보게 하여 가까이 가져가면 서로 밀어내고, 다른 극끼리 마주 보게 하여 가까이 가져가면 서로 끌어당겨 붙는다.

자석과 자석 사이에 작용하는 힘을 이용하여 고리 자석 탑 쌓기

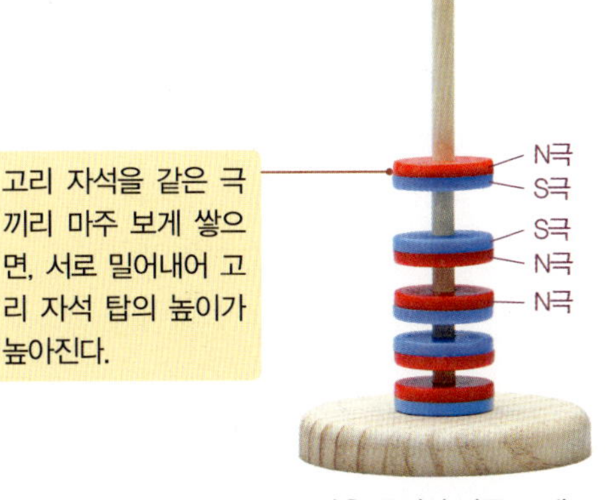

고리 자석을 같은 극끼리 마주 보게 쌓으면, 서로 밀어내어 고리 자석 탑의 높이가 높아진다.

▲ 같은 극끼리 마주 보게 쌓은 고리 자석 탑

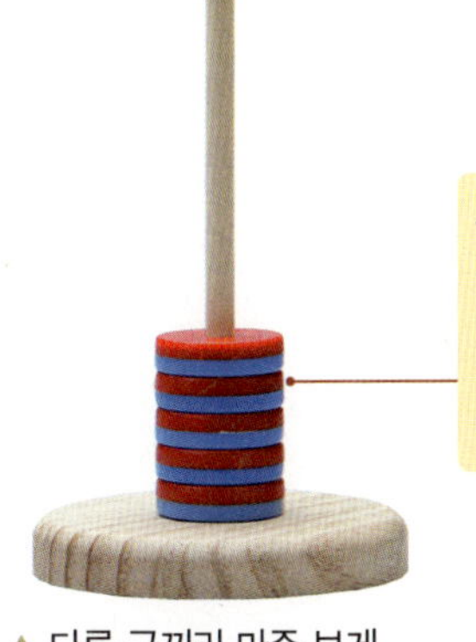

고리 자석을 다른 극끼리 마주 보게 쌓으면, 서로 끌어당겨 고리 자석 탑의 높이가 낮아진다.

▲ 다른 극끼리 마주 보게 쌓은 고리 자석 탑

같은 극끼리 마주 보게 놓고 밀었을 때 서로 밀어내어 붙지 않는다.

다른 극끼리 마주 보게 놓고 밀었을 때 서로 끌어당겨 붙는다.

심화 자석과 자석 사이의 힘 눈으로 관찰하기

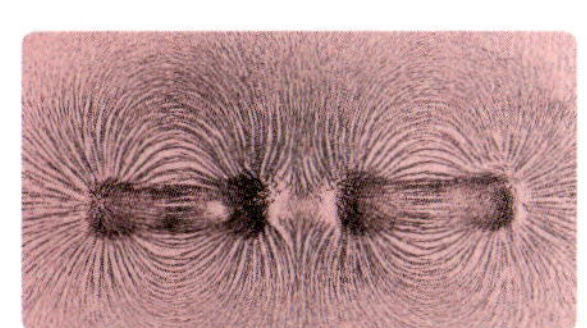

같은 극끼리 마주 보게 놓은 자석 사이에서는 철 가루가 배열된 모습이 서로 밀어내는 모양이다.

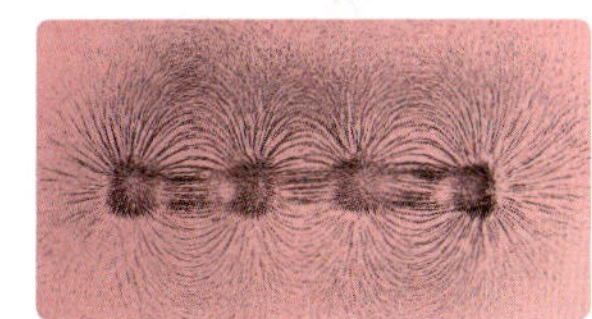

다른 극끼리 마주 보게 놓은 자석 사이에서는 철 가루가 서로 연결되는 모양을 띤다.

용어

• **작용** 어떠한 현상이나 행동을 생기게 하는 것. 또는 그런 현상이나 행동.

• **배열** 일정한 차례나 간격에 따라 벌여 놓음.

자석과 자석의 극을 가까이 했을 때의 특징 비교하기

자석과 자석 사이에 작용하는 힘을 이용하여, 극 표시가 없는 고리 자석의 극을 추리할 수 있다.

과정 및 결과

실험동영상

1. 빨대에 끼운 고리 자석의 한쪽 면에 막대자석의 N극을 가까이 해 본다.
2. 고리 자석의 한쪽 면에 막대자석의 S극을 가까이 해 본다.
3. 막대자석을 가까이 한 고리 자석의 면은 무슨 극인지 생각해 본다.

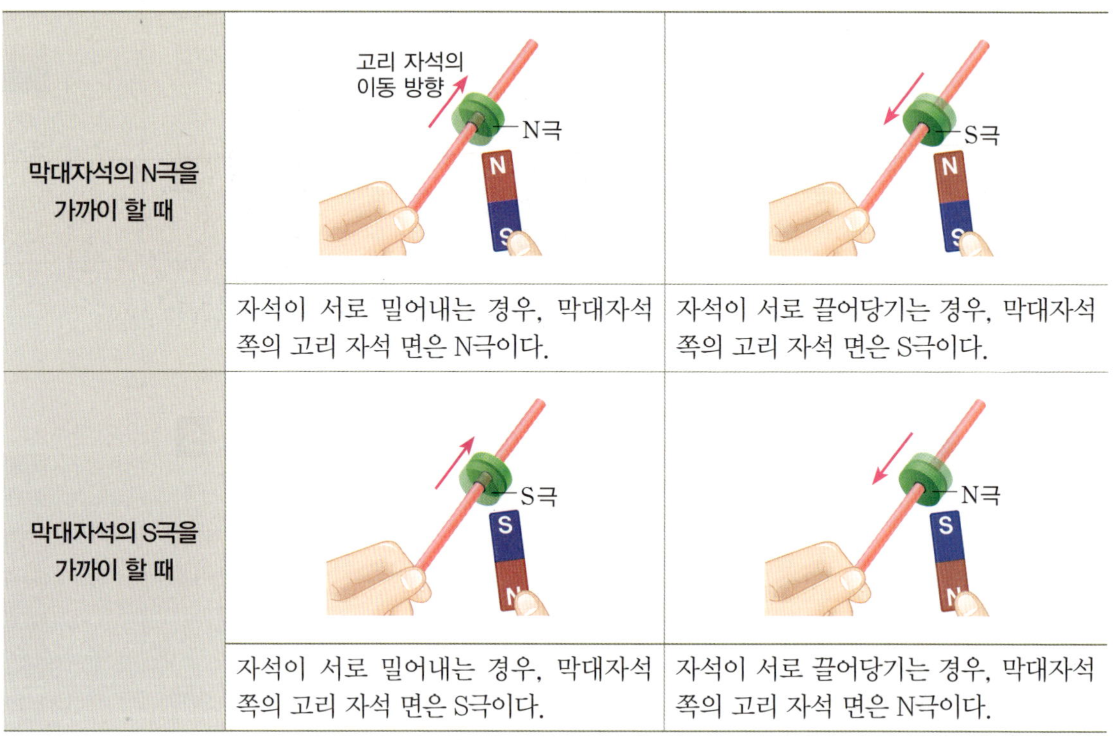

막대자석의 N극을 가까이 할 때	자석이 서로 밀어내는 경우, 막대자석 쪽의 고리 자석 면은 N극이다.	자석이 서로 끌어당기는 경우, 막대자석 쪽의 고리 자석 면은 S극이다.
막대자석의 S극을 가까이 할 때	자석이 서로 밀어내는 경우, 막대자석 쪽의 고리 자석 면은 S극이다.	자석이 서로 끌어당기는 경우, 막대자석 쪽의 고리 자석 면은 N극이다.

정리

▶ 자석의 같은 극끼리는 서로 밀어내는 힘이 작용하고, 다른 극끼리는 서로 끌어당기는 힘이 작용한다.

↰정답과 해설 6쪽

1 아래와 같이 막대자석의 N극을 고리 자석의 아랫면에 가까이 했더니 고리 자석이 위쪽으로 밀려 움직였습니다. 고리 자석의 아랫면은 무슨 극인지 쓰시오.

( )극

2 앞 **1**번 실험의 고리 자석 윗면에 막대자석의 N극을 가까이 했을 때의 결과로 옳은 것을 보기 에서 골라 기호를 쓰시오.

보기

㉠ 고리 자석이 소리를 내며 뜬다.
㉡ 고리 자석이 막대자석에서 멀리 밀려난다.
㉢ 고리 자석이 팽이처럼 빙글빙글 돌아간다.
㉣ 고리 자석이 막대자석에 가까이 끌려 온다.

( )

정답과 해설 **6**쪽

1 오른쪽과 같이 막대자석을 철 클립이 든 종이 상자에 넣었 다가 천천히 들어 올렸을 때 막대자석에 철 클립이 붙은 모습으로 알맞은 것은 어느 것입니까? (　　　)

① 

② 

③ 

④ 

2 다음은 무엇에 대하여 이야기하고 있는지 쓰시오.

- 준수: 자석에서 철 클립이 많이 붙는 부분이지?
- 은희: 응. 자석의 다른 부분보다 철 클립을 더 세게 끌어당겨.
- 준수: 한 개의 자석에 몇 개가 있어?
- 은희: 모든 자석에 두 개씩 있어.

자석의 (　　　　　　　　　)

3 자석의 극에 대한 설명으로 옳은 것에 ○표, 옳지 않은 것에 X표 하시오.

(1) 동전 모양 자석의 극은 항상 가운데 부분이다.
(　　　)

(2) 자석의 모양에 따라 극의 개수가 다르다.
(　　　)

(3) 자석의 극에서는 플라스틱으로 된 물체를 밀 어낸다.
(　　　)

(4) 자석의 극은 다른 부분보다 철로 된 물체를 더 세게 끌어당긴다.
(　　　)

4 다음 (　　　) 안에 들어갈 알맞은 말을 각각 쓰시오.

자석을 다른 자석에 가까이 가져가면 (　㉠　) 극끼리는 밀고, (　㉡　) 극끼리는 서로 끌어 당긴다.

㉠ (　　　　　　　　), ㉡ (　　　　　　　　)

5 두 개의 막대자석을 보기와 같이 놓았을 때 자석과 자석 사이에 끌어당기는 힘이 작용하는 경우를 두 가지 골라 기호를 쓰시오.

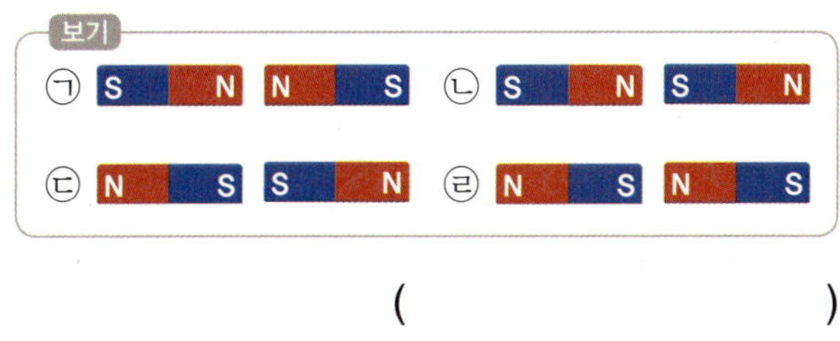

(　　　　　　　　　　　)

6 고리 자석 다섯 개를 쌓아 탑을 만들었습니다. 가장 높은 탑과 가장 낮은 탑의 기호를 각각 쓰시오.

㉠ 맨 위의 고리 자석만 같은 극끼리 마주 보게 쌓은 것
㉡ 고리 자석 다섯 개를 서로 같은 극끼리 마주 보게 쌓은 것
㉢ 고리 자석 다섯 개를 서로 다른 극끼리 마주 보게 쌓은 것

(1) 가장 높은 탑: (　　　　　　　)
(2) 가장 낮은 탑: (　　　　　　　)

[1~2] 자석에 붙는 물체 `필수 개념 01`

1 다음과 같이 실에 자석을 붙이고 나무 막대에 연결하여 만든 자석 낚싯대로 놀이를 할 때, 자석에 붙는 물체로 알맞은 것을 `보기`에서 골라 기호를 쓰시오.

(   )

`도전! 하이탑`

2 다음 나만의 가위를 위 **1**번 자석 낚싯대에 붙였을 때의 결과로 옳은 것을 `보기`에서 골라 기호를 쓰시오.

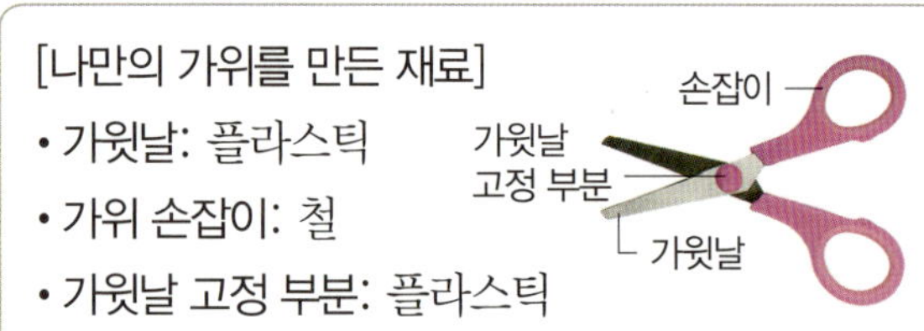

보기
ㄱ 가윗날만 자석에 붙는다.
ㄴ 가위 손잡이만 자석에 붙는다.
ㄷ 가윗날 고정 부분만 자석에 붙는다.
ㄹ 가위의 모든 부분이 자석에 붙는다.
ㅁ 가위의 모든 부분이 자석에 붙지 않는다.
ㅂ 가윗날과 가윗날 고정 부분만 자석에 붙는다.

(   )

[3~5] 자석과 물체 사이의 힘 `필수 개념 02`

3 오른쪽과 같이 막대자석을 이용하여 철 클립을 공중에 띄울 수 있는 까닭으로 옳은 것을 `보기`에서 골라 기호를 쓰시오.

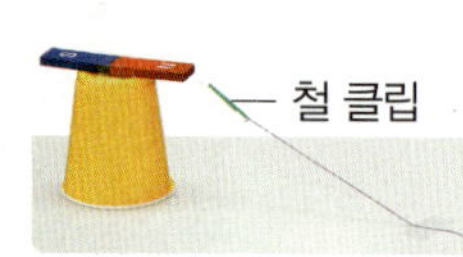

보기
ㄱ 막대자석과 철 클립 사이에 서로 미는 힘이 작용하기 때문이다.
ㄴ 막대자석과 철 클립 사이에 아무런 힘이 작용하지 않기 때문이다.
ㄷ 막대자석과 철 클립이 떨어져 있어도 서로 끌어당기는 힘이 작용하기 때문이다.

(   )

4 위 **3**번의 막대자석과 철 클립 사이에 오른쪽과 같이 얇은 플라스틱판을 넣었을 때의 결과로 옳은 것은 어느 것입니까? (   )

① 철 클립이 바닥에 떨어진다.
② 철 클립이 그대로 공중에 떠 있다.
③ 철 클립이 플라스틱판에 달라붙는다.
④ 막대자석이 플라스틱판에 달라붙는다.
⑤ 막대자석이 철 클립에서 먼 쪽으로 밀려난다.

5 자석과 자석에 붙는 물체 사이에 작용하는 힘에 대한 설명으로 옳은 것에 ○표 하시오.

(1) 자석과 자석에 붙는 물체는 서로 밀어낸다.
(   )

(2) 자석과 자석에 붙는 물체는 떨어져 있어도 서로 끌어당긴다.
(   )

(3) 자석과 자석에 붙는 물체 사이에 자석에 붙지 않는 물체를 넣으면 자석은 자석에 붙는 물체를 밀어낸다.
(   )

[6~7] 자석의 극 〔필수 개념 03〕

6 오른쪽 말굽자석에서 철로 된 물체가 가장 많이 붙는 부분을 모두 골라 기호를 쓰고, 그렇게 생각한 까닭을 옳게 말한 사람의 이름을 쓰시오.

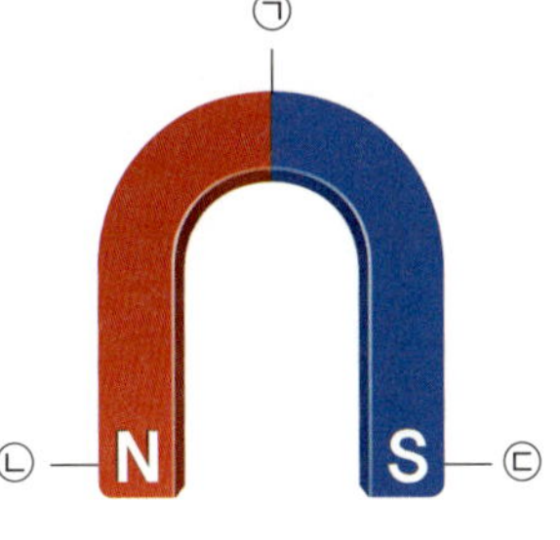

- 규수: 말굽자석의 가운데 부분의 힘이 가장 세기 때문이야.
- 준택: 말굽자석의 파란색 부분에서 철로 된 물체를 가장 세게 끌어당겨.
- 슬기: 말굽자석의 극인 양쪽 끝부분에서 철로 된 물체를 끌어당기는 힘이 가장 세기 때문이야.

(1) 철로 된 물체가 가장 많이 붙는 곳:
( )

(2) 옳게 말한 사람: ( )

〔도전! 하이탑〕

7 다음은 철 클립이 든 종이 상자에 넣었다가 들어 올린 막대자석의 각 부분에 붙은 철 클립의 개수입니다. ㉤에 들어갈 가장 알맞은 철 클립의 개수를 골라 ○표 하고, 이 실험을 통해 알 수 있는 사실로 ( ) 안에 공통으로 들어갈 알맞은 말을 써넣으시오.

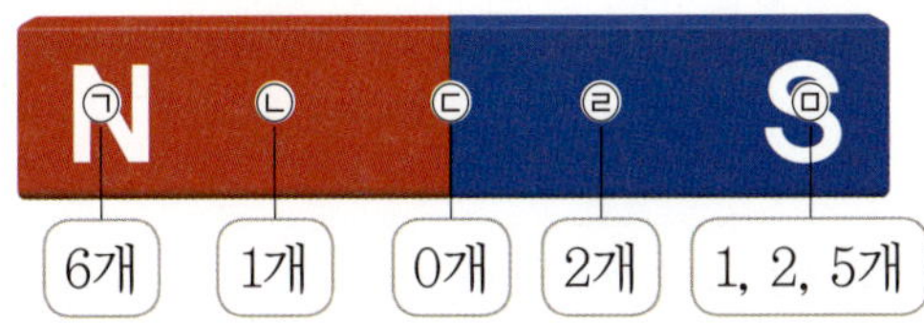

막대자석에서 자석의 다른 부분보다 철 클립이 많이 붙는 부분을 자석의 ( )(이)라고 하고, 자석의 ( )은/는 두 개이다.

[8~10] 자석의 극 사이의 힘 〔필수 개념 04〕

8 다음과 같이 두 개의 막대자석을 같은 극끼리 가까이 하면 어떻게 됩니까? ( )

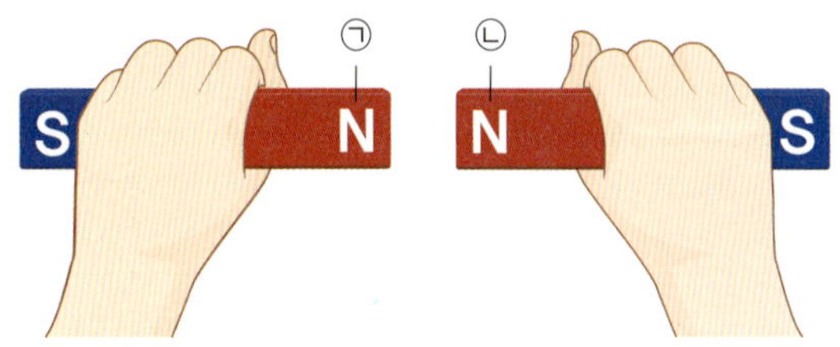

① 자석끼리 서로 밀어낸다.
② 자석끼리 서로 끌어당긴다.
③ ㉠ 자석의 온도가 올라간다.
④ ㉡ 자석이 자석의 성질을 잃는다.
⑤ 마주 보고 있는 자석의 극이 S극으로 바뀐다.

9 다음 중 세 개의 막대자석을 가까이 두었을 때 서로 끌어당기거나 밀어내는 힘이 작용한 모습으로 옳은 것을 골라 기호를 쓰시오.

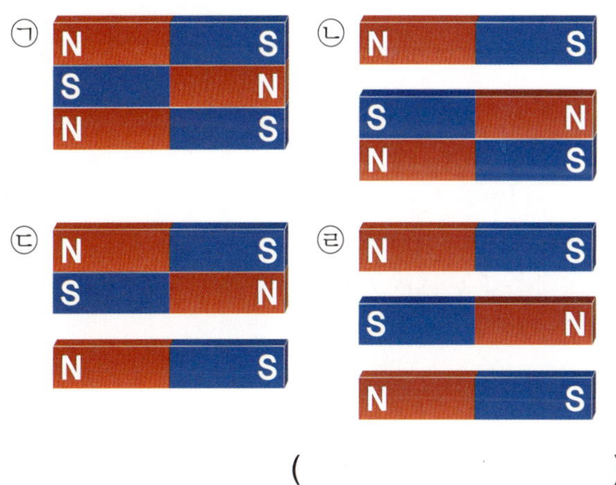

( )

〔서술형〕

10 자석의 극과 극 사이에 작용하는 힘에 대해 다음의 낱말을 모두 포함하여 쓰시오.

같은 극, 다른 극, 밀어내는 힘, 끌어당기는 힘

2

자석의 성질 (1)

필수 개념 05 **나침반 바늘의 빨간색 부분은 자석의 S극을 가리킨다.**

(1) **나침반**　나침반은 방향을 찾는 데 이용하는 도구이다. 나침반 바늘의 빨간색 부분은 북쪽, 빨간색 부분의 반대편은 남쪽을 가리킨다.

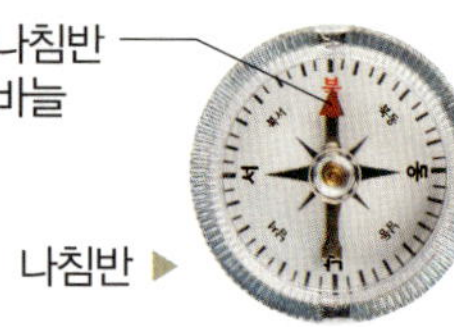

(2) **나침반과 자석을 가까이 했을 때 나타나는 현상**　나침반에 막대자석을 가까이 하면 나침반 바늘의 한쪽 끝이 막대자석의 극을 가리키고, 막대자석을 다시 멀어지게 하면 나침반 바늘은 원래 가리키던 방향을 가리킨다. 자석의 극끼리 가까이 했을 때 서로 밀어내거나 끌어당기는 것처럼 나침반 바늘과 자석의 극도 서로 밀어내거나 끌어당기는데, 이는 나침반 바늘이 자석의 성질을 가지고 있기 때문이다. 필수탐구 22쪽

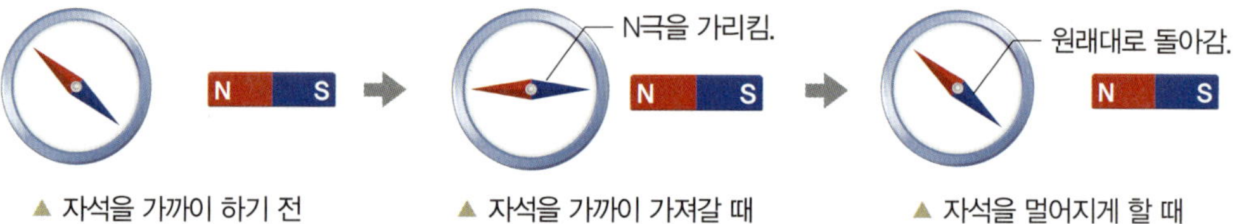

실험 플러스⁺　**막대자석 주위에 놓은 나침반 바늘이 가리키는 방향**

과정
평평한 곳에 놓은 막대자석 주위에 나침반을 놓고, 나침반 바늘이 가리키는 방향을 관찰한다.

결과

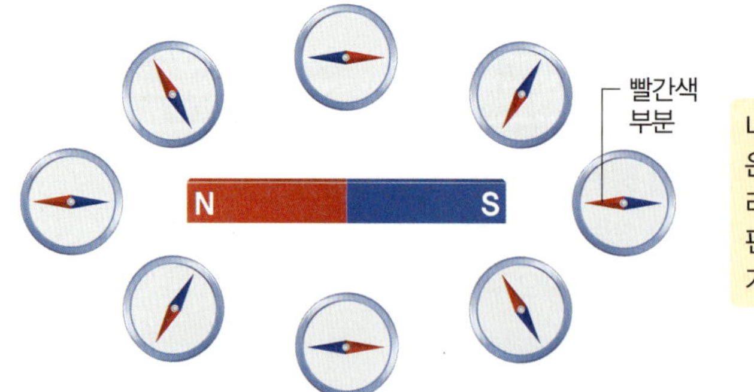

정리
나침반 바늘의 빨간색 부분이 막대자석의 S극 쪽을 가리키므로, 나침반 바늘의 빨간색 부분이 N극이고 빨간색 부분의 반대편은 S극이다.

(3) **나침반을 사용할 때 주의할 점**　나침반 바늘은 자석의 성질을 가지므로 주변에 자석이나 철로 된 물체가 있으면 영향을 받아 정확한 방향을 가리킬 수 없다.

보충 **나침반 바늘**

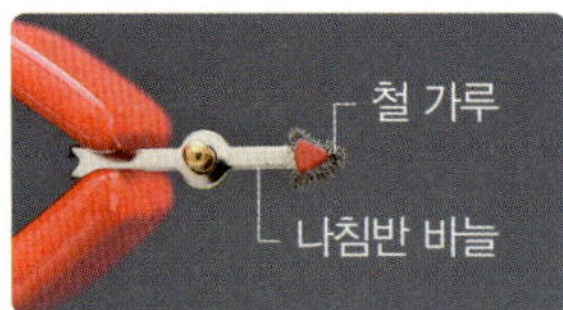

나침반 바늘을 자석에 가까이 했을 때 움직이는 것을 통해 나침반 바늘이 자석에 붙는 물체인 철이라고 생각할 수 있다. 하지만 철 가루가 나침반 바늘에 붙고 자석의 극에 따라 나침반 바늘이 가리키는 방향이 달라지는 것을 통해 나침반 바늘이 자석임을 알 수 있다.

용어

• **방향**　무엇이 나아가거나 향하는 쪽.
• **평평하다**　바닥이 고르고 표면의 높낮이가 없다.

(1) **자석이 가리키는 방향** 자석을 물에 띄우거나 •공중에 매달아 자유롭게 움직이도록 하면 자석은 항상 일정한 방향을 가리키며, 자석의 양쪽 극이 각각 북쪽과 남쪽을 가리킨다. 이러한 자석의 성질을 이용하면 방향을 찾을 수 있다.

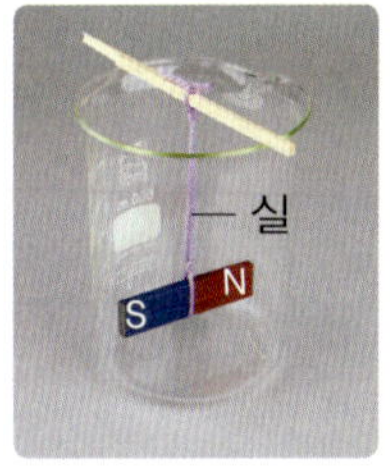

실험 플러스+ **물에 띄운 자석이 가리키는 방향 관찰하기**

과정

❶ 물이 든 수조에 막대자석을 올려놓은 접시를 띄워, 막대자석이 어느 방향을 가리키는지 관찰한다.

❷ 접시를 돌려 막대자석의 방향을 다르게 하였다가, 가만히 두어 접시의 흔들림이 멈추었을 때 막대자석이 가리키는 방향을 관찰한다.

결과

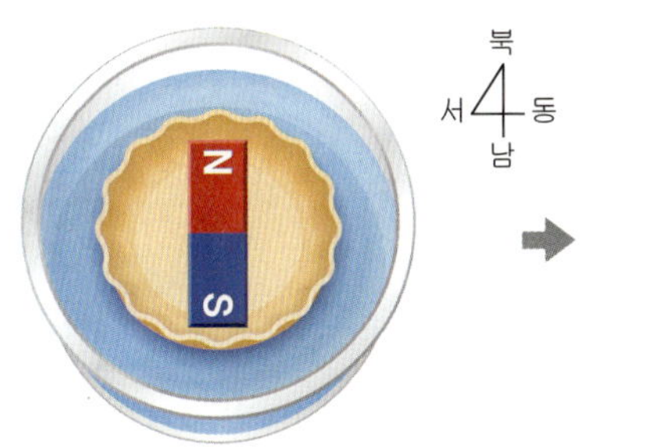

▲ 막대자석이 처음 멈췄을 때   ▲ 막대자석이 다시 멈췄을 때

물에 띄운 막대자석이 처음 멈췄을 때 가리키는 방향과 다른 방향을 가리키게 했던 막대자석이 멈췄을 때 가리키는 방향은 서로 같으며, 막대자석의 N극은 북쪽을 가리키고, S극은 남쪽을 가리킨다.

정리

자석의 N극은 항상 북쪽을 가리키고, S극은 항상 남쪽을 가리킨다.

(2) **자석의 성질을 이용한 도구인 나침반**

① 나침반은 물에 띄우거나 공중에 매단 자석이 일정한 방향(북쪽과 남쪽)을 가리키는 성질을 이용하여 만든 도구이다.

② 나침반 바늘이 자석으로 만들어졌기 때문에 나침반 바늘의 N극(빨간색 부분)은 항상 북쪽을 가리키고, 나침반 바늘의 S극(빨간색 부분 반대편)은 항상 남쪽을 가리킨다.

(3) **지구는 커다란 자석** 지구는 커다란 자석과 같아서 주위에 자기장을 만든다. •지구 자기장의 방향은 북쪽이 S극이고 남쪽이 N극이기 때문에, 자석으로 만들어진 나침반 바늘의 N극은 북쪽을 가리키고 S극은 남쪽을 가리킨다.

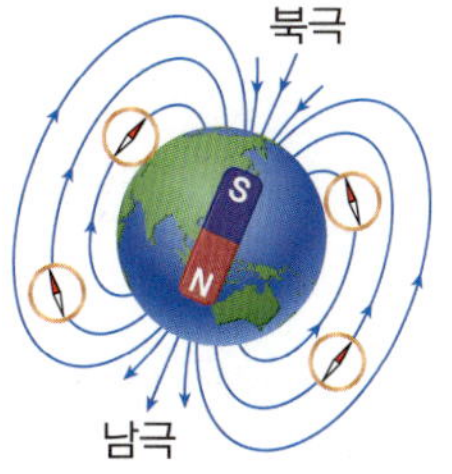

나침반과 자석을 가까이 했을 때 나타나는 현상 관찰하기

나침반과 자석을 가까이 했을 때 나타나는 현상을 자석의 성질과 관련지어 설명할 수 있다.

과정 및 결과

1. 막대자석의 N극을 나침반 주변에서 움직일 때 나침반 바늘의 움직임을 관찰한다.

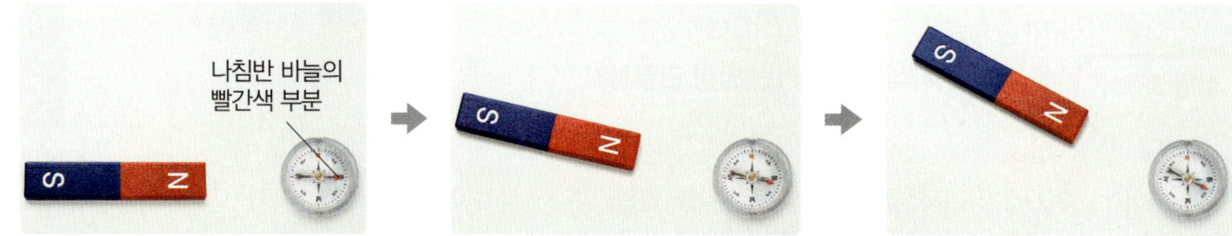

- 나침반 바늘의 빨간색 부분이 막대자석의 N극에서 멀어지는 방향으로 움직인다.
- N극이 나침반에서 멀어지면 나침반 바늘의 빨간색 부분은 원래 가리키던 방향으로 되돌아간다.

2. 막대자석의 S극을 나침반 주변에서 움직일 때 나침반 바늘의 움직임을 관찰한다.

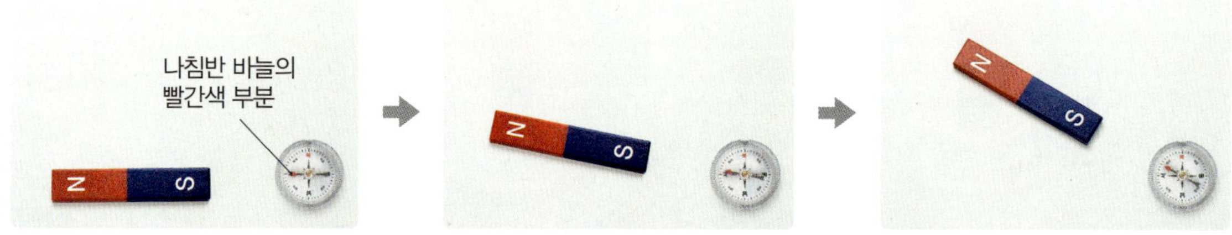

- 나침반 바늘의 빨간색 부분이 막대자석의 S극에 가까워지는 방향으로 움직인다.
- S극이 나침반에서 멀어지면 나침반 바늘의 빨간색 부분은 원래 가리키던 방향으로 되돌아간다.

정리

▶ 나침반 바늘의 빨간색 부분과 막대자석의 N극은 서로 밀어내는 힘이 작용하고, 나침반 바늘의 빨간색 부분과 막대자석의 S극은 서로 끌어당기는 힘이 작용한다.

↪정답과 해설 **8**쪽

1 다음과 같이 나침반과 막대자석의 S극을 가까이 했을 때 나침반 바늘의 모습으로 옳은 것을 보기 에서 골라 기호를 쓰시오.

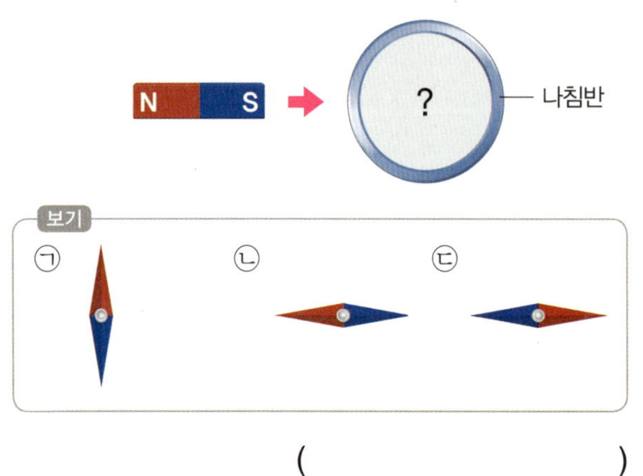

2 다음 중 막대자석의 N극에 나침반을 가까이 가져갔을 때의 결과로 옳은 것에 모두 ○표 하시오.

(1) 나침반 바늘의 빨간색 부분이 막대자석의 N극을 가리킨다. (   )

(2) 나침반 바늘의 빨간색 부분 반대편이 막대자석의 N극을 가리킨다. (   )

(3) 나침반 바늘의 빨간색 부분과 막대자석의 N극은 서로 밀어내는 힘이 작용한다. (   )

(4) 막대자석의 N극을 나침반에서 멀어지게 하면 나침반 바늘은 일시적으로 자석의 성질을 띠게 된다. (   )

1 다음과 같이 놓여 있는 막대자석의 N극 쪽에 화살표 방향으로 나침반을 가까이 가져갔더니 나침반 바늘이 움직였습니다. 나침반 바늘의 빨간색 부분이 움직여 가리키는 방향의 기호를 쓰시오.

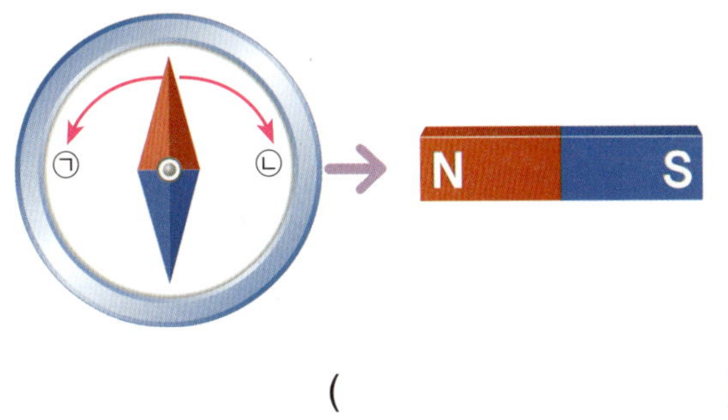

(   )

2 위 **1**번에서 나침반을 막대자석에서 멀리 떨어뜨렸을 때 나타나는 변화를 옳게 말한 사람의 이름을 쓰시오.

> • 민재: 나침반 바늘이 계속 빙글빙글 돌아.
> • 아린: 나침반 바늘의 빨간색 부분이 동쪽을 가리켜.
> • 하온: 나침반 바늘이 막대자석을 가까이 하기 전 원래 가리키던 방향을 가리켜.

(   )

3 나침반을 사용할 때 나침반 주변에 자석이나 철로 된 물체가 없는지 확인해야 하는 까닭으로 옳은 것에 ○표 하시오.

(1) 나침반 바늘은 철로 된 물체를 밀어내는 성질을 가지고 있기 때문이다. (   )

(2) 나침반 바늘은 주변에 물체가 있으면 정확한 방향을 가리킬 수 없기 때문이다. (   )

(3) 나침반 바늘은 자석의 성질을 가지고 있어 주변에 자석이나 철로 된 물체가 있으면 영향을 받기 때문이다. (   )

4 다음 ( ) 안에 들어갈 알맞은 말을 보기 에서 골라 써넣으시오.

> **보기**
>
> N,   S,   파란,   빨간

(1) 자석을 자유롭게 움직이도록 했을 때 북쪽을 가리키는 부분을 자석의 ㉠ (   )극, 남쪽을 가리키는 부분을 ㉡ (   )극 이라 한다.

(2) 막대자석의 N극은 주로 ㉠ (   )색, S극은 주로 ㉡ (   )색으로 칠하여 사용하는 경우가 많다.

[5~6] 물이 든 수조에 막대자석을 올려놓은 접시를 띄웠습니다. 물음에 답하시오.

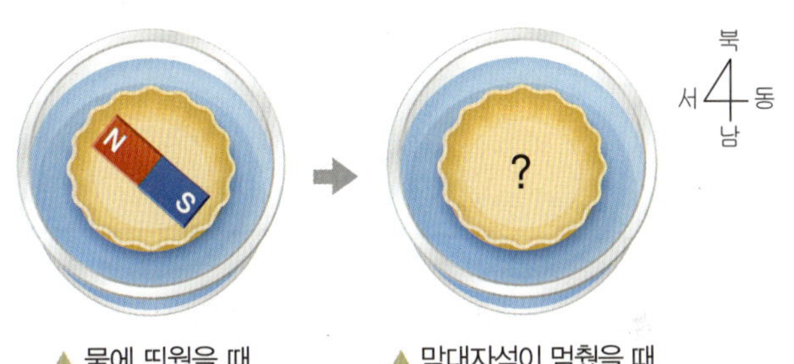

▲ 물에 띄웠을 때   ▲ 막대자석이 멈췄을 때

5 위에서 물에 띄운 막대자석이 멈췄을 때 막대자석이 가리키는 방향을 각각 쓰시오.

(1) 막대자석의 N극: (   )

(2) 막대자석의 S극: (   )

6 위 **5**번의 접시를 돌려 접시 위 막대자석이 다른 방향을 가리키게 하였다가, 가만히 두어 접시의 흔들림이 멈췄을 때 막대자석이 가리키는 방향으로 옳은 것의 기호를 골라 쓰시오.

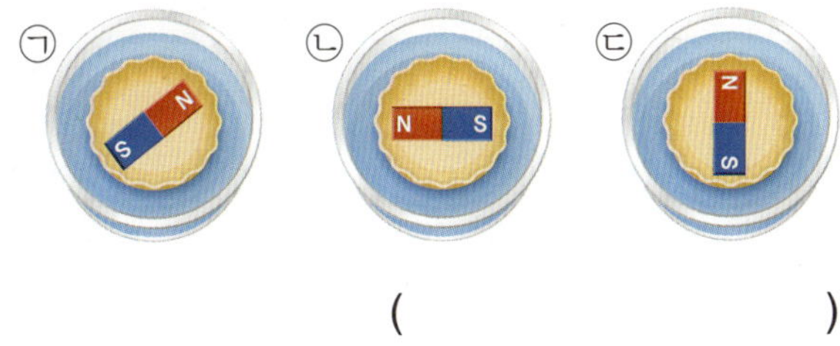

(   )

자석의 성질 (2)

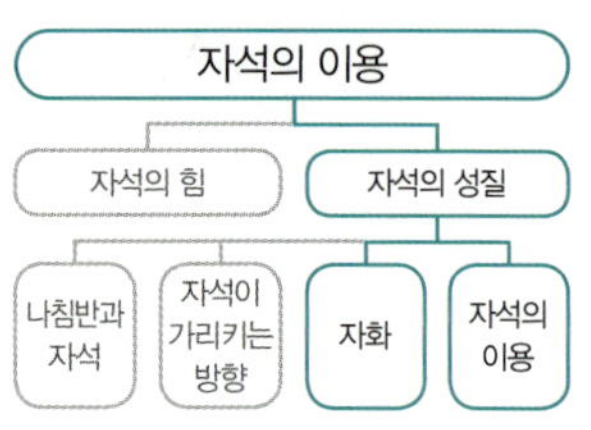

필수 개념 07 철로 된 물체는 자석의 성질을 띠게 할 수 있다.

(1) **자석의 성질**

① 철로 된 물체가 붙는다.

② 같은 극끼리는 밀고 다른 극끼리는 끌어당긴다.

③ 일정한 방향(북쪽과 남쪽)을 가리킨다.

(2) **철로 된 물체가 자석의 성질을 띠게 하는 방법** 철로 된 물체를 자석에 붙여 놓거나 자석으로 문지르면 일시적으로 자석의 성질을 띠게 되며, 이를 자화라고 한다.

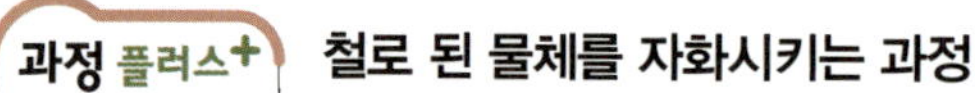

과정 플러스⁺ 철로 된 물체를 자화시키는 과정

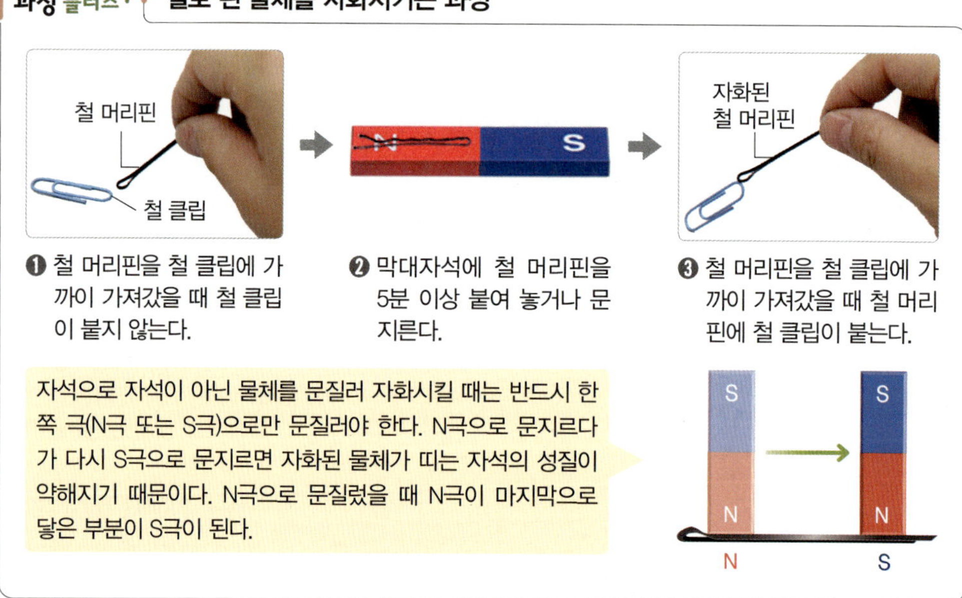

❶ 철 머리핀을 철 클립에 가까이 가져갔을 때 철 클립이 붙지 않는다.

❷ 막대자석에 철 머리핀을 5분 이상 붙여 놓거나 문지른다.

❸ 철 머리핀을 철 클립에 가까이 가져갔을 때 철 머리핀에 철 클립이 붙는다.

자석으로 자석이 아닌 물체를 문질러 자화시킬 때는 반드시 한쪽 극(N극 또는 S극)으로만 문질러야 한다. N극으로 문지르다가 다시 S극으로 문지르면 자화된 물체가 띠는 자석의 성질이 약해지기 때문이다. N극으로 문질렀을 때 N극이 마지막으로 닿은 부분이 S극이 된다.

(3) **자석의 성질을 띠게 된 물체의 특징** 일시적으로 철로 된 물체를 끌어당기며, 자석처럼 N극과 S극이 생기기 때문에 물에 띄우거나 공중에 매달았을 때 일정한 방향을 가리킨다. 따라서 이렇게 자화된 물체로 나침반을 만들 수 있다.

자화된 물체나 자석으로 만든 나침반 (예) 필수탐구 26쪽

▲ 자화된 못을 코르크 마개에 끼워 물에 띄우기

▲ 자화된 바늘을 나뭇잎에 올려놓고 물에 띄우기

▲ 장구 자석 두 개 사이에 실을 끼우고 플라스틱 컵 뚜껑에 매달기

보충 일시적인 자석의 성질

자화되어 자석의 성질을 띠는 물체는 시간이 지나면 다시 자석의 성질을 잃어버리지만, 철이나 코발트에 네오디뮴이나 사마륨 등의 금속을 섞어 자화시키면 강한 자화 상태를 오래 보존하는 영구자석이 된다.

심화 자성의 크기

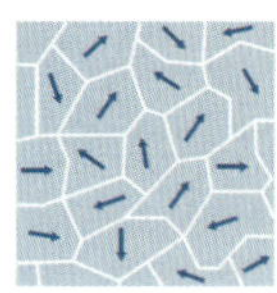 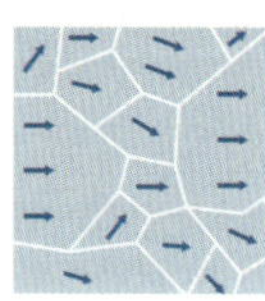

▲ 외부 자기장을 가하지 않았을 때
▲ 외부 자기장을 가했을 때

어떠한 물질의 내부는 아주 작은 자석들로 이루어져 있어 외부에 자기장이 가해지면 작은 자석들이 정렬하게 되는데 이것이 바로 자화 현상이다. 자성은 자화 정도와 방향에 따라 달라진다.

용어

• **코르크** 코르크나무의 겉껍질과 속껍질 사이의 두껍고 탄력있는 부분. 또는 그것을 잘게 잘라 만든 것.

• **장구** 허리가 잘록한 나무통 양쪽에 가죽을 대어 만든 북.

• **영구** 어떤 상태가 시간상으로 무한히 이어짐.

(1) **자석을 이용한 생활용품** 우리 주변에는 자석을 이용한 생활용품이 많이 있다. 가방의 단추에 자석을 이용하면 가방을 쉽게 열고 닫을 수 있으며, 자석을 이용한 클립 통이나 커튼 끈과 같은 생활용품도 우리 생활을 편리하게 해 준다.

(2) **생활용품을 만드는 데 이용할 수 있는 자석의 성질** 예

① 철로 된 물체가 붙는 성질: 자석 클립 통, 자석 팔목 밴드, 냉장고 자석 등

② 자석의 같은 극끼리 밀고 다른 극끼리 끌어당기는 성질: 자석 창문 닦이 등

③ 일정한 방향을 가리키는 성질: 나침반, 나침반이 있는 등산용 컵 등

그림 플러스+ **자석의 성질을 이용한 캔 분리 기계**

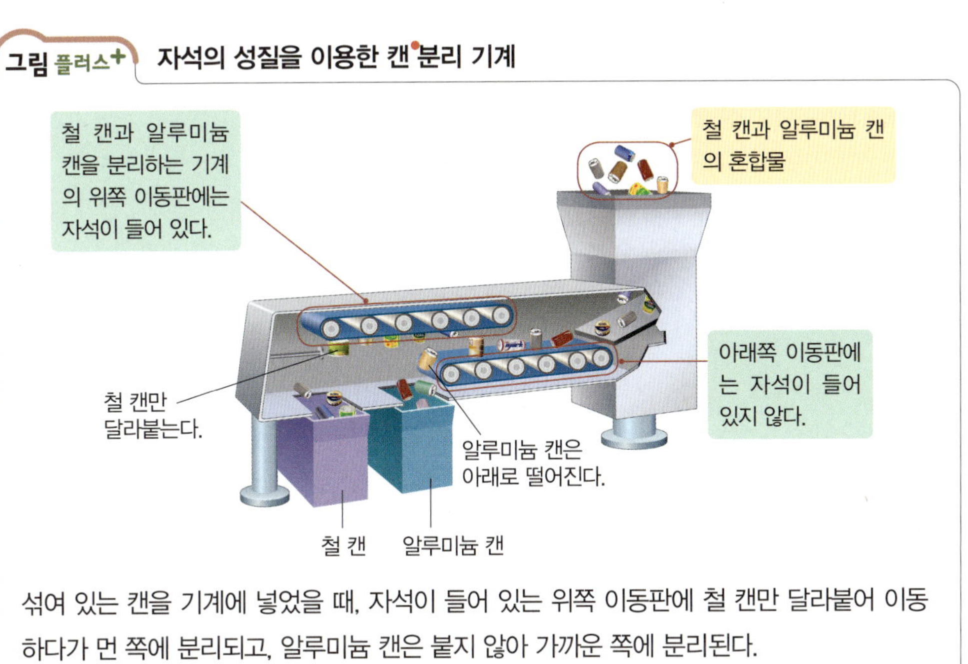

섞여 있는 캔을 기계에 넣었을 때, 자석이 들어 있는 위쪽 이동판에 철 캔만 달라붙어 이동하다가 먼 쪽에 분리되고, 알루미늄 캔은 붙지 않아 가까운 쪽에 분리된다.

(3) **생활용품에 자석을 이용하여 편리한 점**

단추에 자석을 이용하여 가방을 열고 닫기가 쉽고 편리하다.

뚜껑에 자석이 있어 철 클립을 붙여 보관할 수 있고, 통을 떨어뜨려도 철 클립이 쏟아지지 않는다.

작은 철 나사나 철 못 등을 잃어버리지 않게 밴드에 붙여 놓을 수 있어 편리한 작업을 돕는다.

끈의 양쪽 끝에 자석이 있어 매듭을 묶지 않고 커튼을 고정할 수 있다.

자석이 달린 스마트 기기 덮개로 편하게 덮개를 열고 닫을 수 있다.

냉장고에 쪽지나 사진 등을 쉽게 붙였다 뗄 수 있다.

보충 자석 창문 닦이

자석의 다른 극끼리 서로 끌어당기는 성질을 이용하여 유리창 안쪽과 바깥쪽을 동시에 닦을 수 있다.

|도움영상|
자석을 이용한 생활용품의 예를 영상으로 살펴보세요.

용어

• **분리** 섞여 있는 물질이나 물건을 서로 나누어 떨어지게 하는 것.

• **나사** 몸에는 소라의 껍데기처럼 빙빙 비틀린 홈이 있고, 머리에는 드라이버로 돌릴 수 있도록 홈이 나 있는 못으로, 물건을 고정하는 데에 씀.

탐구 철로 된 물체와 자석으로 나침반 만들기

철로 된 물체와 자석을 이용하여 나침반을 만들고, 직접 만든 나침반으로 방향을 확인할 수 있다.

• 과정 및 결과

1. 막대자석에 5분 이상 붙여 놓았던 철 클립에 빵 끈이 붙는지 관찰한다.

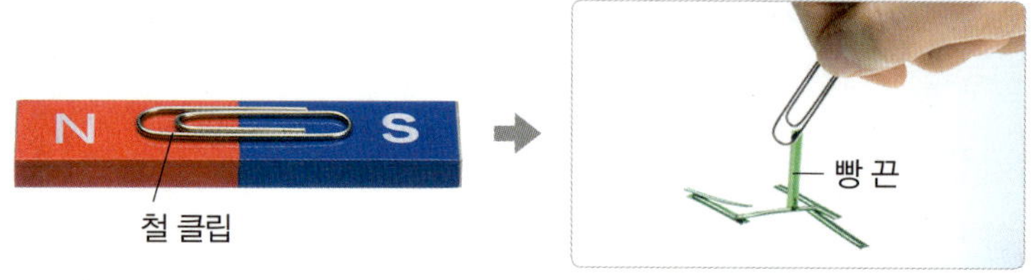

▲ 막대자석에 철 클립을 5분 이상 붙여 놓기

막대자석에 5분 이상 붙여 놓았던 철 클립이 자석의 성질을 띠게 되어, 철 클립에 빵 끈이 붙는 모습을 볼 수 있다.

2. 물에 뜰 수 있는 가벼운 물체에 **1**의 철 클립을 셀로판테이프를 이용하여 붙인다.

3. 물이 든 수조에 **2**에서 만든 것을 띄운다.

4. 물에 띄운 물체의 움직임이 멈췄을 때, 나침반 바늘이 가리키는 방향과 물에 띄운 가벼운 물체에 붙인 철 클립이 가리키는 방향을 비교해 보고, N극과 S극을 알 수 있도록 표시해 본다.

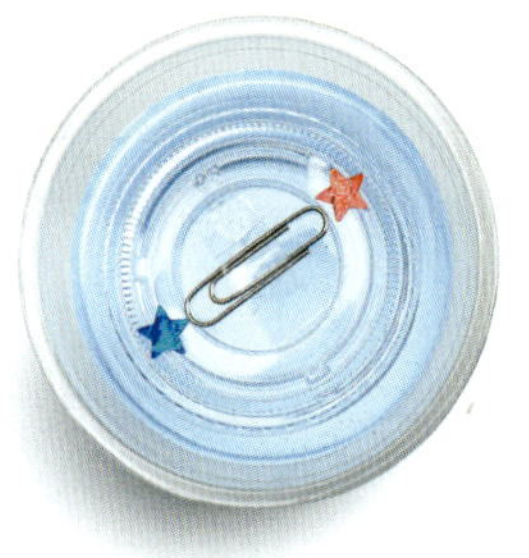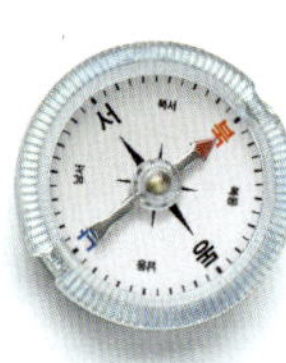

- 막대자석에 붙여 놓았던 철 클립이 북쪽과 남쪽 방향을 가리킨다.
- 나침반 바늘이 가리키는 방향과 막대자석에 붙여 놓았던 철 클립이 가리키는 방향이 같다.

• 정리

▶ 철로 된 물체를 자석에 붙여 놓으면 일시적으로 자석의 성질을 띠게 되어 일정한 방향을 가리키며, 이를 이용하여 나침반을 만들 수 있다.

↻정답과 해설 **9**쪽

1 위 탐구 활동에 대한 설명으로 옳은 것에 모두 ○표 하시오.

(1) 막대자석에 5분 이상 붙여 놓았던 철 클립은 일시적으로 자석의 성질을 띤다. ( )

(2) 막대자석에 5분 이상 붙여 놓았던 철 클립을 빵 끈에 가까이 가져가면 철 클립에 빵 끈이 붙는다. ( )

(3) 위 과정에서 철 클립 대신 플라스틱 클립을 사용해도 실험의 결과는 같다. ( )

2 다음과 같이 막대자석에 5분 이상 붙여 놓았던 철 클립을 플라스틱 뚜껑에 붙인 후 수조의 물에 띄웠습니다. 플라스틱 뚜껑이 움직임을 멈췄을 때 철 클립이 가리키는 방향을 모두 쓰시오.

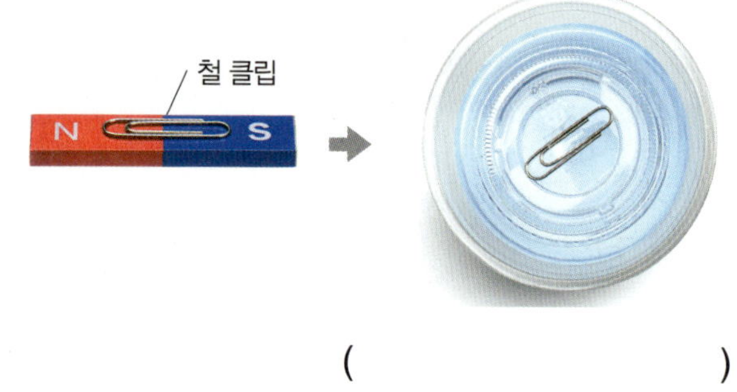

( )

1 다음 밑줄 친 자석의 성질에 해당하는 것을 보기 에서 모두 골라 기호를 쓰시오.

> (   )(으)로 된 물체를 자석에 붙여 놓거나 자석으로 문지르면 그 물체가 일시적으로 <u>자석의 성질을 띠게 된다.</u>

> 보기
> ㉠ 철로 된 물체가 붙는다.
> ㉡ 일정한 방향을 가리킨다.
> ㉢ 다른 극끼리 서로 끌어당긴다.
> ㉣ 같은 극끼리 서로 밀거나 끌어당긴다.

(   )

2 위 **1**번의 (   ) 안에 들어갈 물질로 알맞은 것은 어느 것입니까? (   )

① 철   ② 유리   ③ 나무
④ 종이   ⑤ 플라스틱

3 다음 실험의 ㈎와 ㈐ 과정 중 철 머리핀을 철 클립에 가까이 가져갔을 때의 모습으로 알맞은 것을 각각 구분하여 쓰시오.

> [실험 과정]
> ㈎ 철 머리핀을 철 클립에 가까이 가져가 철 클립이 붙는지 관찰한다.
> ㈏ 막대자석에 ㈎의 철 머리핀을 5분 이상 붙여 놓는다.
> ㈐ 막대자석에 붙여 놓았던 철 머리핀에 철 클립이 붙는지 관찰한다.

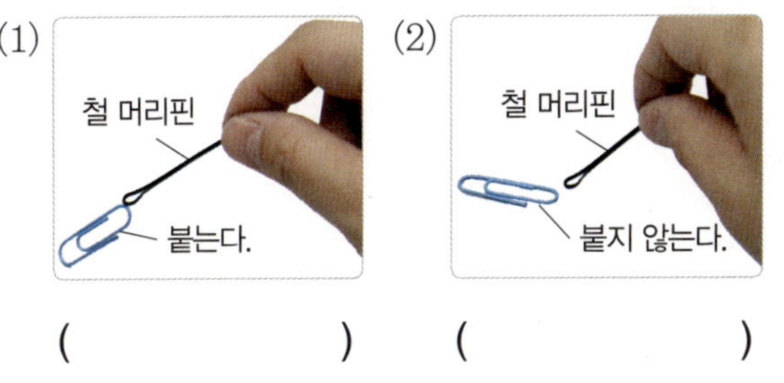

(   )   (   )

4 앞 **3**번 실험의 ㈎~㈐ 과정 중에서 철 머리핀 대신 사용했을 때 같은 결과가 나오는 것은 어느 것입니까? (   )

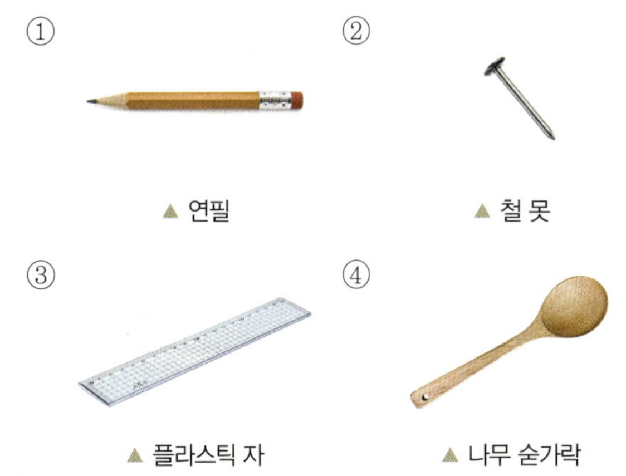

5 자석을 이용한 생활용품 중 자석이 있어 뚜껑을 열고 닫기가 쉽고 편리한 것을 보기 에서 골라 기호를 쓰시오.

(   )

6 자석을 이용한 생활용품 중 이용한 자석의 성질이 나머지와 <u>다른</u> 하나는 어느 것입니까? (   )

① 캔 분리 기계
② 자석 창문 닦이
③ 자석 팔목 밴드
④ 자석 스마트 기기 덮개
⑤ 나침반이 있는 등산용 컵

[1~3] 나침반과 자석 `필수 개념 05`

1 오른쪽과 같이 막대자석의 극에 화살표 방향(→)으로 나침반을 가까이 가져갈 때, 나침반 바늘이 가리키는 방향으로 옳은 것을 보기 에서 골라 기호를 쓰시오.

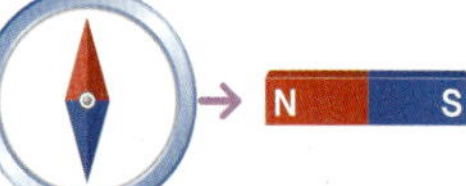

보기

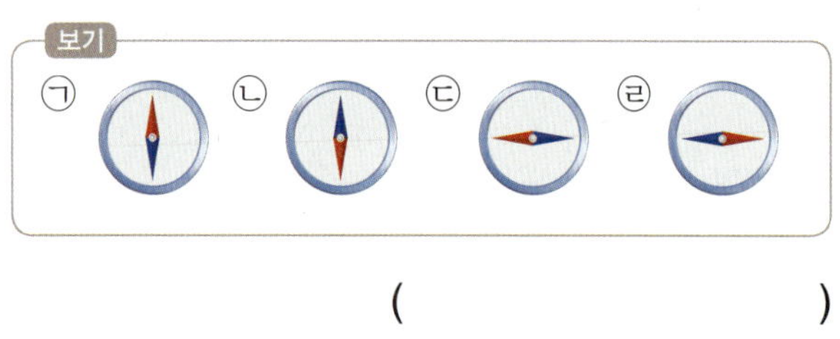

( )

2 막대자석 주위에 나침반을 놓고 나침반 바늘이 가리키는 방향을 살펴보았습니다. ㉠과 ㉡에 알맞은 나침반 바늘의 방향을 그려 넣으시오.

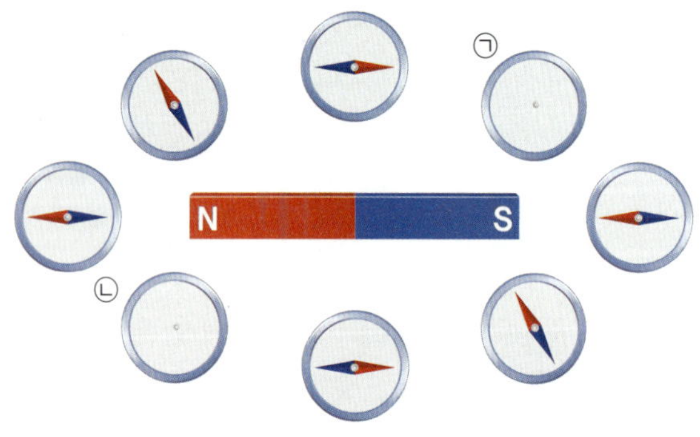

3 나침반 바늘에 대한 설명으로 옳은 것을 보기 에서 두 가지 골라 기호를 쓰시오.

보기

㉠ 나침반 바늘은 자석이다.
㉡ 나침반 바늘은 자석에 붙지 않는다.
㉢ 나침반 바늘에는 N극과 S극이 있다.
㉣ 나침반 바늘의 빨간색 부분은 자석의 N극을 가리킨다.

( )

[4~5] 자석이 가리키는 방향 `필수 개념 06`

4 아래와 같이 물에 띄운 막대자석과 나침반 바늘이 가리키는 방향을 비교한 내용으로 옳지 <u>않은</u> 것은 어느 것입니까? ( )

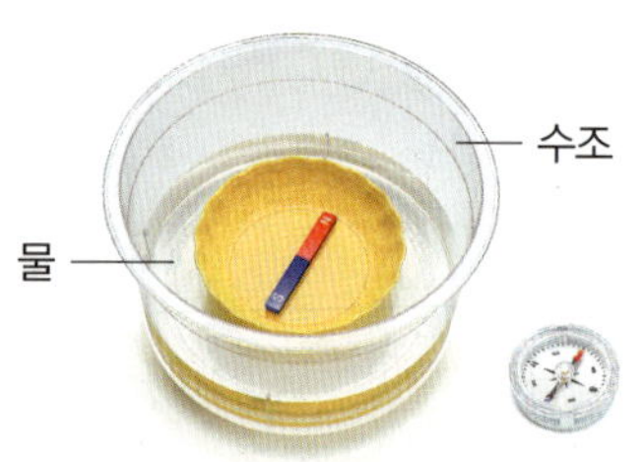

① 둘 다 일정한 방향을 가리킨다.
② 위 막대자석과 나침반 바늘이 가리키는 방향이 같다.
③ 위 막대자석의 N극과 나침반 바늘의 N극은 항상 북쪽을 가리킨다.
④ 위 막대자석의 S극과 나침반 바늘의 S극은 항상 서쪽을 가리킨다.
⑤ 위 막대자석과 나침반 바늘에 다른 자석이 가까이 있으면 가리키는 방향이 달라진다.

`도전! 하이탑`

5 나침반 바늘이 항상 일정한 방향을 가리키는 까닭을 검색하였더니, 다음과 같은 글을 볼 수 있었습니다. 물음에 답하시오.

> 지구는 하나의 커다란 자석과 같아서 주위에 자기장을 만든다. 지구 자기장의 방향에 따라 나침반 바늘의 N극은 (㉠)쪽을 가리키고, S극은 (㉡)쪽을 가리키는 것이다.

(1) 위 ㉠과 ㉡에 들어갈 알맞은 방향을 각각 쓰시오.
㉠ ( ), ㉡ ( )

(2) 위 내용을 바탕으로 알 수 있는 지구 북쪽과 남쪽의 극을 N극과 S극으로 구분하여 쓰시오.

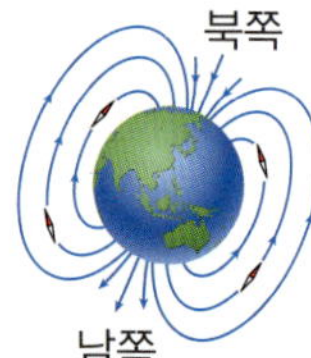

• 북쪽: ( )극
• 남쪽: ( )극

[6~8] 자화 필수 개념 07

6 막대자석에 5분 이상 붙여 놓았던 철 클립을 철이 든 빵 끈에 가까이 했을 때의 결과를 옳게 말한 사람의 이름을 쓰시오.

> • 보람: 아무런 변화가 없어.
> • 시원: 철 클립에 빵 끈이 붙어.
> • 하성: 빵 끈이 철 클립에서 멀어져.

(   )

7 위 **6**번과 관련된 내용으로 옳은 것에 ○표 하시오.

(1) 철 클립은 원래 자석의 성질을 띤다. (   )

(2) 빵 끈은 철 클립을 밀어낸다. (   )

(3) 철 클립처럼 철로 된 물체를 자석에 오랜 시간 붙여 놓으면 자석의 성질을 띠게 된다. (   )

도전! 하이탑

8 다음 실험 결과, (   ) 안에 들어갈 알맞은 말을 각각 쓰시오.

> [실험 과정]
> ❶ 자석으로 자화시킨 철 머리핀을 자석에서 떼어 종이 상자에 넣고 일주일 동안 보관한다.
> ❷ 일주일 뒤 상자에서 꺼낸 철 머리핀을 물에 띄워, 움직임이 멈추었을 때 철 머리핀이 가리키는 방향을 관찰한다.
> ❸ 물에 띄운 철 머리핀의 방향을 바꾸어 가며 ❷의 과정을 3회 반복한다.
>
> [실험 결과]
>
> | 1회 | 2회 | 3회 |
> |---|---|---|
> | | | |
>
> 자화된 철 머리핀은 시간이 지나면서 (㉠)의 성질을 잃어버리기 때문에 철 머리핀이 가리키는 방향이 계속 (㉡).

㉠ (   ), ㉡ (   )

[9~10] 자석의 이용 필수 개념 08

9 다음 생활용품에 자석이 있어 편리한 점으로 알맞은 것을 보기 에서 골라 각각 기호를 쓰시오.

> 보기
> ㉠ 편하게 덮개를 열고 닫을 수 있다.
> ㉡ 쪽지나 사진 등을 쉽게 붙였다 뗄 수 있다.
> ㉢ 매듭을 묶지 않고 쉽게 커튼을 고정할 수 있다.
> ㉣ 작은 철 나사나 철 못 등을 잃어버리지 않게 붙여 놓을 수 있어 편리한 작업을 돕는다.

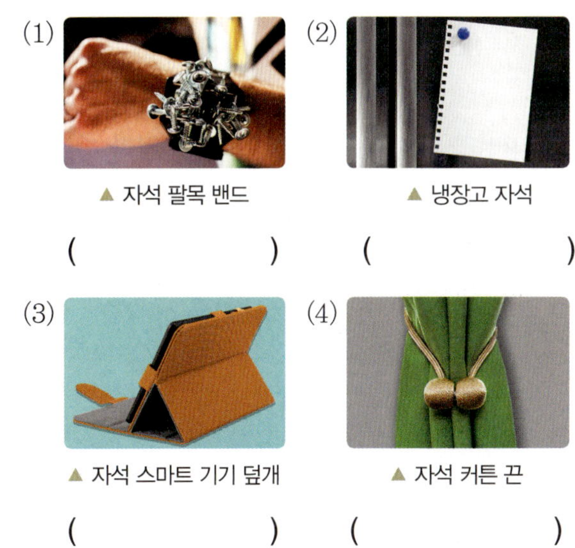

(1) ▲ 자석 팔목 밴드   (2) ▲ 냉장고 자석

(   )   (   )

(3) ▲ 자석 스마트 기기 덮개   (4) ▲ 자석 커튼 끈

(   )   (   )

서술형

10 오른쪽 클립 통 뚜껑에는 자석이 있습니다. 클립 통에 자석을 사용한 까닭은 무엇인지 쓰시오.

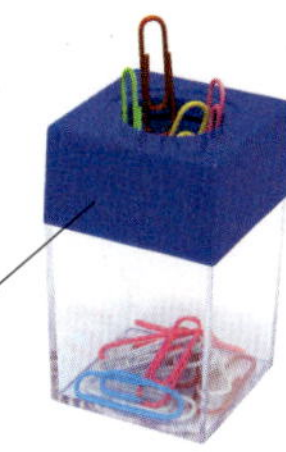

____

____

____

[1~2] 다음은 여러 가지 물체입니다. 물음에 답하시오.

1 위 여러 가지 물체를 자석에 붙는 것과 자석에 붙지 않는 것 등으로 분류하여 다음 빈칸에 모두 써넣으시오.

(1) 자석에 붙는 물체	
(2) 자석에 붙지 않는 물체	
(3) 자석에 붙는 부분과 붙지 않는 부분을 모두 가진 물체	

2 위 **1**번에서 분류한 자석에 붙는 물체가 자석에 붙지 않는 물체와 구별되는 특징으로 옳은 것을 보기 에서 골라 기호를 쓰시오.

> 보기
> ㉠ 철로 만들어졌다.
> ㉡ 물에 녹는 성질이 있다.
> ㉢ 힘을 주어 당기면 늘어난다.

(　　　　　)

3 오른쪽과 같이 실에 끼운 철 클립을 바닥에 놓인 자석 가까이에 가져갔을 때의 결과로 옳은 것은 어느 것입니까? (　　)

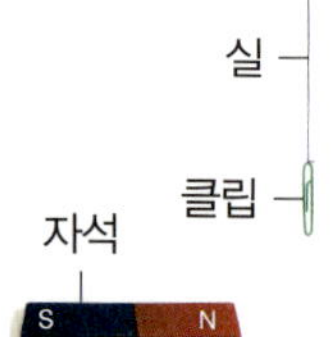

① 철 클립이 떨리며 소리를 낸다.
② 철 클립에 끼운 실이 끊어진다.
③ 철 클립을 끼운 실의 길이가 늘어난다.
④ 철 클립이 자석 쪽에서 멀리 밀려난다.
⑤ 철 클립이 자석 쪽으로 가까이 끌려간다.

4 오른쪽과 같이 실을 묶은 철 클립을 공중에 띄웠을 때, 자석과 철 클립 사이에 작용하는 힘에 대한 설명으로 옳은 것을 골라 ○표 하시오.

(1) 자석이 철 클립을 끌어당기는 힘은 공기를 통과하지 못한다. 　　　　(　　)
(2) 자석과 철 클립 사이에 종이를 넣어도 자석은 철 클립을 끌어당긴다. 　　(　　)
(3) 자석과 철 클립이 서로 미는 힘 때문에 철 클립이 공중에 떠 있는 것이다. 　(　　)

5 다음과 같이 철 클립이 담긴 플라스틱 접시에 막대자석을 가까이 가져갔다가 천천히 들어올렸을 때의 모습으로 가장 알맞은 것은 어느 것입니까? (　　)

① 막대자석에 철 클립이 붙어 있지 않다.
② 막대자석을 잡은 손에 철 클립이 붙어 있다.
③ 막대자석 전체에 철 클립이 골고루 붙어 있다.
④ 막대자석 양쪽 끝에 철 클립이 많이 붙어 있다.
⑤ 막대자석의 가운데 부분에만 철 클립이 많이 붙어 있다.

↩정답과 해설 12쪽

6 자석의 극에 대한 설명으로 옳지 <u>않은</u> 것은 어느 것입니까? (   )

① 자석에는 두 개의 극이 있다.

② 막대자석의 극은 양쪽 끝부분이다.

③ 철 집게가 가장 많이 붙는 부분이다.

④ 철 집게를 가장 세게 밀어내는 부분이다.

⑤ 다른 부분보다 철 집게를 더 세게 끌어당긴다.

7 손으로 잡은 막대자석 두 개를 서로 가까이 가져갔을 때 막대자석을 잡은 손에 끌어당기는 힘이 느껴졌습니다. 다음 중 ★ 표시한 부분이 S극인 경우로 알맞은 것에 ○표 하시오.

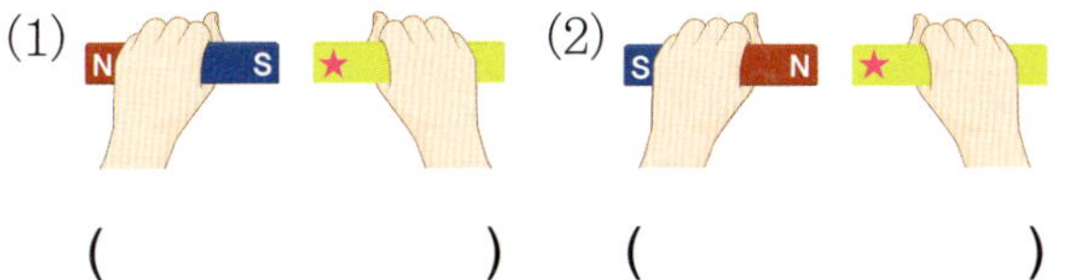

(1)　　　　　　　　　　(2)

(   )　　(   )

8 다음과 같이 윗면과 아랫면의 색이 다른 5개의 고리 자석을 이용하여 탑을 쌓았습니다. ㉠ 고리 자석의 윗면이 N극일 때 ㉡ 고리 자석의 아랫면은 무슨 극인지 쓰시오.

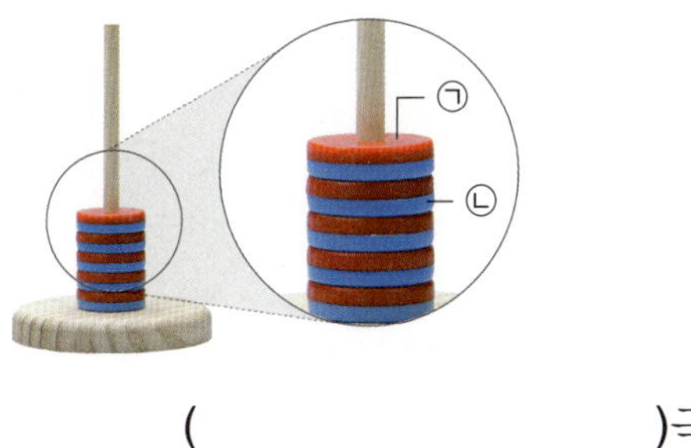

(   )극

9 다음과 같이 나침반을 막대자석의 중간 부분에 가까이 가져갔을 때 나침반 바늘이 가리키는 방향으로 옳은 것을 보기 에서 골라 기호를 쓰시오.

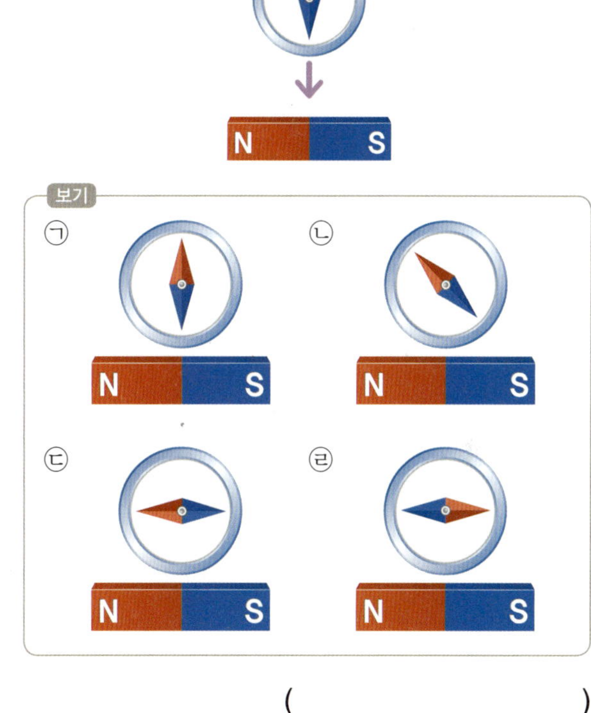

(   )

10 다음은 나침반에 대한 설명입니다. (   ) 안에 들어갈 알맞은 말이 옳게 짝 지어진 것은 어느 것입니까? (   )

나침반은 방향을 찾는 데 이용하는 도구이다. 나침반 바늘의 빨간색 부분인 N극은 (㉠)쪽을 가리키고, 빨간색 부분의 반대편인 S극은 (㉡)쪽을 가리킨다.

	㉠	㉡			㉠	㉡
①	동	서		②	남	북
③	서	동		④	북	남
⑤	남	서				

11 다음과 같이 막대자석을 실에 매달아 자유롭게 움직이도록 했습니다. 막대자석이 움직임을 멈췄을 때 ㉠과 ㉡이 가리키는 방향을 각각 쓰시오.

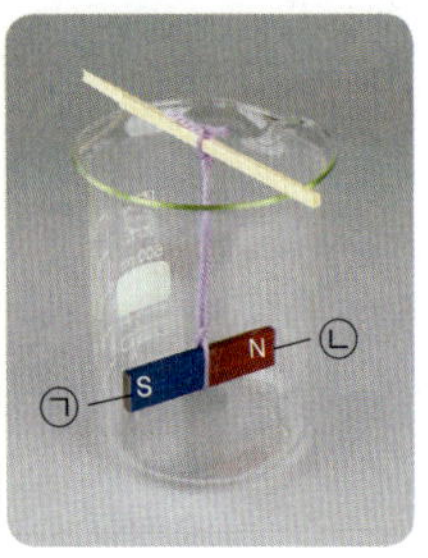

㉠ (   )쪽, ㉡ (   )쪽

12 물이 든 수조에 띄워 자유롭게 움직이도록 한 막대자석이 멈췄을 때 가리키는 방향과 같은 장소에서 나침반 바늘이 가리키는 방향을 옳게 나타낸 것은 어느 것입니까? (단, 막대자석과 나침반 바늘 사이에 서로 끌어당기는 힘은 작용하지 않습니다.)
(   )

13 오른쪽과 같이 자석으로 여러 번 문지른 철 못에 대한 설명으로 가장 알맞은 것을 보기 에서 골라 기호를 쓰시오.

> 보기
> ㉠ 철 못에 녹이 생긴다.
> ㉡ 철 못의 길이가 늘어난다.
> ㉢ 철 못에서 밝은 빛이 난다.
> ㉣ 철 못에 스타이로폼 조각이 붙는다.
> ㉤ 철 못에 자석처럼 N극과 S극이 생긴다.

(   )

14 다음 여러 가지 물체 중 나침반으로 만들 수 있는 것을 두 가지 고르시오. (   )

① 유리구슬
② 플라스틱 빨대
③ 철로 만들어진 옷핀
④ 나무로 만든 이쑤시개
⑤ 크기가 작고 얇은 막대자석

15 다음은 자석 바둑판에 자석을 이용하여 편리한 점을 설명한 글입니다. (   ) 안에 들어갈 알맞은 말을 쓰시오.

자석 바둑판은 바둑돌과 바둑판이 붙도록 바둑돌을 자석으로 만들고 바둑판은 (   )을/를 이용해서 만들어, 바닥이 고르지 않은 곳이나 이동 중에도 계속 바둑을 둘 수 있다.

(   )

16 다음은 자석을 알루미늄 캔과 철 캔에 가까이 가져 갔을 때의 모습입니다. ㉠과 ㉡ 중 철 캔으로 알맞은 것을 골라 기호를 쓰고, 그렇게 생각한 까닭을 쓰시오.

㉠  ㉡ 

(1) 철 캔인 것: (   )

(2) 그렇게 생각한 까닭: ___________

____

17 동전 모양 자석의 극을 찾을 수 있는 방법을 쓰시오.

____

____

18 다음 막대자석의 N극에 색종이로 감싸 극을 알 수 없는 다른 막대자석을 가까이 했더니, 두 자석이 서로 끌어당겼습니다. ㉡ 부분의 극을 쓰고, 그렇게 생각한 까닭을 쓰시오.

(1) ㉡ 부분의 극: (   )극

(2) 그렇게 생각한 까닭: ___________

____

19 오른쪽 도구에 대한 설명으로 옳지 않은 내용을 골라 기호를 쓰고, 이를 바르게 고쳐 쓰시오.

> ㉠ 방향을 알 수 있도록 만든 도구인 나침반에는 ㉡ 작은 자석으로 된 바늘이 있다. ㉢ 나침반 바늘의 빨간색 부분은 항상 북쪽을 가리키는데, 이는 ㉣ 자석이 철로 된 물체를 끌어당기는 성질을 이용한 것이다.

(1) 옳지 않은 내용: (   )

(2) 바르게 고쳐 쓰기: ___________

____

20 다음은 철 머리핀을 이용하여 나침반을 만드는 과정입니다. 과정 ❷의 결과를 쓰고, 이와 같은 결과가 나타나는 까닭을 자석의 성질과 관련지어 쓰시오.

> ❶ 막대자석에 철 머리핀을 5분 이상 붙여 놓는다.
> ❷ ❶의 철 머리핀에 철 클립이 붙는지 관찰한다.
> ❸ ❶의 철 머리핀을 플라스틱 뚜껑 가운데에 붙여 물에 띄우고, 나침반 바늘이 가리키는 방향과 철 머리핀이 가리키는 방향을 비교한다.

(1) 과정 ❷의 결과: ___________

____

(2) 까닭: ___________

자석에 붙는 부분과 붙지 않는 부분이 모두 있는 물체

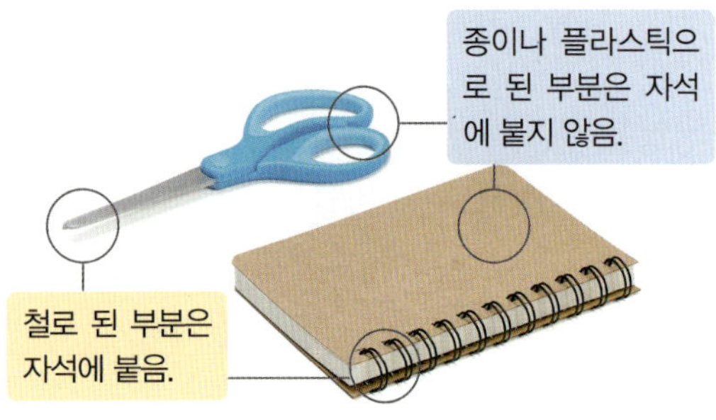

필수 개념 01	철로 된 물체는 자석에 붙는다.
자석에 붙는 물체	❶[ ]로 된 물체임. ⑩ 철 못, 철 클립, 철 집게, 철이 든 빵 끈, 철사
자석에 붙지 않는 물체	유리, 나무, 플라스틱, 고무, 종이 등 철이 아닌 물질로 이루어진 물체임. ⑩ 유리구슬, 나무토막, 나무젓가락, 플라스틱 빨대, 지우개, 고무풍선, 색종이

자석과 자석에 붙는 물체 사이에 작용하는 힘의 특징

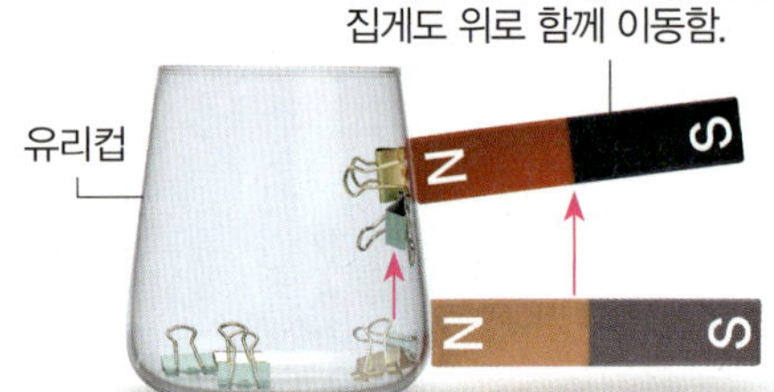

철 집게와 막대자석 사이에 얇은 유리컵이 있어도 서로 끌어당김.

필수 개념 02	자석과 철로 된 물체는 사이가 조금 떨어져 있어도 서로 끌어당긴다.
자석과 철로 된 물체 사이의 힘	자석과 ❷[ ]로 된 물체(자석에 붙는 물체)는 조금 떨어져 있어도 서로 끌어당기는 힘이 작용함.
힘의 특징	자석과 철로 된 물체 사이에 얇은 플라스틱판, 얇은 유리판, 종이 등이 있어도 서로 끌어당기는 힘이 작용함.

자석의 극이 가진 특징

자석의 모양은 다양하지만, 자석의 극은 항상 두 개이며, 같은 극끼리는 서로 밀어내고, 다른 극끼리는 서로 끌어당김.

필수 개념 03	자석의 극은 항상 두 개이다.
철로 된 물체가 많이 붙는 부분	• 막대자석과 말굽자석은 양쪽 끝부분에 철로 된 물체가 많이 붙음. • 자석에서 철로 된 물체가 많이 붙는 부분은 ❸[ ] 군데임.
자석의 극	• 자석에서 철로 된 물체가 많이 붙는 부분임. • 자석의 극은 항상 두 개임. • 자석의 극은 N극과 S극으로 나타냄.

고리 자석의 극 추리하기

막대자석의 N극과 고리 자석의 N극이 서로 밀어내어, 위쪽으로 이동함.

필수 개념 04	자석의 같은 극끼리는 밀어내고, 다른 극끼리는 끌어당긴다.
자석의 같은 극끼리 작용하는 힘	• N극을 N극에 가까이 가져가면 자석끼리 서로 밀어냄. • S극을 ❹[ ]극에 가까이 가져가면 자석끼리 서로 밀어냄.
자석의 다른 극끼리 작용하는 힘	N극을 S극에 가까이 가져가면 자석끼리 서로 끌어당김.

필수 개념 05	나침반 바늘의 빨간색 부분은 자석의 S극을 가리킨다.
나침반	• 방향을 찾는 데 이용하는 도구임. • 나침반 바늘의 빨간색 부분은 북쪽, 빨간색 부분의 반대편은 남쪽을 가리킴.
나침반 바늘	• 나침반 바늘의 빨간색 부분은 자석의 S극 쪽을, 빨간색 부분의 반대편은 N극 쪽을 가리킴. • 나침반 바늘의 빨간색 부분은 ❺ 극이고, 빨간색 부분의 반대편은 S극임.

필수 개념 06	자석의 N극은 북쪽, S극은 남쪽을 가리킨다.
자석이 가리키는 방향	• 자석을 자유롭게 움직이도록 하면 자석은 항상 일정한 방향을 가리킴. • 자석의 N극은 항상 ❻ 쪽을 가리키고, S극은 항상 남쪽을 가리킴.
까닭	• 지구는 하나의 커다란 자석과 같음. • 지구의 북쪽은 자석의 S극, 남쪽은 N극이라 할 수 있기 때문임.

필수 개념 07	철로 된 물체는 자석의 성질을 띠게 할 수 있다.
자화	• ❼ 로 된 물체를 자석에 붙여 놓거나 자석으로 문지르면 물체가 일시적으로 자석의 성질을 띠게 되며 이를 자화라고 함.
자화된 물체의 특징	• 철로 된 물체를 끌어당김. • N극과 S극이 생겨 일정한 방향(북쪽과 남쪽)을 가리킴.

필수 개념 08	자석을 이용한 생활용품은 우리 생활을 편리하게 한다.
이용할 수 있는 자석의 성질	• 철로 된 물체가 붙는 성질 • ❽ 극끼리 밀고 다른 극끼리 끌어당기는 성질 • 일정한 방향을 가리키는 성질
자석을 이용한 생활용품	• 가방 단추에 자석을 이용하면 가방을 쉽게 열고 닫을 수 있음. • 냉장고 자석을 이용하면 냉장고에 쪽지나 사진 등을 쉽게 붙였다 뗄 수 있음. └ 종류에 따라 자석이 붙지 않는 것도 있다.

나침반과 자석

나침반 주변에서 막대자석의 S극을 움직이면 나침반 바늘의 빨간색 부분이 막대자석의 S극에 가까워지는 방향으로 움직임.

지구는 커다란 자석

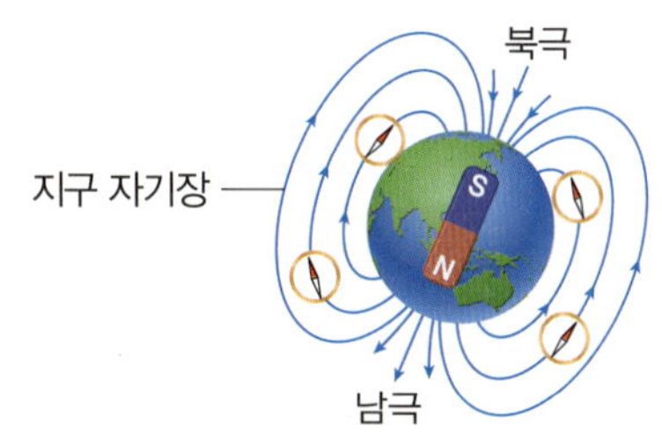

지구 자기장의 방향이 북쪽은 S극, 남쪽은 N극이기 때문에 자석 또는 자석으로 만들어진 나침반 바늘의 N극이 북쪽을 가리킴.

자석의 성질을 이용한 생활용품

철로 된 물체가 붙는 성질, 자석의 같은 극끼리 밀고 다른 극끼리 끌어당기는 성질, 일정한 방향을 가리키는 성질 등 자석의 성질을 이용한 생활용품은 우리 생활을 편리하게 함.

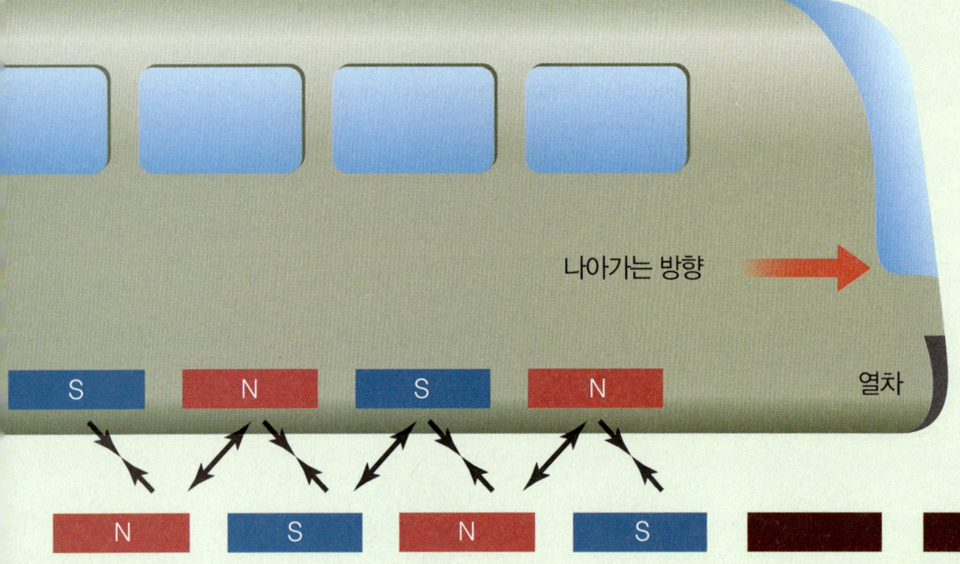

자기 부상 열차

자기 부상 열차는 전기로 발생된 자기력으로 레일에서 낮은 높이로 열차를 띄워 바퀴를 사용하지 않고 직접 차량을 추진시켜 달리는 열차이다. 바퀴가 없으므로 마찰에 의한 저항이 거의 없어 작은 동력으로도 높은 속도를 얻을 수 있다.

지구 자기장의 역할

지구 자기장은 태양에서 오는 여러 태양 입자들을 막아 주는 역할을 한다. 따라서 지구 자기장은 지구에 생명체가 존재하는 환경을 만드는 데 크게 기여하고 있다.

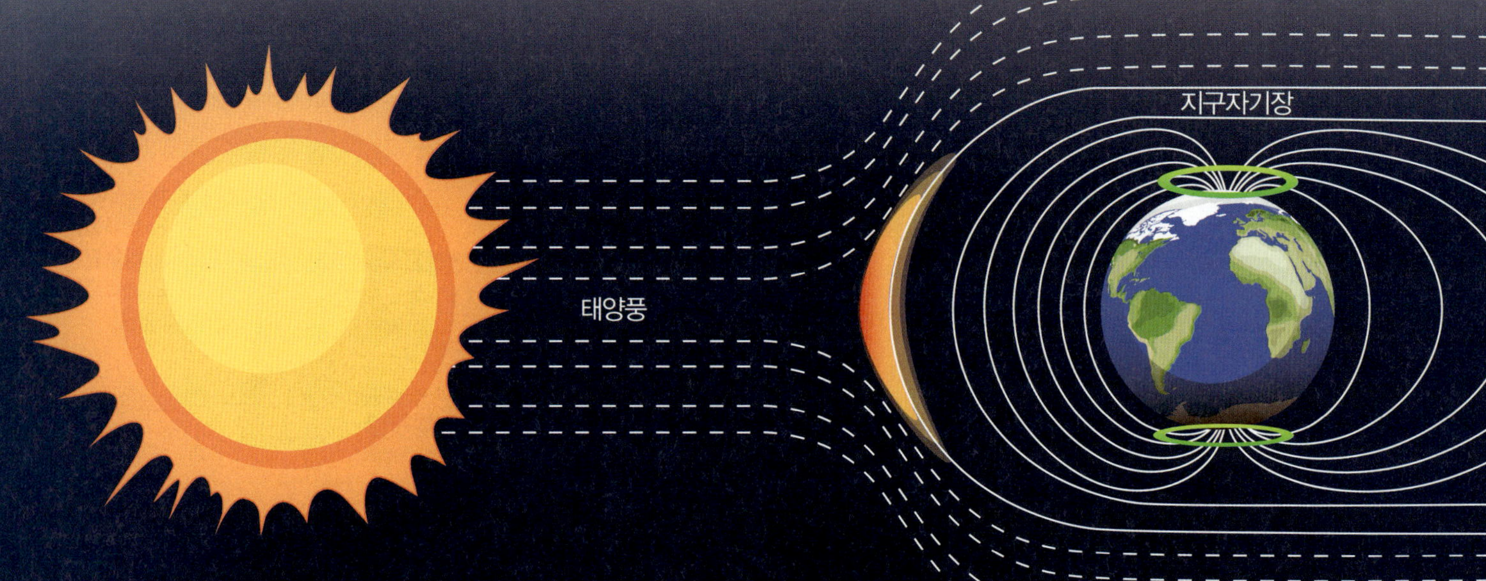

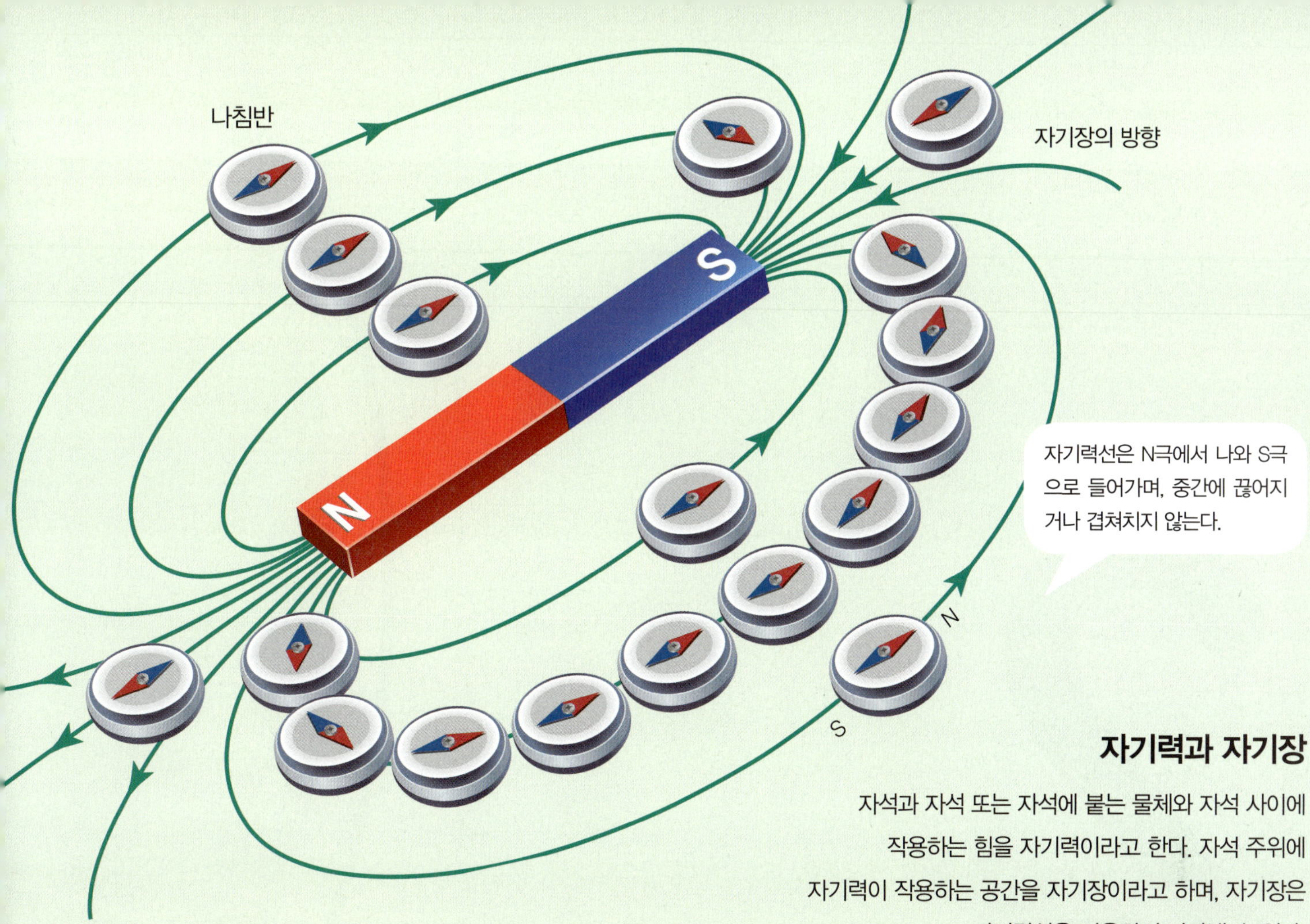

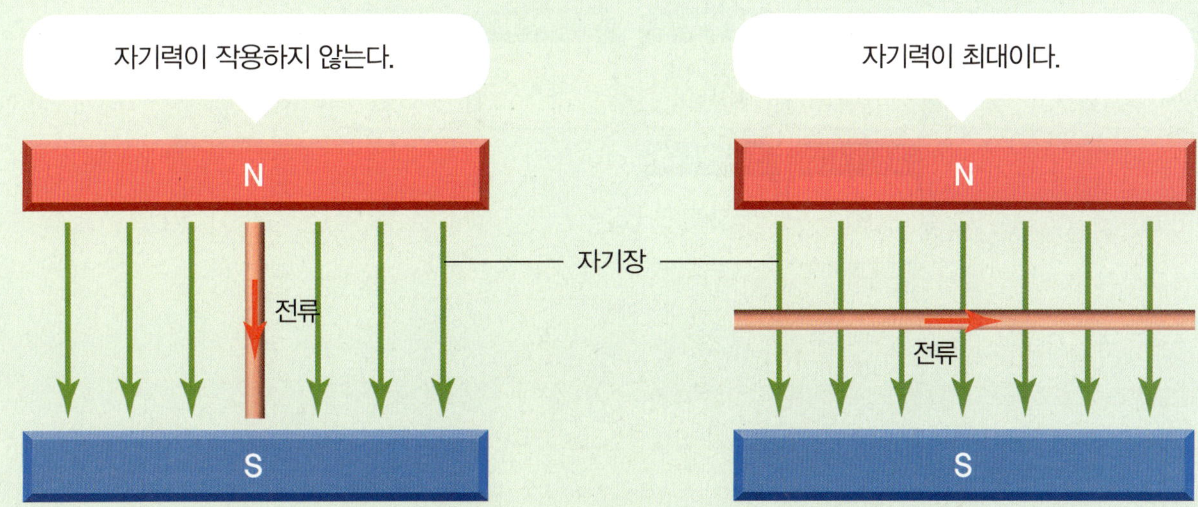

자기력과 자기장

자석과 자석 또는 자석에 붙는 물체와 자석 사이에
작용하는 힘을 자기력이라고 한다. 자석 주위에
자기력이 작용하는 공간을 자기장이라고 하며, 자기장은
자기력선을 이용하여 나타낼 수 있다.

자기력의 크기

전류가 흐르는 전선이 자기장 속에 놓여 있을 때 전선에 자기력이
작용하며, 자기력의 크기는 전선에 흐르는 전류의 세기와 자기장의 세기에
비례한다. 전류와 자기장이 이루는 각이 90°일 때 최대가 되며,
전류와 자기장의 방향이 나란할 때는 힘이 작용하지 않는다.

2

물의 상태 변화

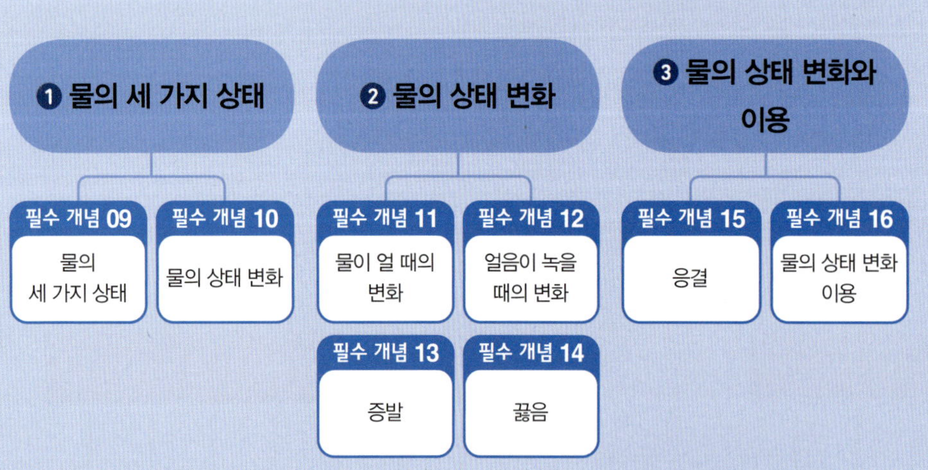

후속 학습

중학교 1학년

물질의 상태 변화
융해, 응고, 기화, 액화, 승화를
구분하고, 물질의 상태 변화를
입자의 운동과 연관지어 알 수
있다.

2권 중학교 개념특강 7쪽

이 단원의
학습

초등학교 4학년

물의 상태 변화
물의 세 가지 상태와 물의 상태
변화가 일어날 때의 변화, 우리
생활에서 물의 상태 변화를 이용
하는 예를 안다.

① 물의 세 가지 상태

보충 고체, 액체, 기체

고체는 담는 그릇이 바뀌어도 모양과 부피가 일정한 성질을 가지는 물질의 상태이다.

액체는 담는 그릇에 따라 모양은 변하지만, 부피가 일정한 성질을 가지는 물질의 상태이다.

 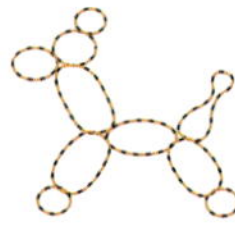

▲ 풍선의 모양　▲ 공기의 모양

기체는 담는 그릇에 따라 모양이 변하고, 담긴 그릇을 항상 가득 채우는 성질을 가지는 물질의 상태이다.

용어

• **일정** 어떤 것의 크기, 모양, 범위, 시간 등이 하나로 정하여져 있음.
• **부피** 넓이와 높이를 가진 물체가 공간에서 차지하는 크기.

필수 개념 09 **물은 고체, 액체, 기체의 세 가지 상태가 있다.**

(1) 얼음과 물　얼음이 녹아서 물로 변하거나 물이 점점 줄어드는 등 시간이 지남에 따른 변화는 생각하지 않아요.

구분	얼음	물
모양	모양이 일정하다.	모양이 일정하지 않다.
색깔	투명하거나 하얗게 보인다.	투명하다.
손으로 만졌을 때의 느낌	손으로 잡을 수 있고, 차가우며 단단하다.	손으로 잡을 수 없고, 흘러내린다.
여러 가지 모양의 그릇에 넣었을 때	모양이 변하지 않고 부피가 일정하다.	담는 그릇에 따라 모양이 변하지만, 부피는 변하지 않는다.

① 얼음은 담는 그릇이 바뀌어도 모양과 부피가 일정하므로 고체 상태이다.

② 물은 담는 그릇에 따라 모양은 변하지만, 부피가 일정하므로 액체 상태이다.

(2) 수증기

① 수증기는 우리 눈에 보이지 않고 손으로 잡을 수 없지만, 공기 중에 존재한다.

② 수증기는 모양이 일정하지 않으며, 얼음이나 물과 같이 공간을 차지하는 기체 상태이다.

(3) 물의 세 가지 상태　우리 주변에서 물은 얼음, 물, 수증기의 세 가지 상태로 존재한다. 얼음은 고체 상태이고, 물은 액체 상태이며, 수증기는 기체 상태이다.

비교 플러스⁺　**물의 세 가지 상태**

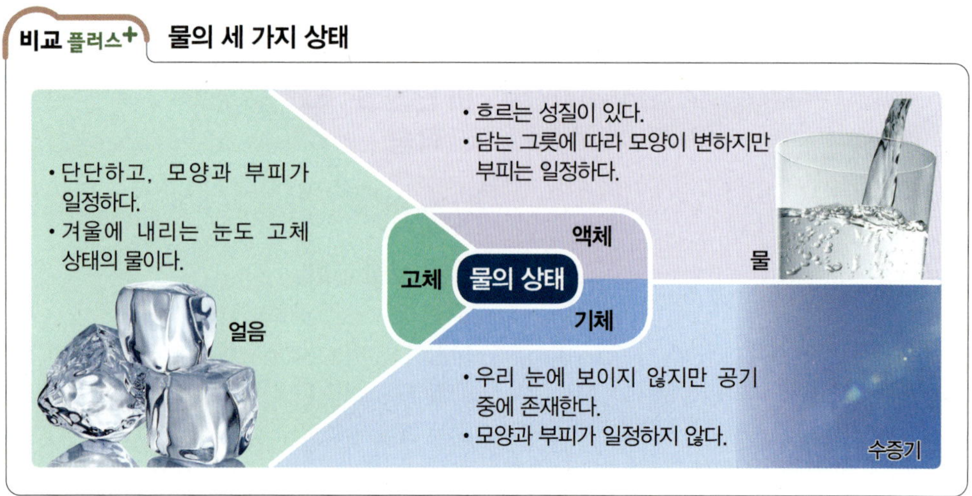

(1) 얼음의 변화 과정

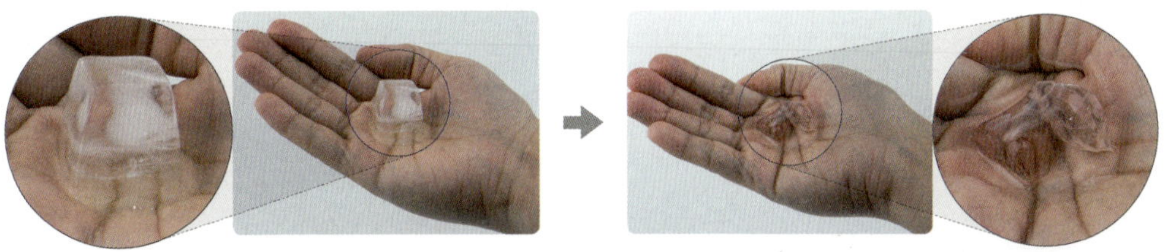

▲ 손바닥 위에 얼음을 올려놓는다.   ▲ 얼음이 녹아 물이 된다.

① 얼음을 손바닥 위에 올려놓으면 시간이 지나면서 얼음이 녹아 물이 된다.

② 손에 묻은 물은 시간이 지나면서 점점 사라져 눈에 보이지 않는다.

③ 손에서 사라진 물은 수증기가 되어 공기 중으로 흩어진 것이다.

(2) **물의 상태 변화**

고체인 얼음이 녹으면 액체인 물로 변하고, 액체인 물이 얼면 고체인 얼음으로 변한다. 액체인 물은 눈에 보이지 않는 기체인 수증기가 되기도 하고, 기체인 수증기는 다시 액체인 물로 변할 수 있다. 이처럼 물은 서로 다른 상태로 변할 수 있는데, 이를 물의 상태 변화라고 한다. **필수탐구 42쪽**

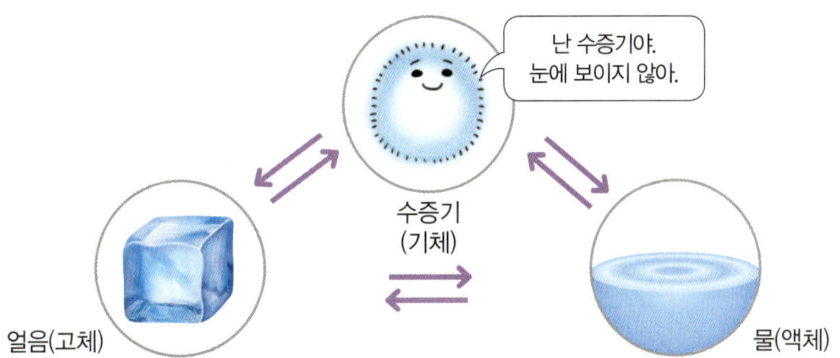

실험 플러스+   손난로를 이용하여 물의 상태 변화 관찰하기

과정

1. 얼음이 담긴 페트리 접시를 손난로 위에 올려놓고 얼음의 변화를 관찰한다.

2. 5분이 지나면 얼음을 꺼내고, 시간이 지남에 따라 페트리 접시에서 일어나는 변화를 관찰해 본다.

결과

• 얼음이 녹아 얼음의 크기가 점점 작아진다.

• 5분이 지난 뒤, 얼음을 꺼낸 페트리 접시에는 얼음이 녹아서 생긴 물이 남아 있다.

• 시간이 지날수록 얼음이 녹아서 생긴 물의 양이 적어진다.

• 시간이 더 지나면 얼음이 녹아서 생긴 물이 사라진다.

정리

고체인 얼음이 녹아 액체인 물로 상태가 변하고, 얼음이 녹아서 생긴 물은 기체인 수증기로 상태가 변해 공기 중으로 날아간다.

심화 물질의 상태 변화

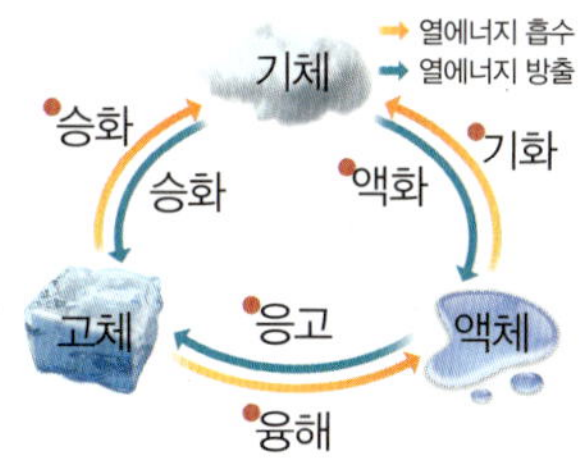

물질은 한 가지 상태로만 존재하는 것이 아니라 다른 상태로 변할 수 있다. 물질의 상태는 온도와 압력에 따라 변하는데, 주로 온도에 따라 변한다.

물의 상태 변화의 예를 영상으로 살펴보세요. |도움영상|

용어

• **승화** 고체에서 액체 상태를 거치지 않고 바로 기체로 상태가 변하거나 기체에서 액체 상태를 거치지 않고 바로 고체로 상태가 변하는 현상.

• **액화** 기체에서 액체로 상태가 변하는 현상.

• **기화** 액체에서 기체로 상태가 변하는 현상.

• **응고** 액체에서 고체로 상태가 변하는 현상.

• **융해** 고체에서 액체로 상태가 변하는 현상.

물의 상태 변화 관찰하기

얼음과 물의 상태 변화를 관찰하여 물의 상태 변화를 설명할 수 있다.

과정 및 결과

1. 페트리 접시에 담긴 얼음의 특징을 관찰해 본다.

• 얼음은 투명하고, 일정한 모양이 있어 손으로 잡을 수 있다.
• 얼음은 차갑고 단단하다.
• 얼음은 냄새가 나지 않는다.

2. 시간이 지나면 얼음이 어떻게 되는지 관찰해 본다. ─ 상온(일 년 동안의 평균 기온)에서 실험했을 때를 기준으로 생각한다.

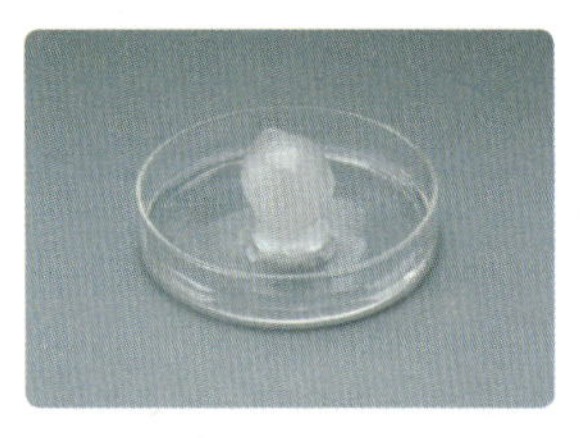
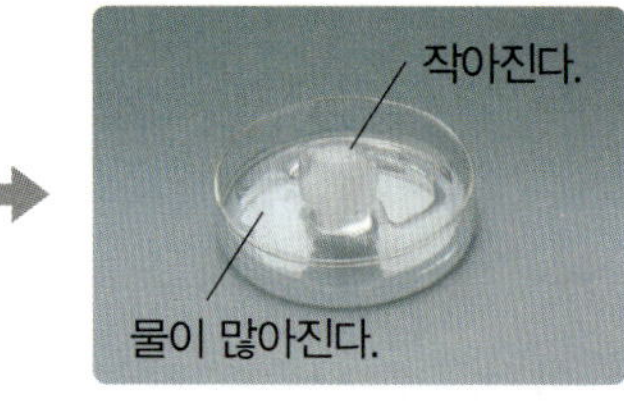

• 얼음의 크기가 작아진다.
• 얼음이 녹아 페트리 접시에 물이 생긴다.
• 시간이 지날수록 얼음의 크기는 작아지고 물의 양은 많아진다.

3. 물을 손에 묻힌 뒤 시간이 지나면 물이 어떻게 되는지 관찰해 본다.

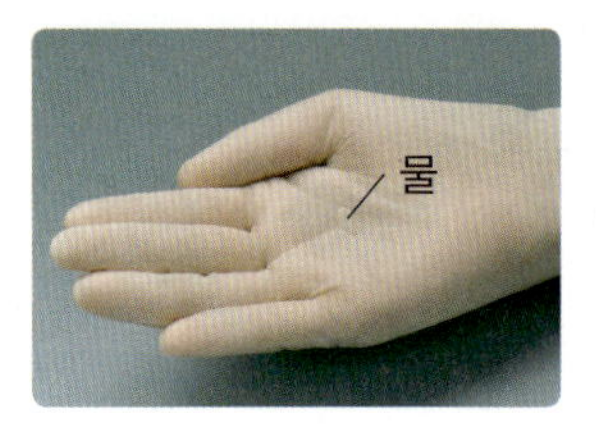
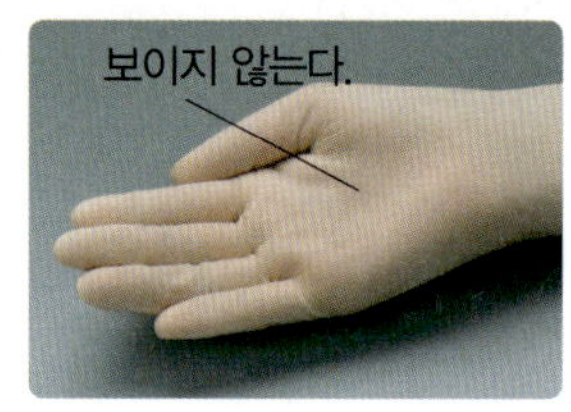

• 손에 묻은 물이 점점 줄어든다.
• 시간이 지나면 손에 묻은 물이 말라서 보이지 않는다.
• 손에 묻은 물이 수증기가 되어 공기 중으로 흩어진다.

정리

▶ 페트리 접시의 얼음은 고체 상태에서 액체 상태로 변했다.
▶ 손에 묻힌 물은 액체 상태에서 기체 상태로 변했다.

정답과 해설 14쪽

1 물의 세 가지 상태 중 오른쪽과 같은 모습의 상태에 해당하는 설명으로 옳은 것을 보기 에서 골라 기호를 쓰시오.

보기
㉠ 액체이다.
㉡ 흘러내린다.
㉢ 차갑고 단단하다.
㉣ 손에 잡히지 않는다.
㉤ 모양이 일정하지 않다.

(   )

2 물을 손에 묻히고, 시간이 지남에 따라 일어나는 변화를 옳지 <u>않게</u> 말한 사람의 이름을 쓰시오.

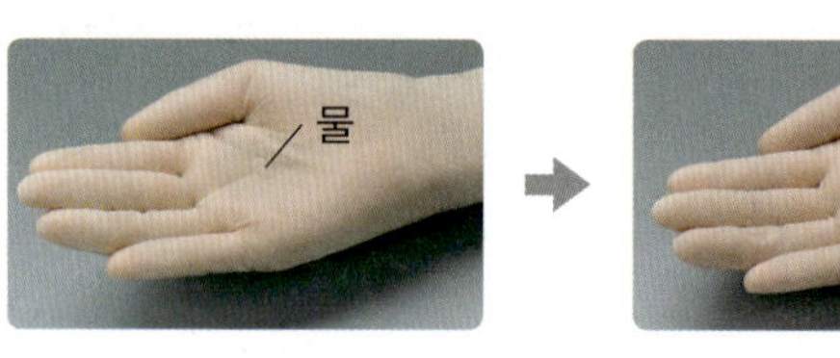

• 소라: 손에 묻은 물이 점점 줄어들어.
• 재준: 손에 묻은 물이 수증기가 되어 공기 중으로 사라져.
• 하은: 시간이 지나면 손에 묻은 물이 얼면서 점점 큰 얼음 덩어리로 변해.

(   )

정답과 해설 15쪽

1 다음은 얼음과 물 중 어느 것을 관찰한 결과인지 쓰시오.

얼음

물

- 투명하다.
- 일정한 모양이 없다.
- 손에 잡히지 않고 흐른다.

(   )

2 물의 기체 상태에 대한 설명으로 옳은 것을 두 가지 고르시오. (   )

① 단단하다.
② 공기 중에 존재한다.
③ 모양과 부피가 일정하다.
④ 우리 눈에 보이지 않는다.
⑤ 담는 그릇에 따라 모양이 변하지만, 부피는 일정하다.

3 다음은 작년 겨울에 민지가 쓴 일기의 일부분입니다. 밑줄 친 부분에 나타난 물의 상태는 고체, 액체, 기체의 세 가지 상태 중 어느 것에 해당하는지 각각 쓰시오.

> 어제는 정말 추웠는데, 오늘 아침에는 햇볕이 따뜻했다. 집 앞에 나가보니 벽에 ㉠ 고드름이 길게 생겨 있었다. 그런데 햇볕 때문인지 ㉡ 녹아서 물이 뚝뚝 떨어지고 있었다. 바닥에 떨어진 물이 마르면 ㉢ 눈에 보이지 않겠지?

㉠ (   )
㉡ (   )
㉢ (   )

4 다음 (   ) 안에 들어갈 알맞은 말을 보기 에서 골라 기호를 쓰시오.

> 물이 얼어 얼음이 되고 얼음이 녹아 물이 되며, 물이 우리 눈에 보이지 않는 수증기가 되는 것과 같이 물이 서로 다른 상태로 변하는 것을 물의 (   )(이)라고 한다.

보기

㉠ 물질 변화   ㉡ 위치 변화
㉢ 운동 변화   ㉣ 상태 변화

(   )

[5~6] 오른쪽은 손바닥에 얼음을 올려놓고 관찰하는 모습입니다. 물음에 답하시오.

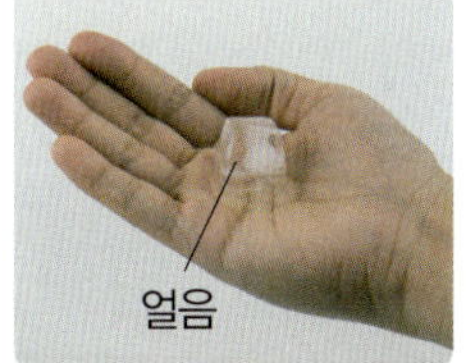
얼음

5 손바닥에서 일어나는 변화로 옳지 <u>않은</u> 것은 어느 것입니까? (   )

① 얼음이 녹아서 물이 된다.
② 얼음 주위에 물이 생긴다.
③ 아무런 변화가 일어나지 않는다.
④ 물의 상태 변화를 관찰할 수 있다.
⑤ 손에 묻은 물은 시간이 지나면 수증기로 변한다.

6 위에서 일어나는 물의 상태 변화로 알맞은 것을 보기 에서 골라 기호를 쓰시오.

보기

㉠ 고체 → 액체   ㉡ 액체 → 고체
㉢ 기체 → 고체   ㉣ 기체 → 액체

(   )

2 물의 상태 변화 (1)

물의 상태 변화
- 물의 세 가지 상태
- 물의 상태 변화
  - 물이 얼 때의 변화
  - 얼음이 녹을 때의 변화
  - 증발
  - 끓음
- 물의 상태 변화와 이용

보충 물이 얼 때 부피가 늘어나는 까닭

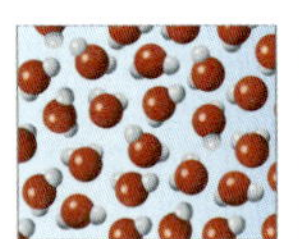

▲ 물

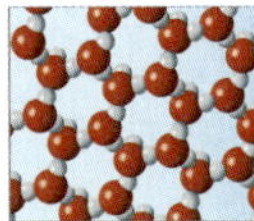

▲ 얼음

대부분의 물질은 액체에서 고체로 상태가 변할 때 부피가 줄어든다. 하지만 물은 얼음이 될 때 부피가 늘어나는데 이는 물 분자들이 육각형 모양의 결정을 이루어 물 분자 사이에 빈 공간이 생기기 때문이다.

필수 개념 11 물이 얼 때 부피는 늘어나고 무게는 변하지 않는다.

(1) **물이 얼 때의 부피 변화** 물이 완전히 언 후 얼음의 높이는 물이 얼기 전 물의 높이보다 높아진 것을 볼 수 있으며, 이를 통해 물이 얼어 얼음이 되면 부피가 늘어난다는 것을 알 수 있다.

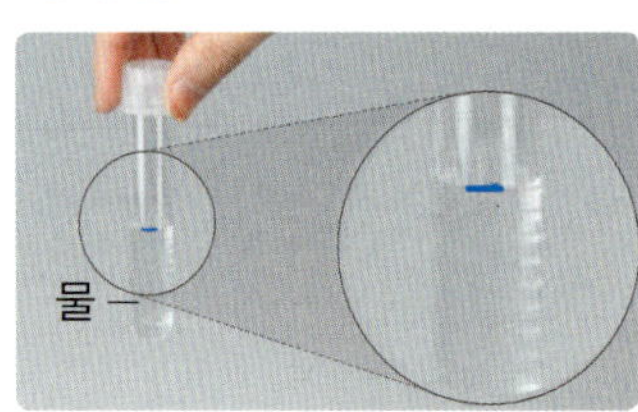

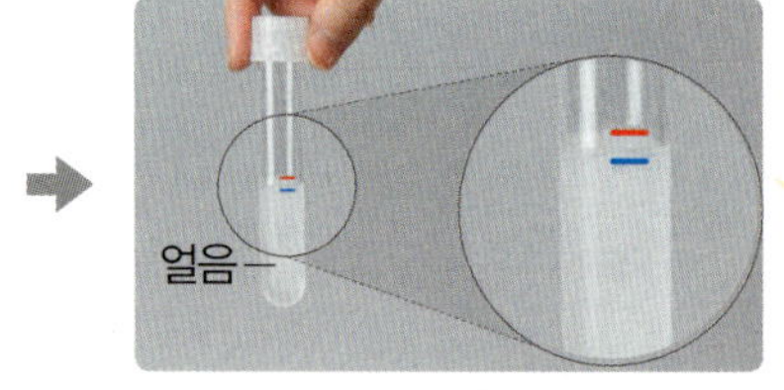

▲ 물이 얼기 전 물의 높이

▲ 물이 완전히 언 후 얼음의 높이

물이 얼어 얼음이 되면 부피가 늘어난다.

과정 플러스+ 물이 얼 때 부피가 늘어나는 성질을 이용한 조상의 지혜

❶ 구멍을 여러 개 뚫는다.

❷ 물을 가득 채운다.

❸ 물이 얼며 부피가 늘어나 구멍이 난 틈을 벌린다.

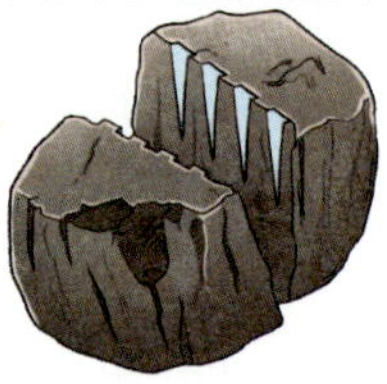

우리 조상들은 바위를 쪼개어 이용하기 위해 추운 겨울철에 바위에 구멍을 여러 개 뚫고 그 안에 물을 부어 얼렸다. 추운 날씨로 인해 물이 얼면서 부피가 늘어나면 그 힘을 이기지 못한 바위가 쪼개지는 것을 이용한 것이다.

(2) **물이 얼 때의 무게 변화** 무게의 측정을 통해 물이 얼어 얼음이 되어도 무게는 변하지 않는다는 것을 알 수 있다. 필수 탐구 46쪽

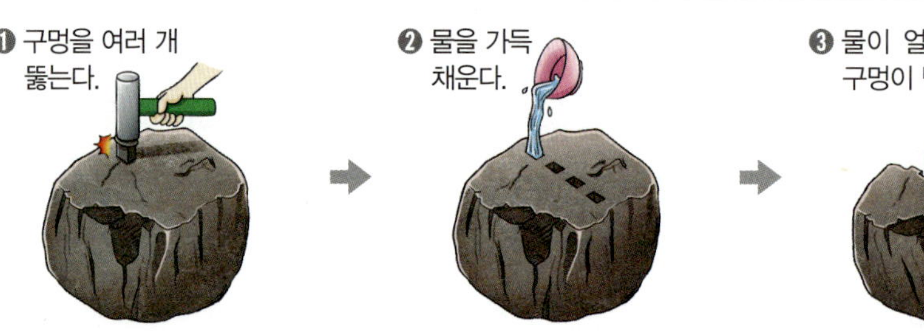

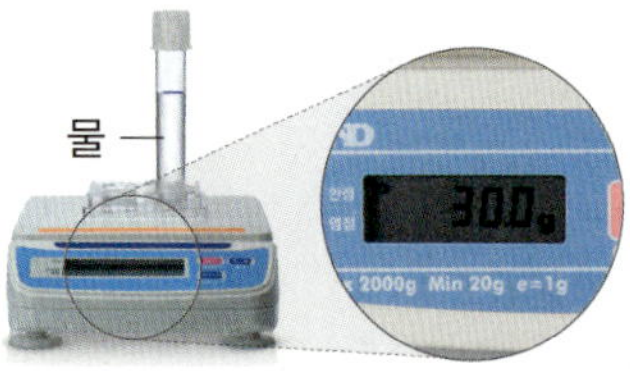

▲ 물이 얼기 전의 무게

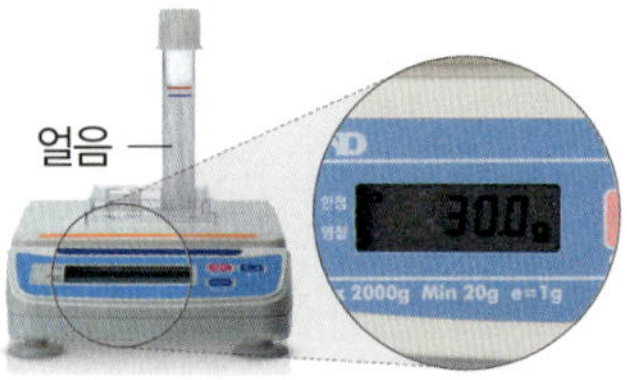

▲ 물이 완전히 언 후의 무게

물이 얼어 얼음이 되어도 무게가 변하지 않는다.

(3) **물이 얼 때 부피가 늘어나는 것을 관찰할 수 있는 현상** 페트병에 물을 가득 넣어 얼렸을 때 페트병이 부푼다. 마찬가지로 유리병에 물을 가득 넣어 얼리면 유리병이 깨지는 경우가 있으므로 조심해야 한다. 한겨울에 수도관에 설치된 계량기가 터지기도 하는데, 이것은 모두 물이 얼 때 부피가 늘어나기 때문에 나타나는 현상이다.

용어
- **계량기** 수도, 가스, 전력 등을 사용한 양을 재는 기구.
- **결정** 원자, 이온, 분자 등이 규칙적으로 일정한 법칙에 따라 배열되는 등 형체를 이룸. 또는 그런 물질.

(1) **얼음이 녹을 때의 부피 변화**　얼음이 완전히 녹은 후 물의 높이는 얼음이 녹기 전보다 낮아진 것을 볼 수 있으며, 이를 통해 얼음이 녹아 물이 되면 부피가 줄어든다는 것을 알 수 있다.

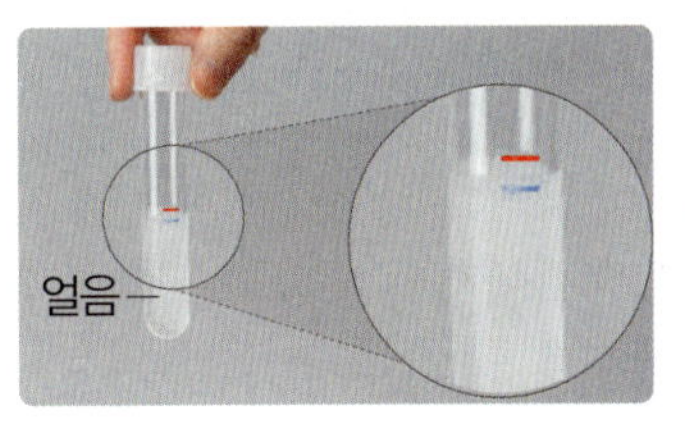
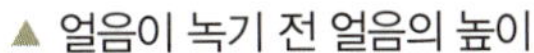
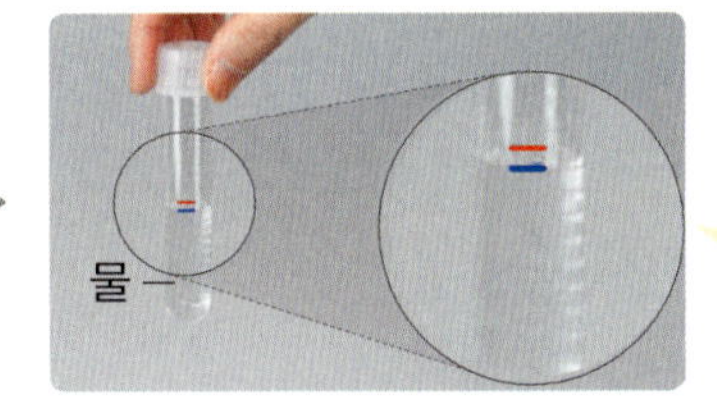

▲ 얼음이 녹기 전 얼음의 높이　　▲ 얼음이 녹은 후 물의 높이

(2) **얼음이 녹을 때의 무게 변화**　무게의 측정을 통해 얼음이 녹아 물이 되어도 무게는 변하지 않는다는 것을 알 수 있다.

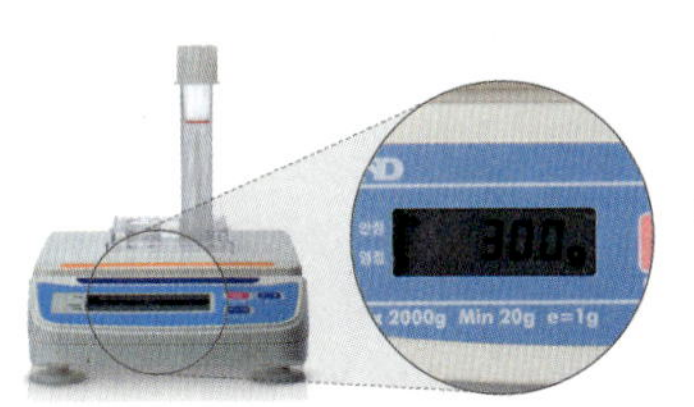
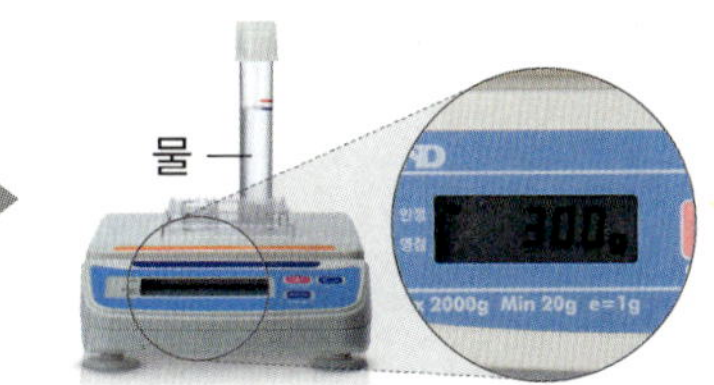

▲ 얼음이 녹기 전의 무게　　▲ 얼음이 녹은 후의 무게

(3) **얼음이 녹을 때 부피가 줄어드는 것을 관찰할 수 있는 현상**

① 꽁꽁 언 튜브형 얼음과자를 따뜻한 곳에 놓아두면 얼었던 내용물이 녹으면서 부피가 줄어들어 튜브 용기 안에 빈 공간이 생긴다.

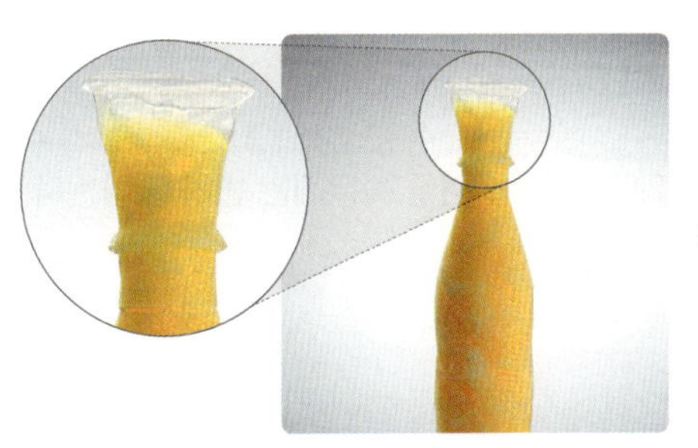

▲ 얼음과자가 녹기 전　　▲ 얼음과자가 녹은 후

② 냉동실에 넣어 얼린 요구르트를 꺼내 실온에 놓아두었더니 볼록했던 요구르트 병이 처음 모습 그대로 줄어들었다.

③ 물이 얼어 부푼 페트병을 냉동실에서 꺼내 두면 얼음이 녹으면서 부피가 줄어든다.

④ 얼음 틀 위로 튀어나와 있던 얼음이 녹아 물이 되면 물의 높이가 낮아진다.

(4) **물이 얼 때와 얼음이 녹을 때의 부피와 무게 변화**

① 물이 얼 때 부피는 늘어나고, 무게는 변하지 않는다.

② 얼음이 녹을 때 부피는 줄어들고, 무게는 변하지 않는다.

③ 물이 얼거나 얼음이 녹을 때 부피는 변하고, 무게는 변하지 않는다.

보충 부피와 무게

얼음이 녹아 물이 되면서 부피가 줄어들 때 무게도 줄어들 것이라고 생각할 수 있다. 하지만 부피가 작다고 해서 더 가벼운 것은 아니다. 스펀지보다 부피는 작지만 더 무거운 금속 공을 떠올려 본다.

보충 물에 떠 있는 얼음이 녹을 때 물의 높이 변화

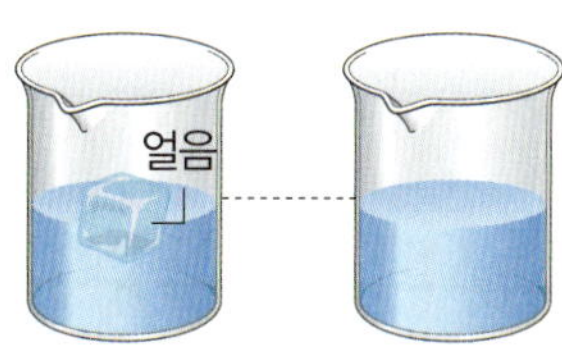

물에 떠 있는 얼음이 녹으면 물 위로 올라온 얼음만큼의 부피가 줄어든다. 따라서 물에 떠 있는 얼음이 완전히 녹아도 물의 높이는 변하지 않는다.

용어

• **용기** 물건을 담는 그릇.
• **실온** 방이나 건물 등 안의 온도.

물이 얼 때와 얼음이 녹을 때의 부피와 무게 변화 관찰하기

물이 얼 때와 얼음이 녹을 때의 부피와 무게 변화를 관찰하고, 관찰 결과를 설명할 수 있다.

• 과정 및 결과

실험동영상

[활동1] 물이 얼 때의 부피와 무게 변화 관찰하기

1. 시험관에 물을 넣고 마개로 막은 뒤 물의 높이를 표시하고, 무게를 측정한다.
2. 1의 시험관을 비커에 넣고, 얼음과 소금을 이용해 시험관에 든 물을 얼린다.
3. 물이 완전히 얼면 얼음의 높이를 표시하고, 무게를 측정해 본다.

[활동2] 얼음이 녹을 때의 부피와 무게 변화 관찰하기

1. 따뜻한 물로 [활동1]의 시험관에 든 얼음을 녹인다.
2. 시험관에 들어 있는 얼음이 완전히 녹으면 시험관을 꺼내 물의 높이를 표시하고, 무게를 측정해 본다.

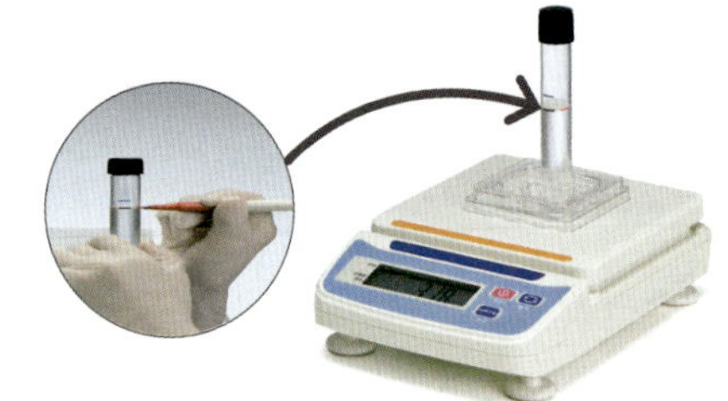

물이 얼 때와 얼음이 녹을 때의 부피와 무게

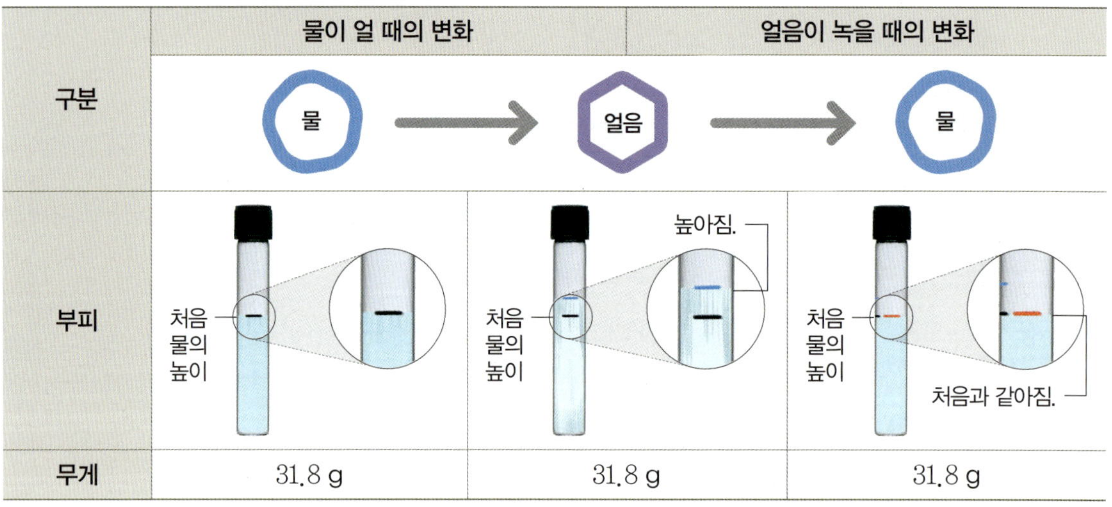

• 정리

▶ 물이 얼 때 부피는 늘어나고 무게는 변하지 않으며, 얼음이 녹을 때 부피는 줄어들고 무게는 변하지 않는다.

↻ 정답과 해설 **15쪽**

1 물이 얼 때의 부피 변화를 알아보기 위해 물이 든 시험관에 물의 높이를 표시한 다음, 물을 얼렸습니다. 다음 중 시험관 속 물이 완전히 언 후의 모습으로 알맞은 것을 골라 ○표 하시오.

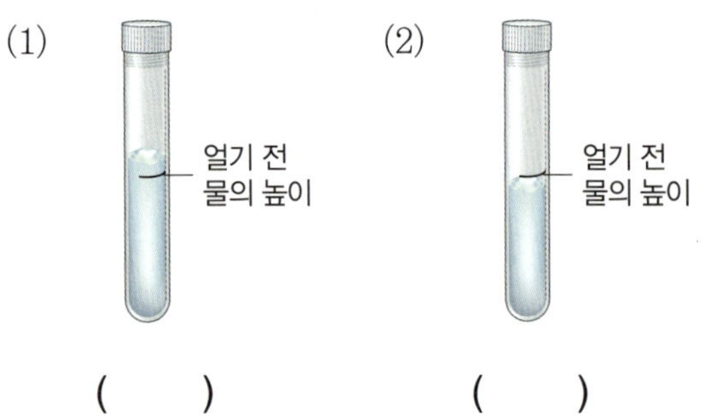

2 시험관에 물을 넣고 완전히 얼린 후에 무게를 측정한 뒤, 시험관을 따뜻한 물이 든 비커에 넣어 얼음이 완전히 녹은 후에 다시 무게를 측정했습니다. 얼음이 녹기 전과 녹은 후의 무게를 비교하여 ○ 안에 >, =, <로 나타내시오.

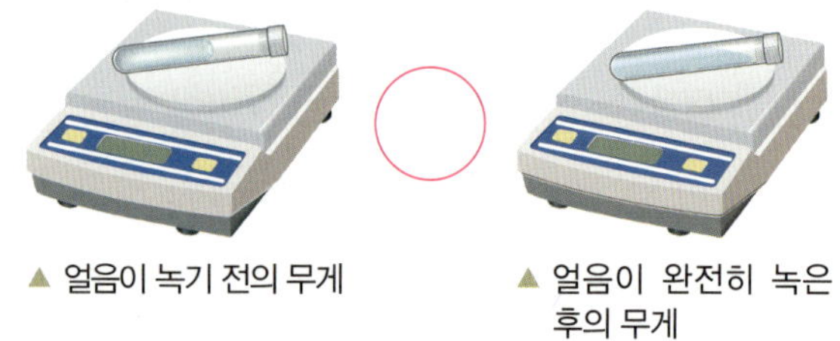

↻ 정답과 해설 **16**쪽

[1~2] 다음 실험 과정을 보고, 물음에 답하시오.

> ❶ 시험관에 물을 넣고 물의 높이를 표시한 다음, 무게를 측정한다.
> ❷ 잘게 부순 얼음이 든 비커에 소금을 넣고 잘 섞은 뒤, ❶의 시험관을 꽂아 물을 얼린다.
> ❸ 물이 완전히 얼면 시험관을 꺼내 얼음의 높이를 표시한 다음, 무게를 측정한다.

1 위 실험을 통해 알아보려고 하는 것을 옳게 말한 사람의 이름을 쓰시오.

> • 다정: 얼음이 녹을 때의 무게 변화를 알아보기 위한 실험이야.
> • 화연: 물이 수증기가 될 때의 부피 변화를 알아보려고 하는 거야.
> • 은석: 물이 얼 때의 무게와 부피 변화를 알아보기 위한 실험이야.

( )

2 위 실험 결과를 정리한 것으로, 다음 ( ) 안의 알맞은 말에 ○표 하시오.

> 물이 얼어서 얼음이 되면 무게는 변하지 않고, 부피는 (줄어든다 , 변하지 않는다 , 늘어난다).

3 다음은 우리 조상들이 겨울철에 물을 이용하여 바위를 쪼개었던 원리를 설명한 것입니다. ( ) 안에 들어갈 알맞은 말을 쓰시오.

> 겨울철 바위에 구멍을 뚫고, 그 안에 물을 가득 부으면 추운 날씨로 인해 물이 얼면서 물의 ( )이/가 늘어나 바위가 쪼개진다.

( )

4 오른쪽과 같이 시험관에 물을 붓고 얼린 후, 얼음의 높이를 빨간색으로 표시하였습니다. 이 시험관을 따뜻한 물에 넣어 얼음을 완전히 녹인 후, 물의 높이를 비교했을 때의 결과로 옳은 것을 보기 에서 골라 기호를 쓰시오. 

> **보기**
> ㉠ 녹기 전 얼음의 높이 = 녹은 후 물의 높이
> ㉡ 녹기 전 얼음의 높이 < 녹은 후 물의 높이
> ㉢ 녹기 전 얼음의 높이 > 녹은 후 물의 높이

( )

5 다음 중 얼음이 녹아 물이 될 때의 변화에 대해 옳은 것에 ○표, 옳지 않은 것에 ×표 하시오.

(1) 얼음 20 g을 모두 녹이면 물 10 g이 된다.

( )

(2) 얼음이 녹을 때 늘어난 무게는 물이 얼 때 줄어든 무게와 같다. ( )

(3) 얼음이 녹을 때 줄어든 부피는 물이 얼 때 늘어난 부피와 같다. ( )

6 다음은 물의 상태 변화로 인해 나타나는 현상입니다. 상태 변화의 종류가 나머지와 <u>다른</u> 하나는 어느 것입니까? ( )

① 겨울철 수도 계량기가 터진다.
② 물을 가득 넣어 얼린 유리병이 깨진다.
③ 냉동실에 넣어 얼린 요구르트병이 볼록해진다.
④ 물이 가득 든 페트병을 얼리면 페트병이 부풀어 커진다.
⑤ 꽁꽁 언 튜브형 얼음과자가 녹으면 튜브 용기 안에 빈 공간이 생긴다.

[1~2] 물의 세 가지 상태 필수 개념 09

1 얼음과 물을 관찰한 결과로 옳은 것을 보기에서 모두 골라 각각 기호를 쓰시오.

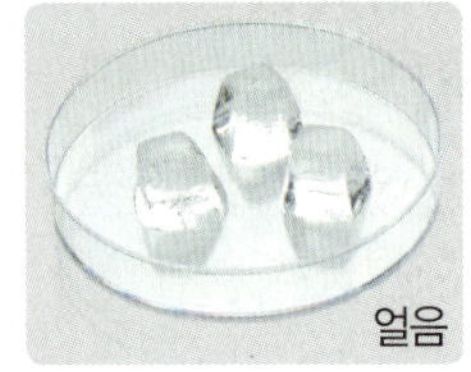
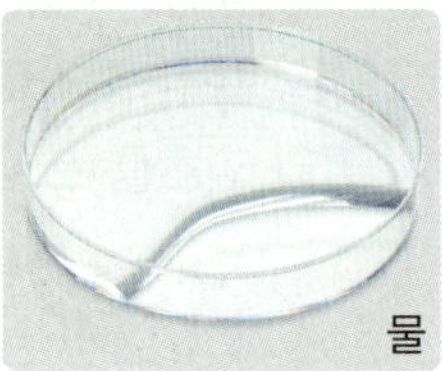

보기
ㄱ 일정한 모양이 있다.
ㄴ 일정한 모양이 없다.
ㄷ 손으로 잡을 수 있다.
ㄹ 손으로 잡을 수 없고, 흘러내린다.

(1) 얼음: (　　　　　　　　)
(2) 물: (　　　　　　　　)

도전! 하이탑

2 다음은 물의 세 가지 상태 중 한 가지에 대하여 주고받은 묻고 답하기의 내용입니다. 무엇에 대한 내용인지 골라서 ○표 하고, 고른 것은 어떤 상태의 물인지 쓰시오.

• 부피가 일정합니까?　　　　　아니오.
• 우리 눈에 보입니까?　　　　　아니오.
• 공기 중에 존재합니까?　　　　예.
• 일정한 모양이 있습니까?　　　아니오.

(1)
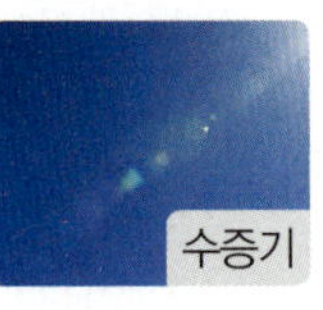

(　　　　　) (　　　　　) (　　　　　)

(2) 상태: (　　　　　　　　) 상태

[3~5] 물의 상태 변화 필수 개념 10

3 물의 세 가지 상태가 바르게 연결된 것은 어느 것입니까? (　　　)

① 물 – 고체　　　　　② 물 – 기체
③ 얼음 – 액체　　　　④ 수증기 – 액체
⑤ 수증기 – 기체

4 다음 (　　) 안에 공통으로 들어갈 알맞은 말을 쓰시오.

• 얼음을 손바닥에 올려놓고 시간이 지나면 얼음이 녹아 물이 되는 (　　　　)이/가 일어난다.
• 손바닥에 묻은 물은 시간이 지난 후 눈에 보이지 않는 수증기가 되는 (　　　　)이/가 일어난다.
• 물의 (　　　　)은/는 물이 서로 다른 상태로 변하는 것을 말한다.

(　　　　　　　　　)

5 다음과 같이 고드름이 녹을 때 볼 수 있는 물의 상태 변화로 알맞은 것은 어느 것입니까? (　　　)

① 물 → 얼음　　　　② 물 → 수증기
③ 얼음 → 물　　　　④ 수증기 → 물
⑤ 얼음 → 수증기

[6~8] 물이 얼 때의 변화 `필수 개념 11`

6 다음 실험에서 물이 얼기 전 무게가 13 g이었다면, 물이 완전히 언 후 무게는 몇 g일지 쓰시오.

> ❶ 시험관에 물을 넣고 물의 높이를 표시한 다음, 무게를 측정한다.
> ❷ 잘게 부순 얼음이 든 비커에 소금을 넣고 잘 섞은 뒤, ❶의 시험관을 꽂아 물을 얼린다.
> ❸ 물이 완전히 얼면 시험관을 꺼내 얼음의 높이를 표시한 다음, 무게를 측정한다.

(   ) g

7 위 **6**번 실험에서 물이 완전히 언 후의 높이로 알맞은 것을 `보기` 에서 골라 기호를 쓰시오.

> `보기`
> ㉠ 물이 얼기 전 높이와 같다.
> ㉡ 물이 얼기 전 높이보다 낮아진다.
> ㉢ 물이 얼기 전 높이보다 높아진다.

(   )

`도전! 하이탑`

8 다음 글의 음료수 공장에서 피해를 입은 까닭과 가장 관련이 있는 것은 어느 것입니까? (   )

> 지난밤 찾아온 갑작스런 추위는 음료수 공장에도 큰 피해를 주었다. 창고 밖에 쌓아둔 많은 양의 음료수가 얼거나 음료수가 담긴 유리병이 깨졌기 때문이다. 공장에서는 피해를 줄이기 위해 창고 밖 곳곳에 난로를 설치하는 등 노력을 쏟았지만 역부족이었다.

① 물이 얼 때 무게와 부피는 변하지 않는다.
② 물이 얼 때 부피가 늘어나고 무게가 무거워진다.
③ 물이 얼 때 무게는 변하지 않고 부피는 줄어든다.
④ 물이 얼 때 무게는 변하지 않고 부피는 늘어난다.
⑤ 물이 얼 때 무게는 늘어나고 부피는 변하지 않는다.

[9~10] 얼음이 녹을 때의 변화 `필수 개념 12`

9 다음은 물이 얼어 있는 시험관의 얼음이 녹기 전과 완전히 녹은 후의 부피와 무게를 측정한 결과입니다. 이 실험 결과로 알 수 있는 사실은 어느 것입니까? (   )

구분	얼음이 녹기 전	얼음이 녹은 후
부피 (얼음과 물의 높이)	녹기 전 얼음의 높이	녹은 후 물의 높이
	얼음이 녹은 후 물의 높이가 낮아짐.	
무게(g)	22.0	22.0

① 얼음이 녹으면 무게가 줄어든다.
② 얼음이 녹으면 무게가 늘어난다.
③ 얼음이 녹으면 부피가 줄어든다.
④ 얼음이 녹으면 부피가 늘어난다.
⑤ 얼음이 녹아도 부피와 무게에는 변화가 없다.

`서술형`

10 오른쪽과 같은 얼음과자를 냉동실에서 꺼내어 따뜻한 실내에 놓아두었습니다. 얼음과자가 완전히 녹은 후의 모습을 옳게 말한 사람의 이름을 쓰고, 그렇게 생각한 까닭을 쓰시오.

> • 동진: 얼음과자 용기가 터져.
> • 대광: 얼음과자 용기 안에 빈 공간이 생기지.
> • 소이: 얼음과자 용기 안에 아무 것도 남지 않게 돼.

(1) 옳게 말한 사람: (   )

(2) 그렇게 생각한 까닭: ___________________

____

____

2

물의 상태 변화 (2)

물의 상태 변화
- 물의 세 가지 상태
- 물의 상태 변화
- 물의 상태 변화와 이용
- 물이 얼 때의 변화
- 얼음이 녹을 때의 변화
- 증발
- 끓음

보충 **증발이 잘 일어나는 조건**

습도가 낮을수록, 온도가 높을수록, 바람이 많이 불수록, 공기와의 •접촉면이 넓을수록 증발이 잘 일어난다.

보충 **감과 곶감**

감
곶감

곶감의 모양은 쭈글쭈글하고, 감보다 크기도 더 작다. 또한 곶감을 먹었을 때 더 단맛을 느낄 수 있다. 곶감은 감의 껍질을 깎아 햇빛이 잘 비치고 바람이 잘 부는 곳에서 감의 •수분을 증발시켜 만들기 때문에 모양과 맛의 차이가 나게 된다.

용어 

• **염전** 소금을 만들기 위하여 바닷물을 끌어 들여 논처럼 만든 곳.
• **접촉면** 서로 맞닿는 면.
• **수분** 축축한 물의 기운.

필수 개념 13 **증발은 물이 표면에서 수증기로 상태가 변하는 현상이다.**

(1) **물의 양이 줄어드는 까닭** 어항 속 물의 높이나 컵에 담아 둔 물의 양이 시간이 지나면서 점점 낮아지는 것을 본 경험이 있을 것이다. 이는 어항과 컵 속에 들어 있는 물이 표면에서 수증기로 변하여 공기 중으로 날아가기 때문이다.

(2) **증발** 액체인 물이 표면에서 기체인 수증기로 상태가 변하여 공기 중으로 날아가는 현상을 증발이라고 한다. **필수탐구 52쪽**

실험 플러스+ **물이 증발할 때의 변화 관찰하기**

과정
붓에 물을 묻혀 같은 그림을 그린 두 장의 색 도화지를 하나는 그대로, 다른 하나는 지퍼 백 안에 넣어 입구를 닫아 놓아둔다. 시간이 지나면서 각 도화지에서 나타나는 현상을 관찰한다.

결과

지퍼 백에 넣지 않은 도화지	지퍼 백에 넣은 도화지
물이 모두 사라져 보이지 않는다.	물기가 남아 있고, 지퍼 백 안쪽에 작은 물방울이 맺혀 있다.

정리
지퍼 백에 넣지 않은 색 도화지의 표면에서는 물이 증발하여 공기 중으로 날아가고, 지퍼 백에 넣은 색 도화지의 표면에서는 증발한 물이 공기 중으로 날아가지 못한다.

(3) **우리 주변에서 볼 수 있는 증발을 이용하는 예**

① 과일이나 고추, 오징어 등 음식의 재료를 말리면 오래 보관할 수 있다.

② 빨래를 햇빛이 잘 들고 바람이 잘 부는 곳에서 말린다.

③ 운동을 한 뒤 그늘이나 바람이 부는 곳에서 땀을 말린다.

④ •염전에서 물의 증발을 이용하여 소금을 만든다.

▲ 햇볕에 오징어를 말린다.

▲ 젖은 빨래를 말린다.

▲ 염전에서 소금을 얻는다.

(1) **물을 가열할 때의 변화** 처음에는 물의 표면에서 천천히 물이 증발하므로 거의 변화가 없는 것처럼 보인다. 시간이 지나면 작은 기포가 조금씩 생기는데, 물이 끓기 전에 생기는 기포는 물속에 녹아 있던 적은 양의 공기가 공기 방울의 형태로 빠져나가는 것이다. 물을 계속 가열하면 물 전체에서 큰 기포가 많이 생긴다. 이는 물이 수증기로 변한 것으로, 물 표면으로 올라와 터지면서 물 표면이 출렁인다.

(2) **물이 끓고 난 후의 변화** 물이 끓고 난 후 물의 높이는 물이 끓기 전보다 낮아진다. 이것은 물의 표면뿐만 아니라 물속에서도 물이 수증기로 상태가 변해 공기 중으로 날아갔기 때문에 물의 양이 줄어든 것이다.

(3) **끓음** 물의 표면뿐만 아니라 물속에서도 물이 수증기로 변하는 현상을 끓음이라고 한다. 필수 탐구 **52쪽**

비교 플러스⁺ 증발과 끓음

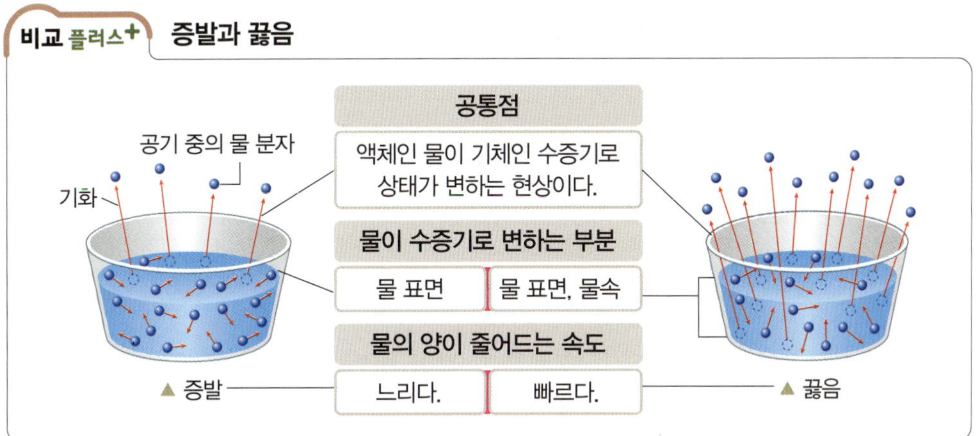

(4) **우리 주변에서 볼 수 있는 끓음의 예**

▲ 찌개를 끓인다.

▲ 달걀을 삶는다.

▲ 채소를 데칠 때 물을 끓인다.

보충 수증기와 김

물을 끓일 때 하얗게 보이는 김을 수증기라고 착각할 수 있다. 수증기는 기체 상태의 물로 눈에 보이지 않는다. 김은 수증기가 공기 중에서 냉각되어 액체 상태로 변한 작은 물방울로, 기체가 아닌 액체 상태이기 때문에 눈으로 볼 수 있다.

용어

• **기포** 액체나 고체 속에 기체가 들어가 거품처럼 둥그렇게 부풀어 있는 것.

• **냉각** 식어서 차게 되는 것.

물이 증발할 때와 끓을 때의 특징 관찰하기

물이 증발할 때와 끓을 때의 변화를 관찰하고 비교해 공통점을 설명할 수 있다.

과정 및 결과

실험동영상

[활동1] 물이 증발할 때의 특징 관찰하기

1. 비커에 물을 반 정도 넣고, 물의 높이를 유성 펜으로 표시한다.
2. 햇빛이 잘 비치는 곳에 비커를 두고 4일 동안 물의 높이 변화를 비교해 본다.

▲ 처음　　▲ 2일 뒤　　▲ 4일 뒤

• 물의 높이가 점점 낮아진다.
• 물이 수증기가 되어 공기 중으로 날아갔기 때문이다.

[활동2] 물이 끓을 때의 특징 관찰하기

1. 비커에 물을 반 정도 넣고, 물의 높이를 유성 펜으로 표시한다.
2. 비커를 핫플레이트로 가열하면서 변화를 관찰한다.

처음부터 물이 끓기 전	물이 끓을 때
처음에는 거의 변화가 없다가 시간이 지나면 매우 작은 기포가 조금씩 생긴다.	물 전체에 크고 작은 기포가 계속해서 생기고, 위로 올라와 터지면서 물 표면이 출렁인다.

3. 물이 끓기 시작하면 2분 뒤에 핫플레이트를 끈 다음, 물의 높이를 비교해 본다.

▲ 물이 끓기 전　　▲ 물이 끓고 난 후

• 물의 높이가 처음보다 많이 낮아진다.
• 물이 수증기가 되어 공기 중으로 날아갔기 때문이다.

정리

▶ 증발과 끓음 모두 액체인 물이 기체인 수증기로 변하는 현상이다.

↪정답과 해설 18쪽

1 물이 든 비커를 햇빛이 잘 비치는 곳에 두고 4일 동안 관찰한 결과로 가장 옳은 것을 보기 에서 골라 기호를 쓰시오.

보기
㉠ 물의 높이가 점점 낮아진다.
㉡ 물의 높이가 점점 높아진다.
㉢ 물의 높이에는 아무런 변화가 없다.
㉣ 물 표면이 출렁이며 큰 기포가 올라와 터진다.

(　　　　　　　)

2 오른쪽과 같이 비커에 물을 넣고 물의 높이를 표시한 다음 가열하였습니다. 물이 끓기 시작하고 2분 뒤 관찰한 물의 높이로 알맞은 것의 기호를 쓰시오.

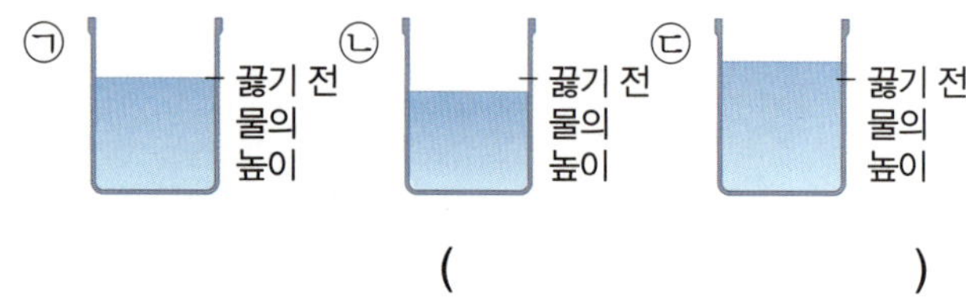

(　　　　　　　)

1 다음 (　　) 안에 들어갈 알맞은 말을 각각 쓰시오.

> 액체인 물이 표면에서 기체 상태인 (　㉠　) (으)로 상태가 변하는 현상을 (　㉡　)(이)라 고 한다.

㉠ (　　　　　　　　), ㉡ (　　　　　　　　)

2 오른쪽과 같이 젖은 길이 며 칠 뒤 모두 말랐을 때, 땅에 있던 물에 대한 설명으로 가 장 옳은 것에 ◯표 하시오.

(1) 땅에 있던 물은 식물이 모두 흡수하여 사라진 것이다. 　　　　　　　　　　（　　　）
(2) 땅에 있던 물은 전부 땅속으로 스며들어 지하 수가 된다. 　　　　　　　　　（　　　）
(3) 땅에 있던 물은 수증기로 변해서 공기 중으로 날아가므로 젖은 길이 마른다. 　（　　　）

3 다음 중 증발과 관련된 모습으로 알맞은 것을 두 가 지 골라 기호를 쓰시오.

㉠

▲ 젖은 빨래가 마른다.

㉡

▲ 물을 가득 넣어 얼린 유리병이 깨진다.

㉢

▲ 염전에서 소금을 얻는다.

㉣

▲ 추운 겨울철 수도 계량 기가 깨진다.

（　　　　　　　　　）

4 물이 끓을 때 볼 수 있는 모습으로 옳지 <u>않은</u> 것은 어느 것입니까? (　　　)

① 물 표면이 출렁인다.
② 물속에서 기포가 생긴다.
③ 기포가 위로 올라와 물 표면에서 터진다.
④ 물 전체에 크고 작은 기포가 계속해서 생긴다.
⑤ 물이 끓기 전보다 물이 끓고 난 후 물의 높이 가 높아진다.

5 증발과 끓음의 공통점에 대하여 옳게 말한 사람의 이름을 쓰시오.

> • 예나: 물이 표면에서만 수증기로 변해.
> • 성훈: 물의 양이 매우 빠르게 줄어들어.
> • 기주: 액체인 물이 기체인 수증기로 상태가 변 하는 현상이야.

（　　　　　　　　　）

6 오른쪽과 같이 주전자의 물 이 끓을 때, ㉠과 ㉡ 부분에 대한 설명으로 옳은 것은 어 느 것입니까? (　　　)

① ㉠은 기체 상태인 수증기이다.
② ㉠은 액체 상태인 물방울이다.
③ ㉠은 고체 상태인 얼음 알갱이이다.
④ ㉠과 ㉡ 모두 기체 상태인 수증기이다.
⑤ ㉠과 ㉡ 모두 액체 상태인 물방울이다.

③ 물의 상태 변화와 이용

물의 상태 변화

물의 세 가지 상태 / 물의 상태 변화 / 물의 상태 변화와 이용

응결 / 물의 상태 변화 이용

필수 개념 15 수증기가 물로 상태가 변하는 현상을 응결이라고 한다.

(1) **차가운 컵 표면에서 일어나는 변화** 주스와 얼음이 들어 있는 컵을 실온에 놓아 두면 시간이 지나면서 컵 표면에 물방울이 맺히는 것을 볼 수 있다. 필수탐구 **56쪽**

실험 플러스+ 차가운 컵 표면의 변화 관찰하기

과정

1. 컵에 주스와 얼음을 넣고 뚜껑을 덮은 뒤, 페트리 접시에 올려 전자저울로 무게를 측정한다.
2. 시간이 지남에 따라 컵 표면에서 일어나는 변화를 관찰하고, 페트리 접시에 올려진 컵의 무게를 측정하여 1에서 측정한 처음 무게와 비교해 본다.

결과

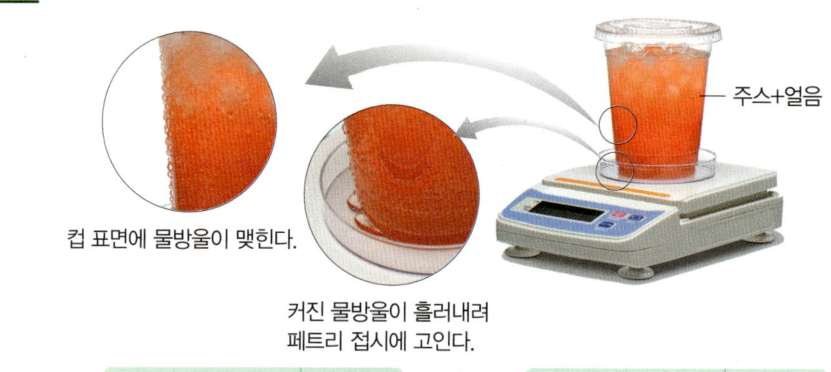

| 컵의 처음 무게(g) | 389.0 | | 컵의 나중 무게(g) | 391.0 |

정리

컵의 처음 무게보다 나중 무게가 더 무거운 것으로 보아, 컵 표면에 맺힌 물방울은 공기 중의 수증기가 차가운 컵 표면에 닿아 물로 상태가 변한 것임을 알 수 있다.

(2) **응결** 기체인 수증기가 액체인 물로 상태가 변하는 현상을 응결이라고 한다. 우리 주변에서도 수증기가 응결하는 다양한 예를 볼 수 있다.

(3) **우리 주변에서 볼 수 있는 응결과 관련된 예**

① 맑은 날 아침 거미줄에 맺힌 물방울은 공기 중의 수증기가 차가운 거미줄에 닿아 응결한 것이다. ─ 이러한 기상 현상을 이슬이라고 한다.

② 추운 겨울 유리창 안쪽에 맺힌 물방울은 공기 중의 수증기가 차가운 유리창에 닿아 응결한 것이다.

③ 물이 끓고 있는 냄비 뚜껑 안쪽에 맺힌 물방울은 냄비에 있던 물이 끓을 때 생긴 수증기가 상대적으로 차가운 냄비 뚜껑 안쪽에 닿아 응결한 것이다.

보충 차가운 컵 표면의 물방울

차가운 컵 표면에 맺힌 물방울이 컵에서 새어 나온 주스나 얼음이 녹은 물이라고 생각할 수 있다. 하지만 컵의 나중 무게가 늘어난 것을 통해 공기 중의 수증기가 물로 응결하여 컵 표면에 맺힌 것임을 알 수 있다. 따라서 맺힌 물방울의 무게만큼 무게가 늘어난다.

보충 이슬, 안개, 구름

이슬, 안개, 구름은 모두 공기 중의 수증기가 응결하여 나타나는 기상 현상이다. 따뜻한 공기가 차가운 물체를 만나면 물체의 표면에 물방울이 맺히는데 이것이 이슬이다. 공기 중에서 수증기가 응결해 작은 물방울 상태로 지표면 가까이에 떠 있는 것은 안개이다. 구름은 공기 중의 수증기가 높은 하늘에서 응결하여 생긴 것이다.

용어

• **기상** 지구의 대기 중에서 일어나는 바람, 구름, 비, 눈, 더위, 추위 등의 물리적인 현상.

(1) **물의 상태 변화** 물은 고체인 얼음, 액체인 물, 기체인 수증기의 세 가지 중 하나의 상태로 존재하며, 서로 다른 상태로 변할 수 있다. 이러한 물의 상태 변화는 우리 생활에서 다양하게 이용된다.

(2) **물이 얼음으로 변하는 상태 변화를 이용한 예** 물을 얼려 얼음과자를 만들고, 겨울철 스키장에서 인공 눈을 만든다. 얼음과 얼음 사이에 물을 뿌려 얼리면서 얼음 작품을 만들기도 한다. 이누이트 족은 °이글루를 만들 때 모양을 완성한 이글루 안에서 불을 지펴 얼음 벽을 어느 정도 녹인 뒤, 문을 열어서 외부의 차가운 공기를 실내로 들어오게 한다. 이때 녹았던 물이 순식간에 얼어붙으면서 얼음 벽을 더욱 강력하게 만든다.

▲ 얼음과자를 만든다.

▲ 인공 눈을 만든다.

▲ 얼음 작품을 만든다.

(3) **물이 수증기로 변하는 상태 변화를 이용한 예** 실내가 건조할 때 °가습기를 이용해서 물을 수증기로 변화시켜 실내 °습도를 조절한다. 스팀다리미를 이용해 옷의 주름을 펴고, 스팀 청소기로 바닥을 닦는다. 물이 수증기로 변하는 것을 이용해 음식을 찌기도 한다.

▲ 가습기로 습도를 조절한다.

▲ 스팀다리미로 다림질을 한다.

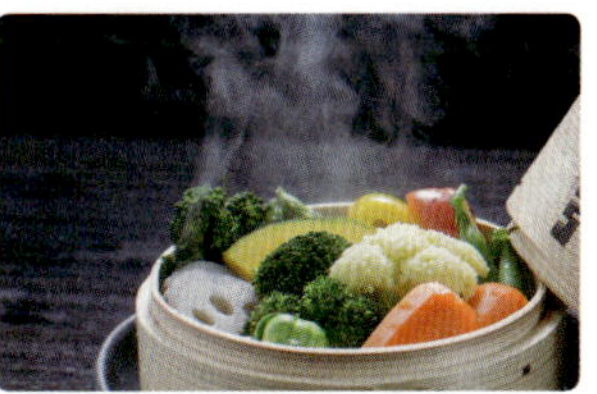

▲ 수증기로 음식을 찐다.

과정 **플러스** **+** **물의 상태 변화를 이용한 물을 얻는 장치: 워터콘**

❶ 워터콘의 바닥 용기에 오염된 물이나 사람이 마시지 못하는 바닷물 등을 담는다.

❷ 원뿔형의 투명한 뚜껑을 닫아 햇빛이 비치는 곳에 두면 바닥 용기의 물이 증발하여 수증기가 된다.

❸ 수증기가 응결하여 생긴 깨끗한 물이 뚜껑 벽면을 타고 흘러내려 뚜껑 바깥쪽에 모이고, 이를 식수로 사용한다.

보충 **물이 소중한 까닭**

물은 우리 몸을 구성하고 생물이 살아가는 데 반드시 필요하다. 지구 표면의 약 70 %는 물로 덮여 있지만 그중 우리가 이용할 수 있는 물은 매우 적을뿐만 아니라, 산업이 발달하고 인구가 증가하면서 우리가 사용할 수 있는 깨끗한 물이 점점 부족해지고 있다.

용어

- °**이글루** 얼음이나 눈 벽돌로 만든 이누이트의 집.
- °**가습기** 물을 수증기로 변화시켜 공기 중으로 내보냄으로써 실내의 건조함을 줄여 주는 장치.
- °**습도** 공기 중에 수증기가 포함된 정도.

얼음이 든 비커의 바깥면 관찰하기

수증기가 응결하는 현상을 관찰하고 설명할 수 있다.

과정 및 결과

실험동영상

1. 비커 한 개에는 주스만 넣고, 다른 비커에는 얼음과 주스를 함께 넣은 뒤, 시간이 지남에 따라 비커의 바깥면에서 일어나는 변화를 관찰해 본다.

얼음을 넣지 않은 비커	얼음을 넣은 비커
변화가 없다.	바깥면에 물방울이 맺히고, 물방울이 점점 커지면서 흘러내려 페트리 접시에 물이 고인다.

2. 두 비커의 바깥면을 휴지로 닦은 뒤 휴지를 관찰하여 비교해 본다.

얼음을 넣지 않은 비커의 바깥면을 닦은 휴지	얼음을 넣은 비커의 바깥면을 닦은 휴지
변화가 없다.	휴지가 젖음. 휴지가 젖었지만 색깔의 변화가 없으므로, 비커 안의 주스가 빠져나온 것이 아님을 알 수 있다.

정리

▶ 얼음을 넣은 비커는 얼음을 넣지 않은 비커보다 차갑기 때문에 공기 중의 수증기가 차가운 비커의 바깥면에 닿아 물로 변하여 맺히는 응결 현상이 일어난다.

↪정답과 해설 **19**쪽

1 위 탐구 활동의 비커 바깥면에서 일어나는 변화에 알맞은 비커를 선으로 이으시오.

(1) 변화가 없다. · · ㉠ 얼음과 주스를 넣은 비커

(2) 바깥면에 맺힌 물방울이 흘러내려 페트리 접시에 고인다. · · ㉡ 주스만 넣은 비커

2 다음은 얼음과 주스를 함께 넣은 비커의 바깥면에서 일어나는 변화를 관찰한 결과입니다. ( ) 안에 들어갈 알맞은 말을 쓰시오.

시간이 지남에 따라 비커의 바깥면에 물방울이 맺힌다. 이것은 공기 중의 (　　　　)이/가 차가운 비커의 바깥면에 닿아 응결한 것이다.

(　　　　)

[1~2] 다음 실험 과정을 보고, 물음에 답하시오.

> ❶ 컵에 주스와 얼음을 넣고 뚜껑을 덮은 뒤, 페트리 접시에 올려 전자저울로 무게를 측정한다.
> ❷ ❶의 컵 표면에서 일어나는 변화를 관찰한다.
> ❸ 시간이 지난 뒤, 컵의 무게를 다시 측정한다.

1 위 ❷ 과정의 컵 표면에서 일어나는 변화를 관찰한 결과로 옳지 <u>않은</u> 것을 골라 기호를 쓰시오.

> ㉠ 컵 표면에 물방울이 맺힌다.
> ㉡ 컵 표면의 물방울이 커져 아래로 흘러내린다.
> ㉢ 컵 안에 있던 얼음이 녹아 컵 표면으로 새어 나온다.

( )

2 위 실험에 대한 내용으로 옳은 것에 ○표 하시오.

(1) 과정 ❶에서 측정한 무게보다 ❸에서 측정한 무게가 더 무겁다. ( )

(2) 컵의 무게가 변한 까닭은 얼음이 녹아서 주스의 양이 더 많아졌기 때문이다. ( )

(3) 컵에 든 주스가 증발하기 때문에 무게는 더 가벼워진다. ( )

3 다음 ( ) 안에 들어갈 알맞은 말을 쓰시오.

> 맑은 날 아침 풀잎이나 거미줄에 물방울이 맺히는 이슬은 공기 중의 수증기가 ( )하여 나타나는 기상 현상이다.

( )

[4~5] 다음은 우리 생활에서 물의 상태 변화를 이용하는 예입니다. 물음에 답하시오.

(가) 
▲ 얼음 작품을 만든다.

(나) 
▲ 가습기로 습도를 조절한다.

(다) 
▲ 인공 눈을 만든다.

(라) 
▲ 얼음과자를 만든다.

4 위 (가)~(라) 중 이용하는 상태 변화의 종류가 <u>다른</u> 하나는 어느 것인지 골라 기호를 쓰시오.

( )

5 다음은 위 (가)에서 이용하는 물의 상태 변화를 설명한 것입니다. ( ) 안에 들어갈 알맞은 말을 쓰시오.

> 얼음 작품을 만들 때 얼음과 얼음 사이에 물을 뿌리면 액체인 물이 고체인 ( )(으)로 상태가 변한다. 이를 통해 얼음 조각을 붙일 수 있다.

( )

6 다음 중 물이 수증기로 변하는 상태 변화를 이용한 예가 <u>아닌</u> 것을 골라 기호를 쓰시오.

▲ 음식을 찐다.

▲ 이글루를 만든다.

▲ 스팀다리미로 다림질을 한다.

( )

[1~2] 증발 필수 개념 13

1 색 도화지에 물을 이용하여 같은 그림을 그려서 하나는 그대로 놓고, 다른 하나는 지퍼 백 안에 넣어 입구를 잠가 두고 시간이 지남에 따른 변화를 관찰했습니다. 옳게 말한 사람의 이름을 쓰시오.

▲ 그대로 둔 것   ▲ 지퍼 백에 넣은 것

- 인애: 끓음에 대해 알아보는 실험이야.
- 희수: (가)에서는 증발이 일어나고, (나)에서는 끓음이 일어나.
- 우석: (가) 도화지는 물이 모두 말랐지만, (나) 도화지에는 물기가 남아 있고 지퍼 백 안쪽에도 물방울이 맺혀 있어.

(   )

2 우리 주변에서 볼 수 있는 증발을 이용한 예가 <u>아닌</u> 것을 보기 에서 골라 기호를 쓰시오.

보기

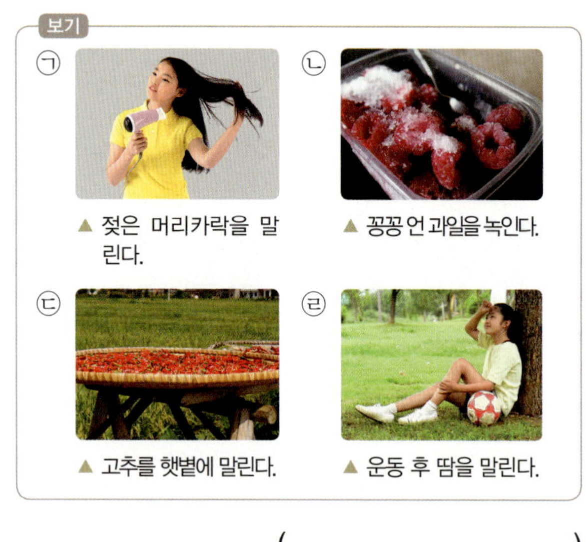

▲ 젖은 머리카락을 말린다.   ▲ 꽁꽁 언 과일을 녹인다.

▲ 고추를 햇볕에 말린다.   ▲ 운동 후 땀을 말린다.

(   )

[3~5] 끓음 필수 개념 14

3 다음 실험의 결과, 물이 끓은 후의 물의 높이 변화에 대한 설명으로 옳은 것에 ○표 하시오.

❶ 비커에 물을 반 정도 넣고, 물의 높이를 유성 펜으로 표시한다.
❷ 비커를 핫플레이트로 가열하여 물이 끓기 시작하면 2분 뒤에 핫플레이트를 끄고, 물의 높이를 비교해 본다.

(1) 물의 높이가 낮아진다.   (   )
(2) 물의 높이가 높아진다.   (   )

4 물이 끓을 때의 상태 변화에 대한 설명으로 옳은 것을 보기 에서 골라 기호를 쓰시오.

보기

㉠ 증발할 때보다 천천히 물이 수증기로 변한다.
㉡ 액체 상태의 물이 물 표면에서만 기체 상태로 변한다.
㉢ 액체 상태의 물이 물의 표면뿐만 아니라 물속에서도 기체 상태로 변한다.

(   )

도전! 하이탑

5 다음 일기 내용은 어떤 현상과 가장 관련이 있는지 골라 ○표 하고, 밑줄 친 부분에 대한 답을 쓰시오.

점심으로 라면을 끓이고 있을 때 친구에게 전화가 왔다. 친구와 5분 동안 통화를 마치고 보니 라면 국물이 처음보다 줄어들어 있었다. <u>라면 국물이 줄어든 까닭은 무엇일까?</u>

(1)   증발, 액화, 끓음, 응결, 응고

(2) 라면 국물이 줄어든 까닭: ___________

____

[6~8] 응결 `필수 개념 15`

6 주스와 얼음을 넣고 뚜껑을 덮은 플라스틱 컵을 페트리 접시에 올려 무게를 측정하였습니다. 시간이 지남에 따라 나타나는 변화를 설명한 것으로 옳지 <u>않은</u> 것은 어느 것입니까? ( )

① 페트리 접시에 물이 고인다.

② 컵 표면에 작은 물방울이 맺힌다.

③ 컵 표면에 맺힌 물방울이 흘러내린다.

④ 컵 속에서 주스가 새어 나와 컵 표면에 맺힌다.

⑤ 시간이 지날수록 컵 표면에 맺힌 물방울이 점점 커진다.

7 위 6번 실험에서 처음에 측정한 무게가 390 g일 때, 시간이 지난 뒤 측정한 무게로 알맞은 것을 `보기`에서 골라 기호를 쓰시오.

> `보기`
>
> ㉠ 390 g일 것이다.
>
> ㉡ 390 g보다 무게가 줄어들 것이다.
>
> ㉢ 390 g보다 무게가 늘어날 것이다.

( )

`도전! 하이탑`

8 다음 두 현상의 공통점을 설명한 것으로 옳은 것을 두 가지 고르시오. ( )

▲ 추운 겨울 유리창 안쪽에 맺힌 물방울 　　▲ 물이 끓고 있는 냄비 뚜껑 안쪽에 맺힌 물방울

① 물이 얼어서 생긴 것이다.

② 얼음이 녹으면서 생긴 것이다.

③ 수증기가 응결하여 생긴 것이다.

④ 액체에서 고체로 상태가 변한 것이다.

⑤ 기체인 수증기가 액체인 물로 변한 것이다.

[9~10] 물의 상태 변화 이용 `필수 개념 16`

9 다음 ( ) 안에 들어갈 알맞은 말을 각각 쓰시오.

> 스팀다리미를 이용해 옷의 주름을 펴고, 실내가 건조할 때 가습기를 이용해 실내 습도를 조절할 때는 모두 액체 상태인 물이 (㉠) 상태인 (㉡)(으)로 변하는 것을 이용한 예이다.

㉠ ( ), ㉡ ( )

`서술형`

10 다음은 물의 상태 변화를 이용한 장치에 대한 글입니다. ㉠과 ㉡에 들어갈 알맞은 말에 각각 ○표 하고, 증발과 응결에 대하여 설명하시오.

> 마실 수 있는 물이 부족한 곳에서 사용할 수 있도록 개발된 워터콘은 물의 상태 변화와 수학적 특성을 이용한다. 사용 방법은 간단하다.
>
> 워터콘의 바닥 용기에 바닷물이나 오염된 물을 담고, 투명한 원뿔형의 뚜껑을 닫아 햇빛이 비치는 곳에 하루 정도 놓아둔다. 바닥 용기에 담아 둔 물이 ㉠ (증발 , 응결)해 수증기가 되고, 수증기는 뚜껑 안쪽에 ㉡ (증발 , 응결)하면서 벽면을 따라 흘러내려 뚜껑의 바깥쪽에 모인다. 이렇게 모인 물은 마실 수 있을 만큼 깨끗하다.

____

____

____

1 다음은 물의 세 가지 상태를 정리한 표입니다. ㉠과 ㉡에 들어갈 알맞은 말을 각각 쓰시오.

(㉠) 상태	액체 상태	기체 상태
얼음	물	(㉡)

㉠ (   ), ㉡ (   )

2 다음 물의 상태와 그 특징으로 알맞은 것을 보기 에서 골라 각각 기호를 쓰시오.

> 보기
> ㉠ 모양이 일정하고, 차가우며 단단하다.
> ㉡ 일정한 모양이 없고, 눈에 보이지 않는다.
> ㉢ 일정한 모양이 없이 흘러내리며, 손으로 잡을 수 없다.

(1) 얼음: (   )
(2) 물: (   )
(3) 수증기: (   )

3 오른쪽과 같이 유리병에 물을 가득 넣어 얼렸더니 유리병이 깨졌습니다. 이러한 현상이 나타나는 상태 변화 과정으로 알맞은 것을 골라 기호를 쓰시오.

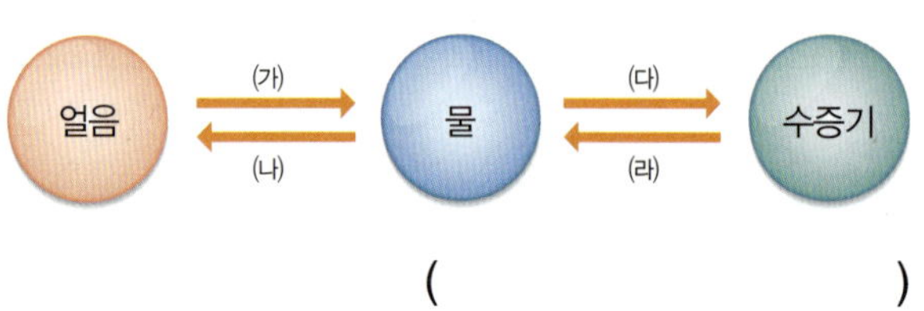

(   )

[4~5] 다음 실험 과정을 보고, 물음에 답하시오.

> ❶ 시험관에 물을 넣어 완전히 얼린 뒤 얼음의 높이를 표시한 다음, 무게를 측정한다.
> ❷ ❶의 시험관을 따뜻한 물이 든 비커에 넣는다.
> ❸ 얼음이 완전히 녹으면 시험관을 꺼내 물의 높이를 표시한 다음, 무게를 측정한다.

4 다음은 위 ❶과 ❸ 과정에서 측정한 시험관의 무게를 정리한 것입니다. 빈칸에 들어갈 알맞은 수를 써넣으시오.

구분	❶ 과정	❸ 과정
시험관의 무게(g)	31.8	( )

5 위 실험의 ❶과 ❸ 과정에서 표시한 얼음의 높이와 물의 높이는 아래와 같은 차이가 있습니다. 이 차이가 의미하는 것으로 옳은 것을 보기 에서 골라 기호를 쓰시오.

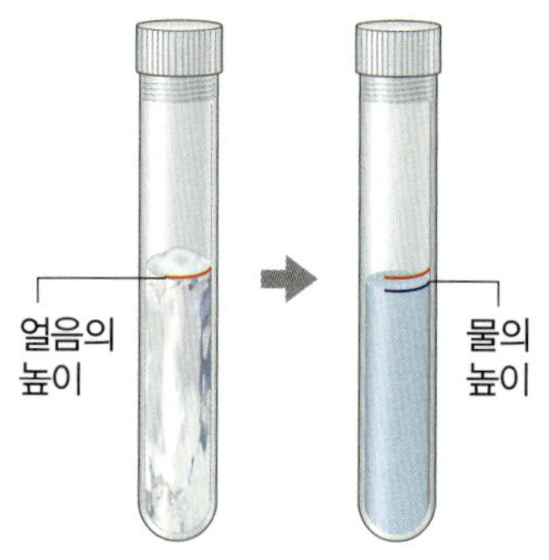

> 보기
> ㉠ 물이 얼 때 줄어든 부피
> ㉡ 얼음이 녹을 때 늘어난 부피
> ㉢ 얼음이 녹을 때 줄어든 부피

(   )

2025년 초등학교 4학년 학생들에게
과학 결손 단원 학습지를 제공합니다.

2025년부터 초등학교 3~4학년 학생들은 전 과목을 2022 개정 교육과정 교과서로 학습하게 됩니다. 그런데 2015 개정 교육과정 초등 과학 4학년 일부 단원이 2022 개정 교육과정에서는 3학년으로 이동합니다. 따라서 2025년 초등학교 4학년 학생들은 과학 일부 단원을 학습하지 못하게 됩니다. 그래서 **2025년 초등학교 4학년 학생**들이 과학 결손 단원을 학습할 수 있도록 학습지 PDF 파일을 제공합니다.

학습지 PDF 다운로드 방법

❶ **모바일**

▶ 모바일로 우측 QR 코드를 찍으면 초등 과학 4학년 결손 단원 학습지를 바로 다운로드 받을 수 있습니다.

❷ **PC**

▶ 아래의 경로에서 다운로드 받을 수 있습니다.
▶ 동아출판 홈페이지(www.bookdonga.com)
→ 초등 학습 자료 → 하이탑 초등 과학 4-1/4-2
→ 보충자료(결손 단원 학습지)

• 2022 개정 교육과정 3~4학년 과학

구분	2022 개정 교육과정	달라진 내용
3학년 1학기	1. 힘과 우리 생활	*일부 내용 4-1에서 이동
	2. 동물의 생활	*3-2에서 이동
	3. 식물의 생활	*4-2에서 이동
	4. 생물의 한살이	*'식물의 한살이' 내용 4-1에서 이동
3학년 2학기	1. 물체와 물질	*일부 내용 3-1에서 이동
	2. 지구와 바다	*일부 내용 3-1에서 이동
	3. 소리의 성질	
	4. 감염병과 건강한 생활	*신설
4학년 1학기	1. 자석의 이용	*3-1에서 이동
	2. 물의 상태 변화	*일부 내용 4-2에서 이동
	3. 땅의 변화	*일부 내용 3-2, 4-2에서 이동
	4. 다양한 생물과 우리 생활	*5-1에서 이동
4학년 2학기	1. 밤하늘 관찰	*일부 내용 3-1, 5-1, 6-1에서 이동
	2. 생물과 환경	*5-2에서 이동
	3. 여러 가지 기체	*일부 내용 3-2, 6-1에서 이동
	4. 기후 변화와 우리 생활	*신설

▨▨▨ 2025년 4학년 학생 과학 결손 단원

6 비에 젖은 길이 시간이 지나면 점점 마르는 것과 같이 액체인 물이 표면에서 기체인 수증기로 상태가 변하는 현상을 무엇이라고 합니까? (　　　)

① 증발　　　　　② 응결
③ 끓음　　　　　④ 냉각
⑤ 액화

7 같은 크기의 비커 두 개에 각각 같은 양의 물을 넣고 하나는 햇볕이 잘 드는 곳에 두고, 다른 하나는 알코올램프로 가열하였습니다. 물음에 답하시오.

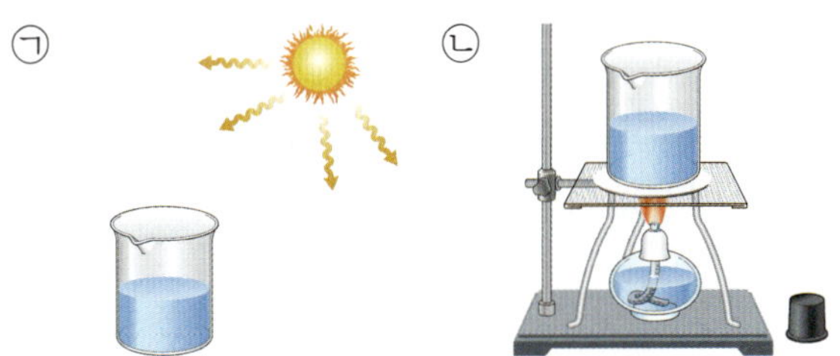

▲ 햇볕이 잘 드는 곳에 둔 비커　　　▲ 알코올램프로 가열한 비커

(1) 5분 후 물의 높이를 비교했을 때, 물의 높이가 더 낮은 비커는 무엇인지 기호를 쓰시오.

(　　　　　)

(2) 위 (1)의 답과 같은 결과가 나타난 까닭은 무엇인지 □ 안에 들어갈 알맞은 말을 쓰시오.

> □□이/가 증발보다 물의 양이 빠르게 줄어들기 때문이다.

(　　　　　)

8 크기가 같은 비커 세 개에 같은 양의 물을 넣고 비커의 무게를 측정한 후, 다음과 같이 각각 다른 조건에서 실험하였습니다. 처음 무게와 나중 무게가 같은 비커로 알맞은 것을 골라 기호를 쓰시오.

> ㉮ 물이 든 비커를 냉동실에 넣어 완전히 얼린 후, 무게를 측정한다.
> ㉯ 물이 든 비커를 핫플레이트로 5분 동안 가열한 후, 무게를 측정한다.
> ㉰ 물이 든 비커를 햇볕이 잘 드는 곳에 3일 동안 놓아 둔 후, 무게를 측정한다.

(　　　　　)

9 오른쪽과 같이 주전자에 물을 넣어 물이 끓을 때까지 가열하였을 때 볼 수 있는 모습으로 옳지 <u>않은</u> 것을 보기 에서 골라 기호를 쓰시오.

> 보기
> ㉠ 하얗게 보이는 김은 물의 기체 상태이다.
> ㉡ 물 전체에 크고 작은 기포가 계속 생긴다.
> ㉢ 물이 수증기로 변하여 공기 중으로 날아가기 때문에 물의 높이가 점점 낮아진다.

(　　　　　)

10 다음 중 끓음을 나타낸 그림으로 가장 알맞은 것에 ○표 하시오.

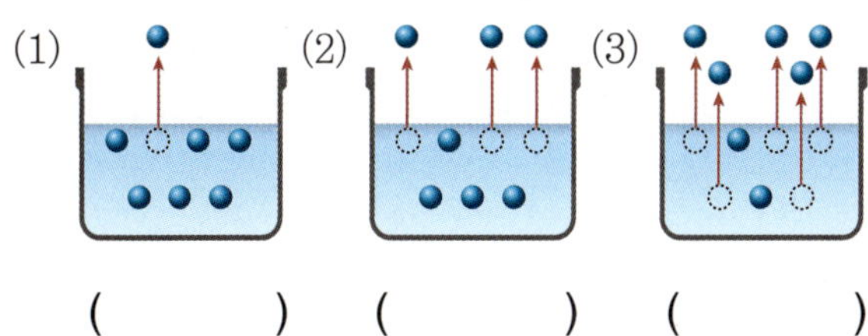

(　　　)　　　(　　　)　　　(　　　)

11 다음은 기상 현상 중에서 안개가 만들어지는 원리를 알아보는 실험입니다. 이 실험과 관계있는 것으로 가장 알맞은 것을 [보기]에서 골라 쓰시오.

[실험 과정]
❶ 집기병에 뜨거운 물을 절반 정도 넣고, 1분 뒤 물을 모두 따라 버린다.
❷ 따뜻하게 데워진 집기병 위에 얼음을 담은 페트리 접시를 올려놓는다.

[실험 결과]

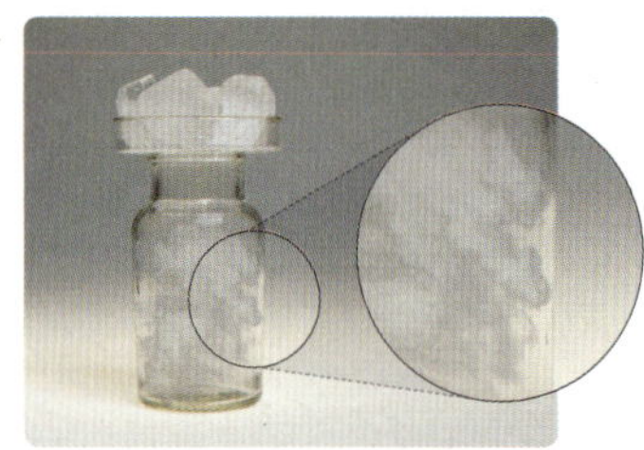

집기병 안이 뿌옇게 흐려지며, 안개와 같은 모습을 볼 수 있다.

[보기]
증발, 끓음, 응결, 습도, 가열

( )

12 다음 그림과 같은 물의 상태 변화의 예로 옳은 것을 [보기]에서 골라 기호를 쓰시오.

[보기]
㉠ 가뭄으로 땅이 갈라진다.
㉡ 겨울철 처마 밑에 고드름이 생긴다.
㉢ 염전에서 바닷물을 가두어 소금을 얻는다.
㉣ 물이 끓고 있는 냄비 뚜껑 안쪽에 물방울이 맺힌다.

( )

[13~15] 다음은 우리 생활에서 물의 상태 변화를 이용하는 예를 조사한 결과입니다. 물음에 답하시오.

하민	희원	민형
물을 얼려 얼음 작품을 만든다.	수증기를 얼음으로 변화시켜 스팀 다리미로 옷의 주름을 편다.	가습기를 이용하여 실내 습도를 조절한다.
지안	도윤	현준
물이 수증기로 변하는 것을 이용해 음식을 찐다.	물을 얼려 만든 인공 눈을 스키장에서 활용한다.	물을 얼려 얼음과자를 만든다.

13 위 조사 내용 중 <u>잘못된</u> 내용이 있는 사람의 이름을 쓰시오.

( )

14 위 민형이의 조사 내용을 더 자세하게 쓰려고 합니다. 빈칸에 들어갈 알맞은 말을 각각 쓰시오.

가습기를 이용하여 (㉠)을/를 (㉡) (으)로 변화시켜 실내 습도를 조절한다.

㉠ ( ), ㉡ ( )

15 위 조사 내용 중 다음과 같은 상태 변화를 이용한 예를 조사한 사람을 모두 찾아 이름을 쓰시오.

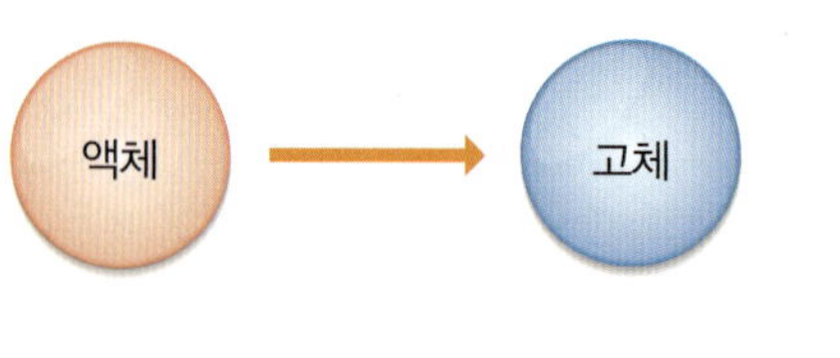

( )

↪정답과 해설 21쪽

16 다음은 어느 식품 회사에서 튜브형 용기에 넣은 얼음과자를 판매하기 위해 대화한 내용입니다. 얼음과자 용기에 재료를 넣는 양에 대해 옳게 말한 사람을 쓰고, 그렇게 생각한 까닭을 쓰시오.

> • 김과장: 재료를 튜브형 용기에 가득 채우고 얼려야 사람들이 더 많이 살 것입니다.
> • 최대리: 용기 속에 재료를 가득 채우지 않고, 빈 공간을 두고 얼려야 소비자의 불만을 줄일 수 있을 것입니다.

(1) 옳게 말한 사람: (   )

(2) 그렇게 생각한 까닭: ___________________

____

17 다음은 소금을 만들기 위하여 바닷물을 끌어 들여 논처럼 만든 곳의 모습입니다. 이곳의 이름이 무엇인지 쓰고, 이곳에서 소금을 얻는 원리를 물의 상태 변화와 관련지어 쓰시오.

(1) 이곳의 이름: (   )

(2) 이곳에서 소금을 얻는 원리: ___________________

____

____

18 얼음물이 들어 있는 컵을 휴지 위에 올려 놓았더니, 잠시 후 컵 아래쪽 휴지가 젖어 있었습니다. 휴지가 젖은 까닭을 물의 상태 변화와 관련지어 쓰시오.

____

____

19 우리 주변에서 볼 수 있는 다음 모습들의 공통점을 물의 상태 변화와 관련지어 쓰시오.

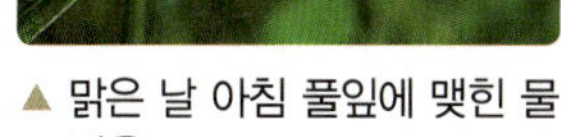

▲ 맑은 날 아침 풀잎에 맺힌 물방울

▲ 겨울에 따뜻한 실내로 들어왔을 때 안경알 표면에 맺히는 물방울

____

____

20 다음은 물의 상태 변화를 나타낸 그림입니다. 우리 생활에서 ㈎ 과정의 상태 변화를 이용한 예를 세 가지 쓰시오.

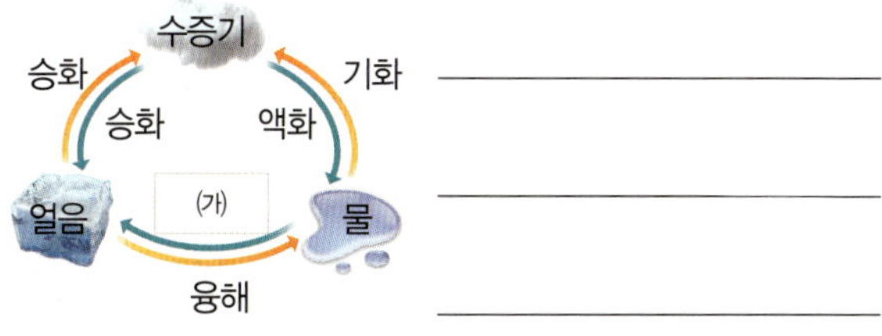

____

____

____

물의 세 가지 상태와 상태 변화

고체인 얼음, 액체인 물, 기체인 수증기의 세 가지 물의 상태가 다른 상태로 변하는 것을 물의 상태 변화라고 함.

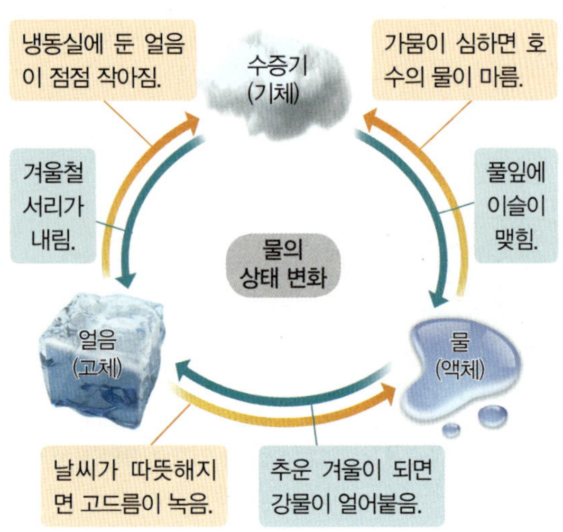

물이 얼 때의 변화

얼음이 녹을 때의 변화

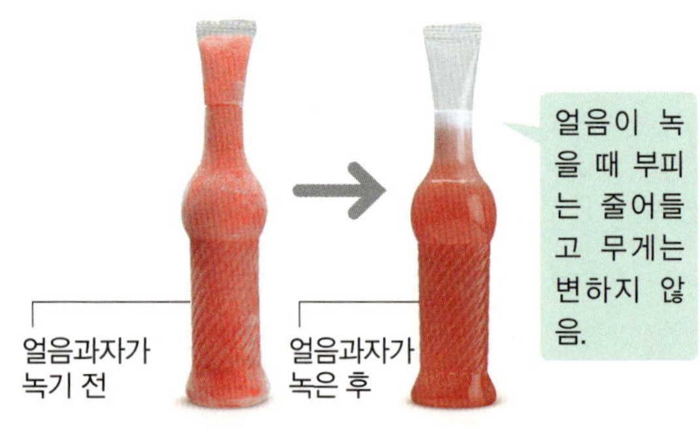

필수 개념 09 — 물은 고체, 액체, 기체의 세 가지 상태가 있다.

얼음	• 고체 상태임. • 모양이 일정하며, 차갑고 단단함.
물	• 액체 상태임. • 모양이 일정하지 않고, 손으로 잡을 수 없으며 흘러내림.
수증기	• ❶ ☐☐ 상태임. • 우리 눈에 보이지 않고 손으로 잡을 수 없지만, 공기 중에 있음.

필수 개념 10 — 물의 상태가 다른 상태로 변하는 것을 물의 상태 변화라고 한다.

물의 상태 변화	물이 서로 다른 상태로 변하는 것
물의 상태 변화의 예	• ❷ ☐☐인 얼음이 녹으면 액체인 물로 변함. • 액체인 물이 얼면 고체인 얼음으로 변함. • 액체인 물이 기체인 수증기로 변함. • 기체인 수증기가 액체인 물로 변함.

필수 개념 11 — 물이 얼 때 부피는 늘어나고 무게는 변하지 않는다.

물이 얼 때의 변화	• 부피가 ❸ ☐☐☐. • 무게에는 변화가 없음.
물이 얼 때 부피가 늘어나는 현상	• 물을 가득 넣어 얼린 페트병이 부풂. • 물을 가득 넣어 얼린 유리병이 깨짐. • 한겨울에 수도관에 설치된 계량기가 터짐.

필수 개념 12 — 얼음이 녹을 때 부피는 줄어들고 무게는 변하지 않는다.

얼음이 녹을 때의 변화	• 부피가 ❹ ☐☐☐. • 무게에는 변화가 없음.
얼음이 녹을 때 부피가 줄어드는 현상	• 꽁꽁 언 튜브형 얼음과자가 녹으면 용기 안에 빈 공간이 생김. • 냉동실에 넣어 얼려 볼록해진 요구르트병을 실온에 놓아두면 처음 모습 그대로 줄어듦.

필수 개념 13	증발은 물이 표면에서 수증기로 상태가 변하는 현상이다.
❺ □□	액체인 물이 표면에서 기체인 수증기로 상태가 변하여 공기 중으로 날아가는 현상
증발을 이용하는 예	• 과일이나 고추, 오징어 등 음식 재료를 말림. • 젖은 머리카락을 머리 말리개로 말림. • 염전에서 소금을 얻음.

필수 개념 14	끓음은 물의 표면뿐만 아니라 물속에서도 물이 수증기로 변한다.
❻ □□	물의 표면뿐만 아니라 물속에서도 물이 수증기로 변하는 현상
끓음을 이용하는 예	• 찌개를 끓임. • 끓는 물에 음식 재료를 익힘.

증발과 끓음 비교하기	공통점	액체인 물이 기체인 수증기로 상태가 변함.
	차이점	• 증발은 물의 표면에서 물이 수증기로 변함. • 끓음은 물의 표면과 물속에서 물이 수증기로 변함. • 증발은 물의 양이 천천히 줄어들지만, 끓음은 증발할 때보다 물의 양이 빠르게 줄어듦.

필수 개념 15	수증기가 물로 상태가 변하는 현상을 응결이라고 한다.
❼ □□	기체인 수증기가 액체인 물로 상태가 변하는 현상
응결과 관련된 예	• 맑은 날 아침 거미줄이나 풀잎에 물방울이 맺힘. • 추운 겨울 유리창 안쪽에 물방울이 맺힘. • 물이 끓고 있는 냄비 뚜껑 안쪽에 물방울이 맺힘. • 추운 날 따뜻한 실내로 들어오면 안경알에 물방울이 맺힘.

필수 개념 16	우리 생활에서 물의 상태 변화는 다양하게 이용된다.
물이 얼음으로 변하는 상태 변화를 이용한 예	• 얼음과자를 만듦. • 인공 눈을 만듦. • 이글루를 만듦.
❽ 물이 □□□로 변하는 상태 변화를 이용한 예	• 가습기로 실내 습도를 조절함. • 스팀다리미로 다림질을 함. • 음식을 찜.

날씨와 관련된 증발 현상: 가뭄

❶ 호수의 물이 수증기로 상태가 변하여 공기 중으로 날아감.

❷ 호수 바닥의 물까지 증발하여 땅이 갈라짐.

물이 끓을 때의 특징

물의 표면에서 액체인 물이 기체인 수증기로 변하는 증발 현상과는 달리, 끓음은 물의 표면뿐만 아니라 물속에서도 물이 수증기로 변함.

응결 현상을 이용한 장치: 워터콘

액체 상태의 물이 기체 상태의 수증기로 변하는 증발 현상과 수증기가 액체 상태의 물로 변하는 현상인 응결을 이용하여, 마실 수 있는 물이 부족한 곳에 도움을 줌.

비주얼 사이언스
Visual Science

포화 상태와 불포화 상태

물이 담긴 그릇을 수조로 덮어 두면 그릇 속의 물은 증발이 일어나 그 양이 점점 줄어들다가 어느 정도 시간이 지나면 물의 양이 줄어들지 않는다. 그 까닭은 수조 안의 공기가 더 많은 수증기를 포함할 수 없기 때문이다.

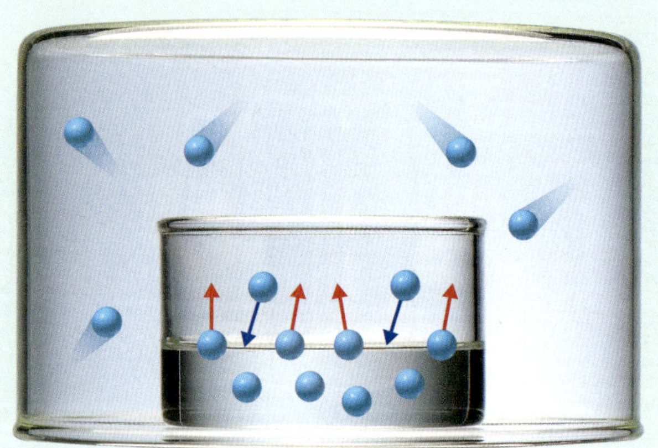

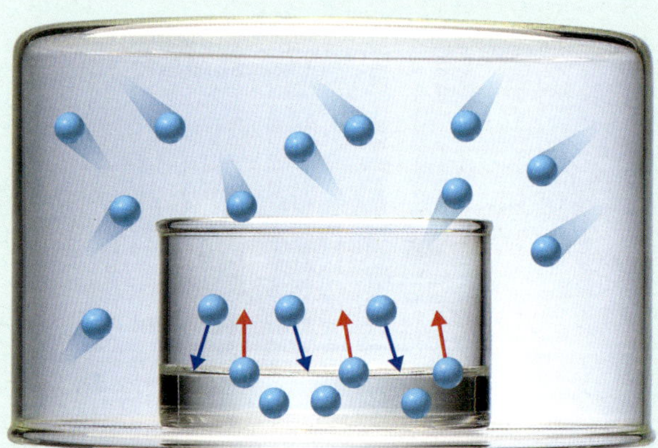

물의 세 가지 상태

물질은 입자로 이루어져 있으며, 물질의 상태에 따라 입자 배열이 다르다. 고체 상태의 물, 액체 상태의 물, 기체 상태의 물의 특징이 각각 다른 것은 물질의 상태에 따라 입자 배열이 다르기 때문이다.

에어컨의 원리

에어컨의 증발기에서는 액체 냉매가 기체로 변하면서 실내 공기의 열을 흡수해 온도를 낮춘다. 기체 냉매는 실외기에 설치된 응축기로 들어가 액체로 변하면서 열을 방출해 실외기에서는 더운 바람이 나온다.

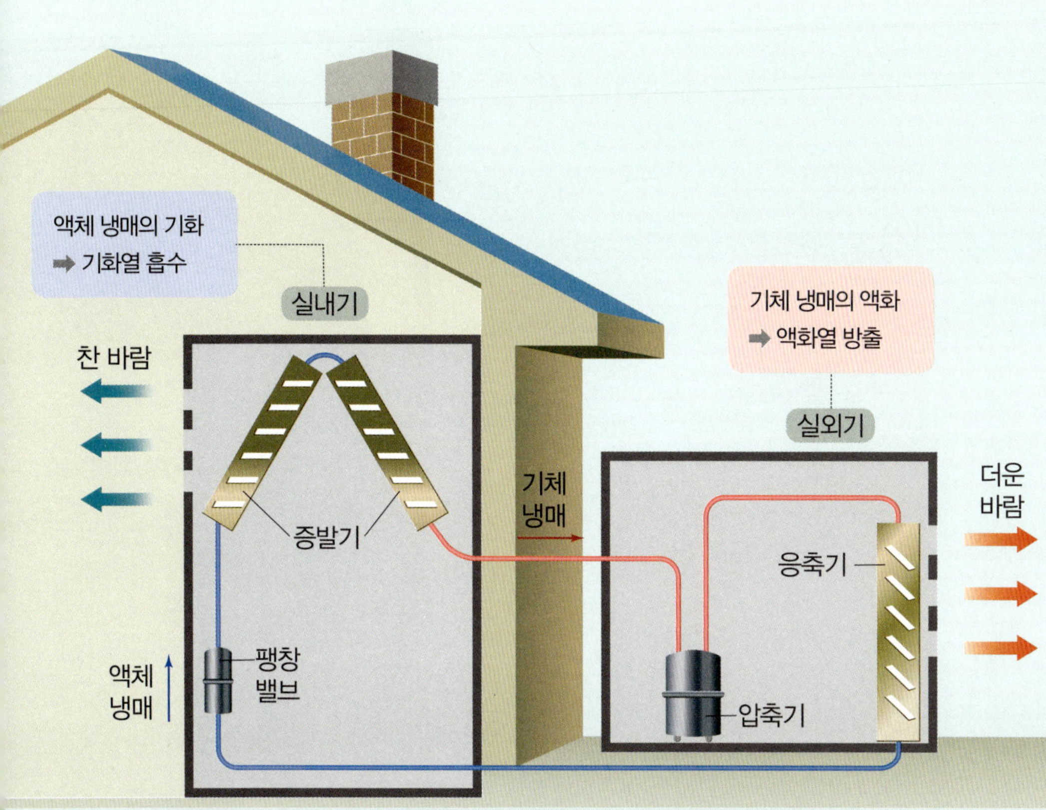

증기 난방기의 원리

보일러에서 물을 가열하면 물이 수증기로 변하면서 열을 흡수한다. 보일러에서 나온 수증기는 집안에 설치된 방열기로 들어가 다시 물로 변하는데, 이때 열을 방출하여 실내 온도를 높인다.

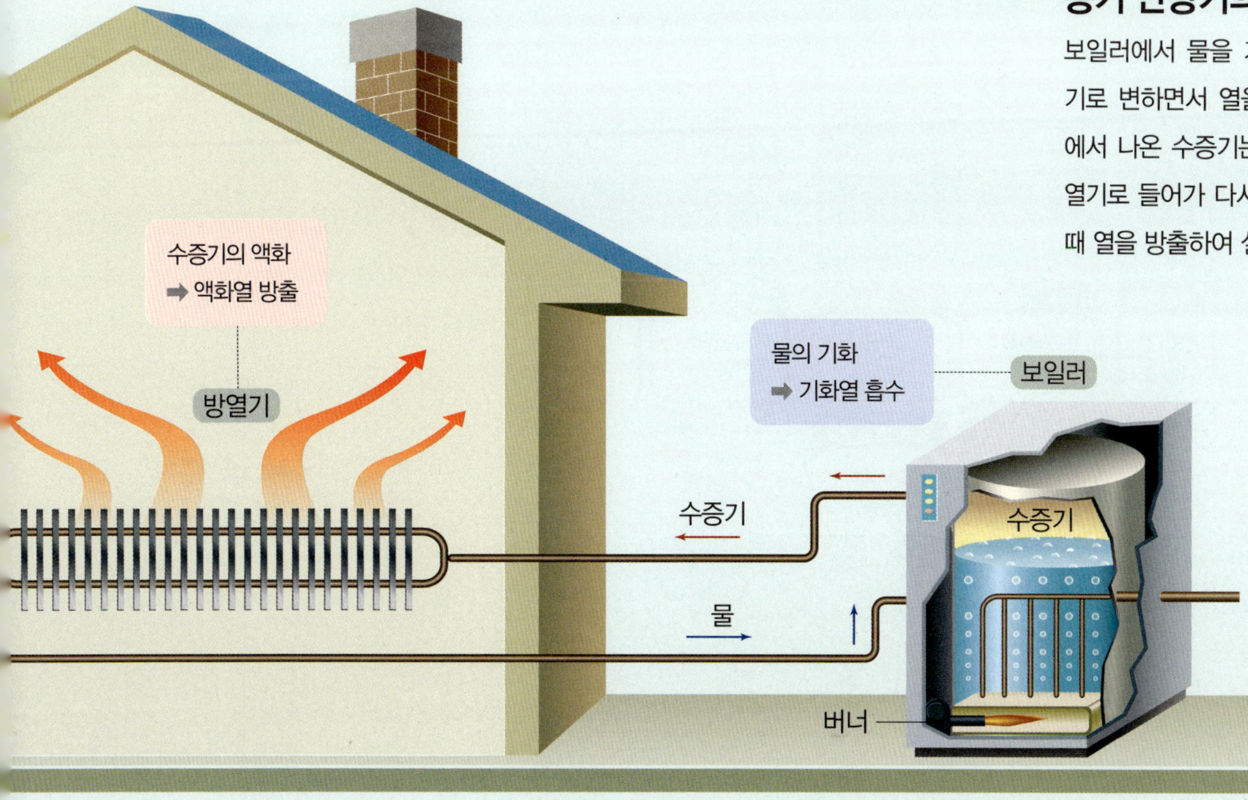

3

땅의 변화

후속 학습

중학교 2학년

이 단원의
학습

초등학교 4학년

지권의 변화
암석을 이루는 광물, 암석이
모여 이루어진 지각, 지구의
내부 구조를 알 수 있고, 지구
내부의 힘에 대해 안다.
2권 중학교 개념특강 13쪽

땅의 변화
침식·운반·퇴적 작용에 의한
땅의 변화, 화산 분출물의 특징,
화성암, 화산 활동과 지진이
미치는 영향을 안다.

① 흐르는 물에 의한 땅의 변화

땅의 변화

- 흐르는 물에 의한 땅의 변화 / 화산 / 지진
- 침식·운반·퇴적 작용 / 각 작용이 잘 일어나는 곳

보충 흐르는 물에 의한 땅의 변화가 적은 곳

잔디가 깔린 운동장이나 나무가 많은 산은 식물의 뿌리가 흙과 엉겨 있기 때문에 흐르는 물에 의해 흙이 잘 깎이거나 옮겨지지 않는다.

심화 침식 작용

침식 작용은 흐르는 물뿐만 아니라 바람, 빙하 등에 의해서도 일어난다. 버섯 바위는 바람의 침식 작용으로, U자곡은 빙하의 이동으로 만들어진 침식 지형이다.

버섯 바위

용어

- **경사** 비스듬히 기울어짐. 또는 그런 상태나 정도.
- **지표** 지구의 표면. 땅의 겉면.
- **버섯 바위** 주로 사막에서 볼 수 있는 버섯 모양의 바위로, 모래바람이 바위 아래 부분에 지속적으로 부딪쳐 만들어짐.

필수 개념 17 흐르는 물은 침식, 운반, 퇴적 작용으로 땅의 모습을 변화시킨다.

(1) **흐르는 물에 의한 땅의 변화** 비가 내리면 운동장과 같이 평평하던 곳에 물길이 생기거나 물이 흐른 자국, 작은 웅덩이가 생긴 것을 볼 수 있고, 산의 경사진 곳에서는 흙이 깎여 돌이 드러나기도 하고 흙이 흘러내려 쌓이기도 한다. 특히 경사가 가파른 곳일수록 물이 빠르게 흐르기 때문에 물길이 깊게 파이고, 흙이 깎이거나 쌓인 곳이 뚜렷하게 나타난다.

(2) **흐르는 물이 하는 일**

① 흐르는 물이 지표의 바위나 돌 등을 깎아 내는 것을 침식 작용이라고 한다.

② 침식된 돌이나 흙 등이 물과 함께 이동하는 것을 운반 작용이라고 한다.

③ 운반된 돌이나 흙 등이 쌓이는 것을 퇴적 작용이라고 한다.

과정 플러스+ 침식·운반·퇴적 작용이 일어나는 과정

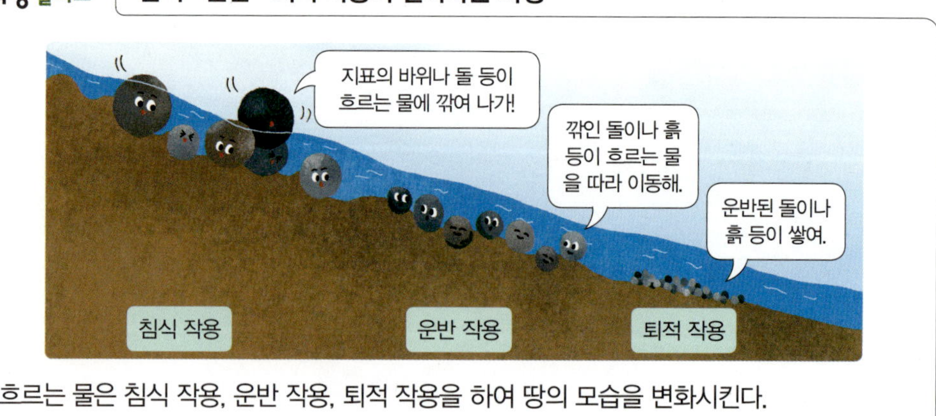

흐르는 물은 침식 작용, 운반 작용, 퇴적 작용을 하여 땅의 모습을 변화시킨다.

(3) **흐르는 물의 작용** 흐르는 물의 작용에는 침식 작용, 운반 작용, 퇴적 작용이 있으며 상황에 따라 다른 작용에 비해 더 활발하게 일어나는 작용이 있지만, 보통 침식·운반·퇴적 작용이 동시에 일어난다. 오랜 시간 동안 계속 흐르는 물은 지표의 모습을 서서히 변화시킨다.

(1) 강 주변의 모습

강 상류

- 강폭이 좁고 강의 경사가 급하여 강 하류에서보다 물이 빠르게 흐른다. ➡ 침식 작용이 퇴적 작용보다 활발하게 일어난다. ➡ 큰 바위나 모난 돌을 많이 볼 수 있다.
- 상류에서 침식된 물질은 강물을 따라 중류를 거쳐 하류로 운반된다.

강 하류

강폭이 넓고 강의 경사가 완만하여 강 상류에서보다 물이 천천히 흐른다. ➡ 퇴적 작용이 침식 작용보다 활발하게 일어난다. ➡ 알갱이가 작은 모래나 흙을 많이 볼 수 있다.

비교 플러스＋ **강 상류와 강 하류**

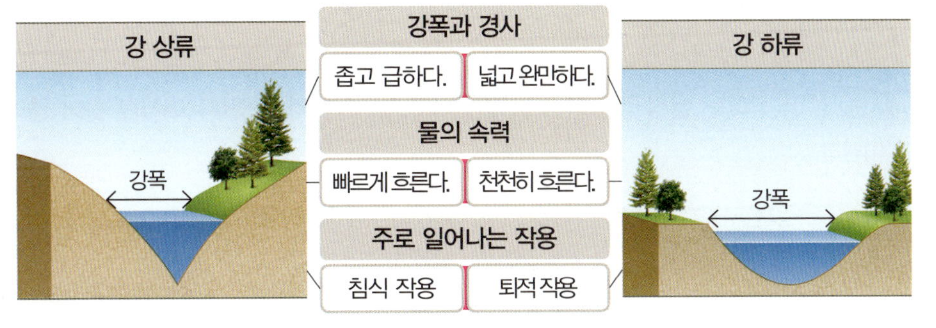

(2) 강 주변의 모습이 다른 까닭

강 상류에서는 흐르는 물의 침식 작용이 퇴적 작용보다 활발하게 일어나고, 강 하류에서는 침식과 운반을 거쳐 이동한 모래와 흙 등이 쌓이는 퇴적 작용이 침식 작용보다 활발하게 일어난다. 이처럼 강의 위치에 따라 활발하게 일어나는 작용이 다르기 때문에 강 상류와 강 하류의 모습에 차이가 생긴다. **필수 탐구 72쪽**

▲ 강 상류에서 볼 수 있는 모습 (V자곡, 폭포)

▲ 강 중류에서 볼 수 있는 모습 (곡류)

▲ 강 하류에서 볼 수 있는 모습 (삼각주)

보충 강 중류의 특징

흐르는 물의 양이 강 상류보다 많으며, 상류보다 경사가 급하지 않고 강이 구불구불하다. 또 강 상류보다는 작고 강 하류보다는 큰 둥근 모양의 자갈을 많이 볼 수 있다.

심화 구불구불한 강의 모습

강물이 중류나 하류를 지나게 되면 속력이 느려져 강의 바닥보다는 강과 육지의 경계를 침식시키는 작용이 활발해진다. 이때 물의 흐름이 빠른 강의 바깥쪽은 침식 작용, 물의 흐름이 느린 안쪽은 퇴적 작용이 활발하게 일어나면서 강이 구불구불한 형태(곡류)를 띠게 된다.

용어 

- **강폭** 강을 가로질러 잰 길이. 강의 너비.
- **V자곡** 경사가 급하여 물이 빠르게 흐르는 상류에 만들어진 폭이 좁고 깊게 파인 V자 모양의 계곡.
- **삼각주** 바다로 흘러 들어가는 강의 하류 부분에 모래나 흙이 오랫동안 퇴적되어 만들어진 지형.

흐르는 물의 작용 알아보기

흐르는 물에 의한 흙 언덕의 변화된 모습을 관찰하고, 침식·운반·퇴적 작용을 설명할 수 있다.

과정 및 결과

1. 흙 언덕을 만든 뒤 색 모래를 뿌리고, 흙 언덕에 물을 흘려보내면서 모습이 어떻게 변하는지 관찰해본다.

▲ 쟁반에 흙 언덕 쌓기　　▲ 색 모래 뿌리기　　▲ 물 흘려보내기

2. 흙 언덕에서 흙이 가장 많이 깎인 곳과 흙이 가장 많이 쌓인 곳을 관찰한다.

3. 흐르는 물이 흙 언덕의 모습을 어떻게 변화시켰는지 살펴본다.

- 흐르는 물에 의해 윗부분에 있던 흙과 색 모래가 물과 함께 아래쪽으로 이동하여 흙이 깎이는 곳과 쌓이는 곳이 생긴다.
- 흐르는 물이 흙 언덕의 위쪽을 깎고, 깎은 흙을 아래쪽으로 운반하여 쌓았기 때문에 흙 언덕의 모습이 변한다.
- 흙 언덕의 경사가 급할수록, 물의 양이 많을수록, 물이 흐르는 세기가 셀수록 흙 언덕의 모습이 많이 변한다.

정리

▶ 흙 언덕의 윗부분에서는 흙이 깎이는 침식 작용이 주로 일어나고, 흙 언덕의 아랫부분에서는 흙이 쌓이는 퇴적 작용이 주로 일어난다.

↻ 정답과 해설 24쪽

1 오른쪽과 같이 흙 언덕을 만들고, 흙 언덕에 물을 흘려보냈을 때 흙 언덕의 위쪽과 아래쪽에서 나타나는 변화로 알맞은 것끼리 선으로 이으시오.

▲ 물 흘려보내기

(1) 흙 언덕의 위쪽　·　·㉠ 흙이 깎인다.

(2) 흙 언덕의 아래쪽　·　·㉡ 흙이 쌓인다.

2 다음과 같이 색 모래를 뿌린 흙 언덕의 위쪽에서 물 뿌리개를 이용하여 천천히 물을 흘려보낼 때, 흙 언덕의 ㈎와 ㈏ 부분에서 주로 활발하게 일어나는 작용을 골라 각각 ○표 하시오.

㈎ 부분: (침식 작용 , 운반 작용 , 퇴적 작용)

㈏ 부분: (침식 작용 , 운반 작용 , 퇴적 작용)

정답과 해설 24쪽

1 흐르는 물이 하는 일에 대한 설명으로 옳지 <u>않은</u> 것을 보기 에서 골라 기호를 쓰시오.

> 보기
> ㉠ 땅의 모습을 변화시킨다.
> ㉡ 흙을 깎거나 쌓기도 한다.
> ㉢ 운동장에 물길을 만들기도 한다.
> ㉣ 지표면을 매끈하게 만들어 모습이 변하지 않도록 보호한다.

( )

2 다음 ㉠~㉢에 들어갈 알맞은 말이 옳게 짝 지어진 것은 어느 것입니까? ( )

> 흐르는 물에 의해 지표의 바위나 돌 등이 깎이는 것을 (㉠) 작용이라고 하고, 돌이나 흙 등이 물과 함께 이동하는 것을 (㉡) 작용, 운반된 돌이나 흙 등이 쌓이는 것을 (㉢) 작용이라고 한다.

	㉠	㉡	㉢
①	침식	운반	퇴적
②	침식	퇴적	운반
③	운반	퇴적	침식
④	운반	침식	퇴적
⑤	퇴적	운반	침식

3 흐르는 물의 작용을 옳게 말한 사람의 이름을 쓰시오.

> • 규선: 오랜 시간 동안 계속 흐르는 물일지라도 땅의 모습은 변화시킬 수 없어.
> • 흥민: 경사가 가파른 곳에서는 흐르는 물의 침식 작용이 더욱 활발하게 일어나.
> • 예하: 흐르는 물의 침식 작용과 퇴적 작용은 함께 일어날 수 있지만 운반 작용은 다른 작용과 함께 일어날 수 없어.

( )

4 큰 바위나 모난 돌을 많이 볼 수 있는 강 주변 모습의 특징으로 옳은 것을 보기 에서 골라 기호를 쓰시오.

> 보기
> ㉠ 강폭이 넓다.
> ㉡ 물이 빠르게 흐른다.
> ㉢ 경사가 급하지 않고 완만하다.
> ㉣ 강의 모양이 구불구불한 형태를 띤다.

( )

[5~6] 다음 강 주변의 모습을 보고, 물음에 답하시오.

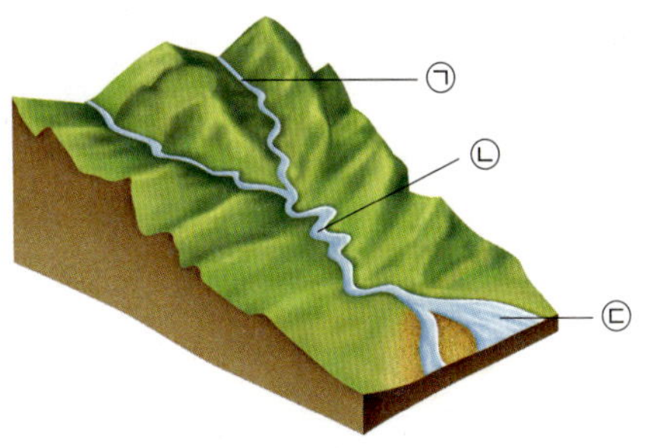

5 위 ㉠~㉢ 위치 중, 흐르는 물에 의한 다음 작용이 활발하게 일어나는 위치로 알맞은 것을 골라 각각 기호를 쓰시오.

(1) 침식 작용   (2) 퇴적 작용

( )   ( )

6 위 ㉠~㉢ 위치의 특징을 옳게 설명한 사람의 이름을 바르게 짝 지은 것은 어느 것입니까? ( )

> • 민수: ㉠에서 ㉡으로 갈수록 강폭이 넓어져.
> • 정아: ㉡에서 ㉢으로 갈수록 경사가 급해져.
> • 호영: ㉠에서 ㉢으로 갈수록 물의 속도가 느려져 천천히 흐르지.

① 민수   ② 정아   ③ 호영
④ 민수, 정아   ⑤ 민수, 호영

[1~5] 침식, 운반, 퇴적 작용 필수 개념 **17**

1 다음 대화의 내용을 보고, 세호가 생각하는 축구를 하지 못하는 까닭으로 가장 알맞은 것을 보기 에서 골라 기호를 쓰시오.

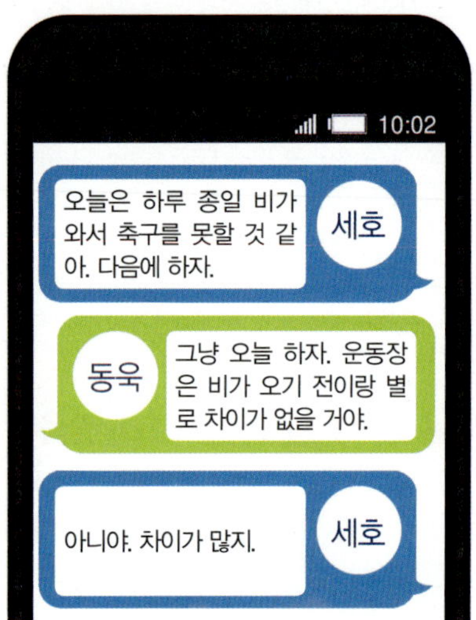

보기
㉠ 건조해진다.
㉡ 흙먼지가 나지 않는다.
㉢ 땅이 더욱 평평해진다.
㉣ 물길과 작은 웅덩이가 생긴다.

( )

2 다음 ㉠, ㉡에 들어갈 알맞은 말을 보기 에서 골라 각각 쓰시오.

높은 곳에서 낮은 곳으로 흐르는 (㉠)은/는 땅의 겉면인 (㉡)의 바위나 돌 등을 깎아 낮은 곳으로 운반하여 쌓이게 한다.

보기
물, 공기, 지표, 지형, 지층, 마그마

㉠ ( ), ㉡ ( )

3 흐르는 물의 운반 작용이란 무엇인지 쓰시오.

____

____

4 다음의 ⑺~⑶ 중 흙 언덕의 위쪽에서 천천히 물을 흘려보냈을 때 흙이 가장 많이 깎인 곳과 가장 많이 쌓인 곳을 순서대로 옳게 짝 지은 것은 어느 것입니까? ( )

① (가), (나)　　② (가), (다)　　③ (나), (다)
④ (다), (나)　　⑤ (다), (가)

5 다음과 같이 흙 언덕을 하나는 경사가 급하게 만들고, 다른 하나는 경사가 완만하게 만들어 각 흙 언덕의 위쪽에서 물을 흘려보냈습니다. 이 실험에 대한 설명으로 옳지 <u>않은</u> 것을 보기 에서 골라 기호를 쓰고, 옳게 고쳐 쓰시오.

▲ 경사가 급한 흙 언덕　　▲ 경사가 완만한 흙 언덕

보기
㉠ 흙 언덕의 경사만 다르게 하고 나머지 조건은 같게 해야 정확한 실험 결과를 얻을 수 있다.
㉡ 실험 결과, 경사가 급한 흙 언덕의 아래쪽에 쌓이는 흙의 양이 더 많다.
㉢ 실험 결과, 경사가 급한 흙 언덕과 경사가 완만한 흙 언덕에서 흙이 깎이는 양은 서로 같다.

(1) 옳지 않은 것: ( )

(2) 고쳐 쓰기: ______________________________

____

[6~10] 각 작용이 잘 일어나는 곳 필수 개념 **18**

6 강 주변의 모습과 특징에 대한 설명으로 옳은 것은 어느 것입니까? (   )

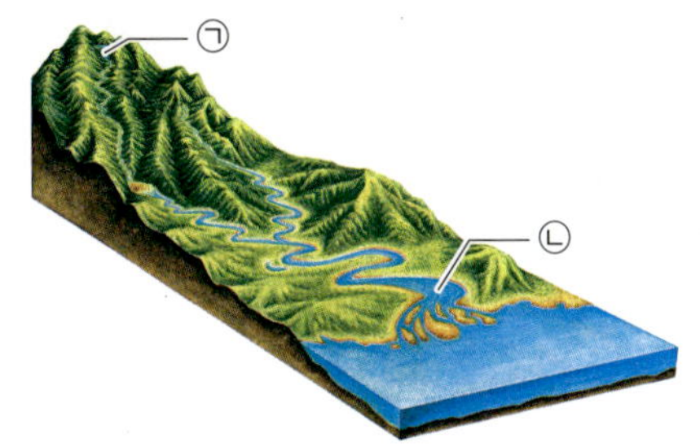

① ㉠ 부분의 강폭은 넓다.
② ㉡ 부분에서는 침식 작용이 일어나지 않는다.
③ ㉠ 부분과 ㉡ 부분에서는 모두 퇴적 작용이 일어난다.
④ ㉠에서 흐르는 물의 양이 ㉡에서 흐르는 물의 양보다 많다.
⑤ ㉠에서 ㉡으로 갈수록 큰 바위나 모난 돌을 많이 볼 수 있다.

7 다음은 강의 상류, 중류, 하류 중 어느 부분에서 볼 수 있는 모습인지 쓰시오.

> • 강이 구불구불하다.
> • 경사가 급하지 않은 편이다.
> • 작고 둥근 모양의 자갈을 많이 볼 수 있다.

강의 (   )

8 강의 상류, 중류, 하류 중 침식 작용이 활발하게 일어나는 부분에서 많이 볼 수 있는 돌의 모습과 지역을 바르게 짝 지은 것은 어느 것입니까? (   )

① ㉠–강의 상류   ② ㉠–강의 중류
③ ㉡–강의 상류   ④ ㉡–강의 하류
⑤ ㉢–강의 중류

9 다음은 강의 상류와 하류의 강폭을 나타낸 모습입니다. 어느 부분인지 각각 구분하여 쓰시오.

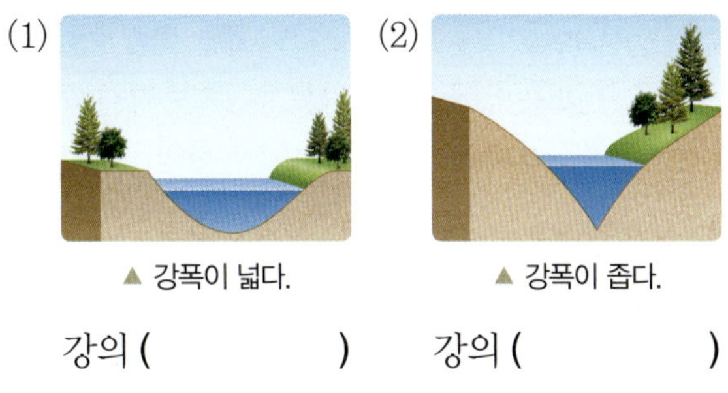

강의 (   )   강의 (   )

도전! 하이탑

10 다음은 성민이가 강에 놀러가서 하고 싶은 것을 적은 글입니다. 성민이가 하고 싶은 것을 하기에 가장 알맞은 부분은 강의 상류, 중류, 하류 중 어느 부분인지 고르고, 그렇게 생각한 까닭을 쓰시오.

> [강에 놀러가서 하고 싶은 것]
> • 가족들과 물놀이하기
> • 튜브 타고 물에 둥둥 떠 있기
> • 모래성 쌓기와 두꺼비집 만들기

(1) 알맞은 부분: 강의 (   )

(2) 그렇게 생각한 까닭: ___________________

____

____

2

화산 (1)

심화 용암의 끈적한 정도에 따른 화산의 형태

▲ 순상 화산

▲ 종상 화산

물처럼 잘 퍼지는 용암은 경사가 완만한 화산(순상 화산)을 만들고, 끈적끈적한 용암은 뾰족하고 높은 화산(종상 화산)을 만든다.

보충 칼데라

칼데라는 분화구의 일종으로, 화산 폭발 후 분화구의 일부가 무너지면서 생긴 냄비 모양의 우묵한 지형이다. 칼데라에 물이 고여 이루어진 호수를 칼데라호라고 한다.

용어

- **분출** 액체나 기체 상태의 물질이 솟구쳐서 뿜어져 나옴.
- **용암** 땅속에 있던 마그마가 지표 밖으로 분출하여 나온 것.
- **화구호** 화산의 분화구에 물이 고여 생성된 호수로, 우리나라에는 한라산의 백록담이 있음.

필수 개념 19 **화산은 마그마가 지표 밖으로 분출하여 만들어진 지형이다.**

(1) **화산** 화산은 땅속 깊은 곳에서 암석이 높은 열에 의하여 녹은 마그마가 지표 밖으로 분출하여 만들어진 지형이다.

(2) **화산이 분출하는 모습** 용암이 지표를 따라 흐르는 화산도 있고, 폭발하듯 솟구쳐 오르는 화산도 있다. 연기와 먼지 같은 것이 나오고 돌덩어리가 날아오며, 화산 주변에 산불이 나기도 한다.

(3) **화산의 생김새와 특징**

① 세계 여러 곳에는 다양한 크기와 모양의 화산이 있다. 경사가 가파른 화산도 있고 경사가 완만한 화산도 있다. 이와 같은 화산의 형태는 용암의 끈적한 정도에 따라 달라지기도 한다.

② 화산 꼭대기에는 대부분 움푹 파여 있는 분화구가 있다. 어떤 화산은 분화구에 물이 고여 호수(화구호)가 만들어지기도 한다.

③ 한라산, 백두산, 울릉도는 옛날에 활동한 적이 있는 우리나라의 대표적인 화산이다. 세계 여러 곳에 있는 화산 중에는 연기가 나거나 용암이 흘러나오는 등 현재에도 활동 중인 화산이 있다.

▲ 한라산(우리나라)

▲ 베수비오산(이탈리아)

▲ 후지산(일본)

(4) **화산과 화산이 아닌 산 비교하기**

구분	화산	화산이 아닌 산
생성 과정	땅속 깊은 곳에서 암석이 녹은 마그마가 지표 밖으로 분출하여 만들어진다.	마그마가 분출하여 만들어지지 않았다.
생김새	대부분 꼭대기가 움푹 파인 분화구가 있고, 분화구에 물이 고여 호수나 웅덩이가 만들어지기도 한다.	꼭대기에 움푹 파인 곳이 없고, 산봉우리가 여러 개 있거나 산꼭대기가 길게 이어져 있다.

(1) **화산 분출물** 화산이 분출할 때 나오는 물질을 화산 분출물이라고 한다.

① 화산에 따라 여러 가지 물질이 나오는 경우도 있고 한 가지 물질이 주로 나오는 경우도 있다.

② 화산 분출물에는 기체 상태의 화산 가스, 액체 상태의 용암, 고체 상태의 화산재, 화산 암석 조각 등이 있다. **78쪽**

(2) **화산 분출물의 특징**

화산 분출물	상태	특징
화산 가스	기체	여러 가지 기체가 섞여 있으며, 대부분은 수증기이다.
용암	액체	마그마가 지표 밖으로 나오면 가스가 빠져나가면서 용암이 되며, 용암이 식어서 굳으면 암석이 된다.
화산재, 화산 암석 조각	고체	고체 상태의 화산 분출물은 크기에 따라 구분하며 지름이 $\frac{1}{16}$ mm~2 mm 사이인 것을 화산재라고 하고, 2 mm 이상인 것을 화산 암석 조각이라고 한다.

심화 화산 쇄설물

화산 쇄설물은 화산 활동으로 분출되는 고체 물질로, 알갱이의 크기에 따라 화산진, 화산재, 화산력, 화산 암괴 등으로 분류한다.

|도움영상|
화산 활동과 화산 분출물을 영상으로 살펴보세요.

용어

● **지름** 원이나 구에서 중심을 지나는 직선으로, 그 둘레 위의 두 점을 이은 선분.
● **쇄설물** 깨어지거나 잘게 부서진 부스러기로 이루어진 물건.

그림 플러스+ **화산 활동으로 나오는 물질**

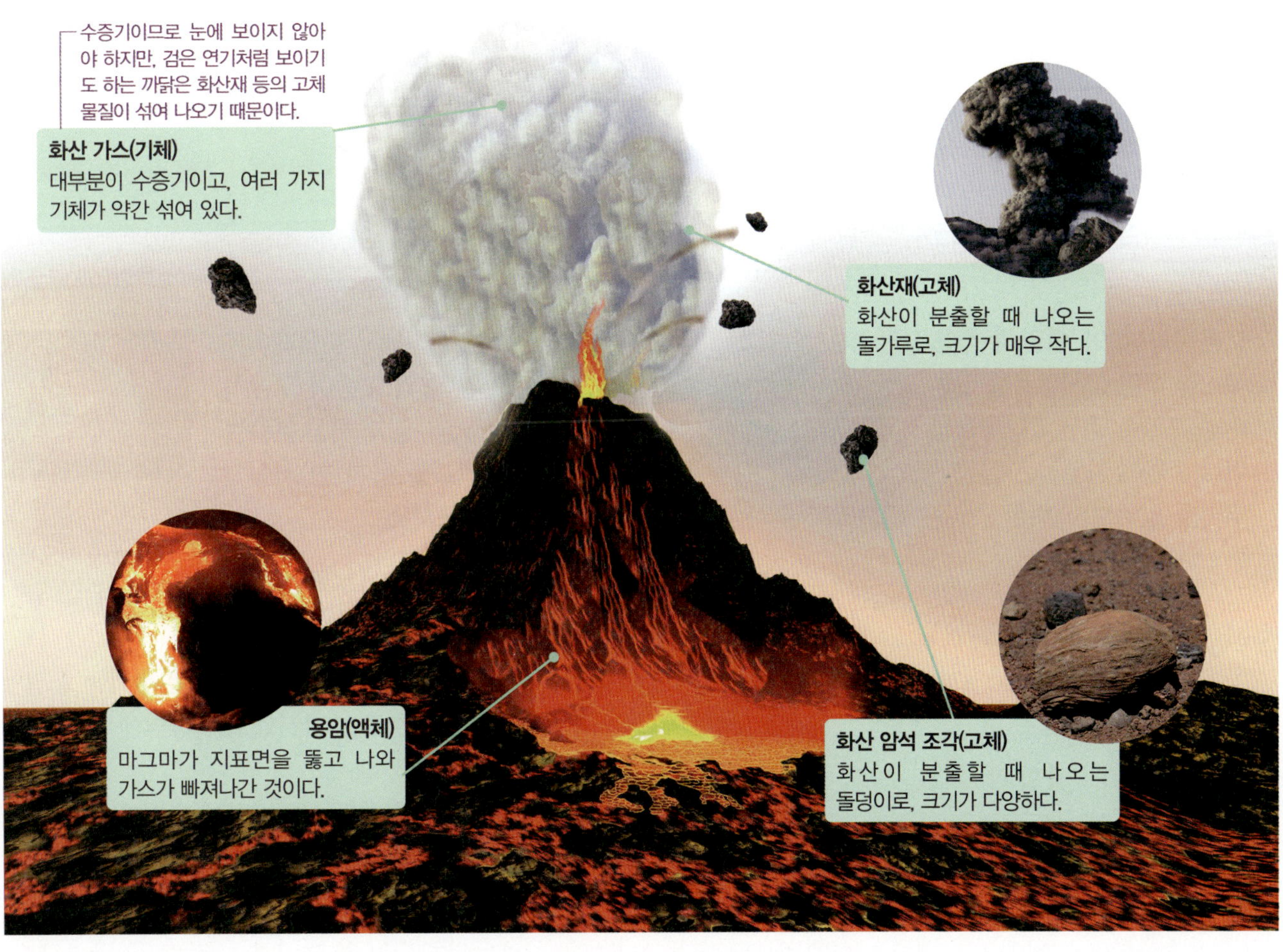

화산 활동 모형실험 하기

화산 활동 모형실험과 실제 화산 활동의 같은 점과 다른 점을 비교할 수 있다.

과정 및 결과

실험동영상

1. 알루미늄 포일로 화산 모형을 만들고, 모형 안에 마시멜로와 빨간색 식용 색소를 넣는다.
2. 핫플레이트로 화산 활동 모형을 가열하면서 어떤 현상이 나타나는지 관찰한다.

- 모형 입구에서 연기가 나며, 녹은 마시멜로가 알루미늄 포일을 타고 흘러내린다.
- 녹은 마시멜로가 덩어리로 튀어 오르기도 하며, 시간이 지나면 흘러나온 마시멜로가 식으면서 굳는다.

정리

▶ 화산 활동 모형과 실제 화산 활동 비교하기

화산 활동 모형	실제 화산 활동
연기	화산 가스
흐르는 마시멜로	용암
굳은 마시멜로	화산 암석 조각

- 같은 점: 연기가 나고 빨간색 액체가 나오며, 시간이 지나면 액체가 식으면서 굳는다.
- 다른 점: 화산 활동 모형보다 실제 화산에서 분출되는 물질의 양이 더 많고, 모형에서는 단단한 암석 조각이 나오지 않지만 실제 화산에서는 단단한 암석 조각이 나온다.

↻정답과 해설 26쪽

1 오른쪽과 같이 빨간색 식용 색소를 뿌린 마시멜로를 알루미늄 포일로 감싼 뒤, 핫플레이트에 올려 가열하는 실험은 무엇을 알아보기 위한 것인지 보기 에서 골라 기호를 쓰시오.

보기
- ㉠ 화산의 활동 모습
- ㉡ 지층이 만들어지는 과정
- ㉢ 지진으로 인한 피해 모습
- ㉣ 마그마가 분출할 때 걸리는 시간

( )

2 앞 **1**번 실험에서 핫플레이트로 가열 후의 모습이 오른쪽과 같을 때, 실제 화산 분출물과의 비교를 옳게 한 사람의 이름을 쓰시오.

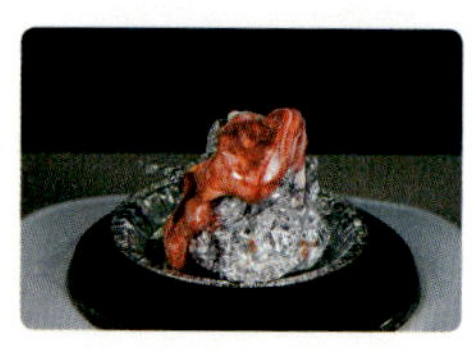

- 지민: 화산 활동 모형실험의 연기는 화산 암석 조각에 비교할 수 있어.
- 윤정: 화산 활동 모형실험의 알루미늄 포일에서 나와 흐르는 마시멜로는 용암에 비교할 수 있지.
- 일선: 화산 활동 모형실험에서 시간이 지나 굳은 마시멜로는 화산 가스에 비교할 수 있어.

( )

1 다음은 세계 여러 지역에서 볼 수 있는 어떤 지형의 모습입니다. 이와 같은 지형을 무엇이라고 하는지 쓰시오.

▲ 한라산

▲ 베수비오산

▲ 후지산

▲ 마욘산

(   )

2 다음은 화산에 대한 설명입니다. ( ) 안에 공통으로 들어갈 알맞은 말을 쓰시오.

> • ( )은/는 땅속 깊은 곳에서 암석이 높은 열에 의하여 녹은 것을 말한다.
> • 화산은 ( )이/가 지표 밖으로 분출하여 만들어진 지형이다.

(   )

3 화산의 특징으로 옳은 것에 ○표, 옳지 <u>않은</u> 것에 ×표 하시오.

(1) 화산의 생김새는 모두 같다. ( )

(2) 화산은 모두 경사가 가파르다. ( )

(3) 화산의 분화구에 물이 고여 호수가 만들어진 것도 있다. ( )

(4) 전 세계 어느 나라, 어느 지역에도 현재 활동 중인 화산은 없다. ( )

4 다음 중 용암에 대한 설명으로 옳은 것을 보기 에서 골라 기호를 쓰시오.

> 보기
> ㉠ 고체 상태의 화산 분출물이다.
> ㉡ 화산 가스를 많이 포함하고 있다.
> ㉢ 화산이 분출할 때 지표면을 따라 흐르기도 하고, 폭발하듯 솟구쳐 오르기도 한다.

(   )

5 다음 화산 분출물과 그 상태를 바르게 선으로 이으시오.

(1) 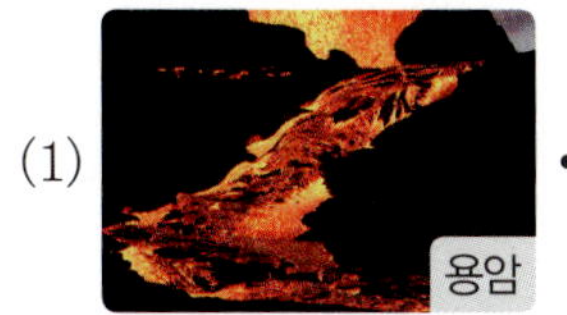

•   • ㉠  고체 상태

(2) 

•   • ㉡ 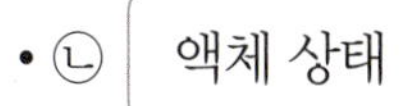 액체 상태

(3) 

•   • ㉢ 기체 상태

6 다음 ( ) 안에 공통으로 들어갈 알맞은 말은 어느 것입니까? ( )

> ( )은/는 화산이 분출할 때 나오는 기체 상태의 화산 분출물이다. ( )에는 여러 가지 기체가 섞여 있으며, 대부분은 수증기이다.

① 용암   ② 화산재
③ 마그마   ④ 화산 가스
⑤ 화산 암석 조각

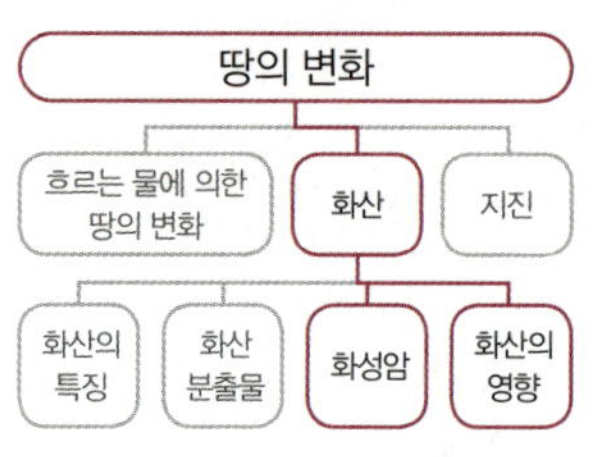

화산 (2)

땅의 변화

| 흐르는 물에 의한 땅의 변화 | 화산 | 지진 |

| 화산의 특징 | 화산 분출물 | 화성암 | 화산의 영향 |

심화 화성암을 이루는 알갱이

지표 근처의 마그마가 빠르게 식어 만들어진 현무암은 알갱이들이 커질 시간이 부족하여 암석을 이루는 알갱이의 크기가 작다. 반면, 땅속 깊은 곳에서 마그마가 서서히 식어 만들어진 화강암은 알갱이들이 커질 시간이 충분하여 암석을 이루는 알갱이의 크기가 크다.

보충 현무암 표면의 구멍

현무암이 만들어질 때 마그마가 빠르게 식으면서 마그마에 포함되어 있던 가스 성분이 빠져나간 구멍이 생긴 것이다. 현무암 중에는 표면에 구멍이 없는 것도 있다.

 **용어**

• **돌하르방** 돌로 만든 할아버지라는 뜻으로, 제주도에서 볼 수 있는 조형물.
• **석굴암** 경주시 토함산에 있는 석굴로, 우리나라의 보물로 지정되어 있으며 화강암으로 만든 불상이 있음.

필수 개념 21 현무암과 화강암은 화산 활동으로 만들어진 암석이다.

(1) **화산 활동으로 만들어진 암석** 마그마가 식어 만들어진 암석을 화성암이라고 한다. 대표적인 화성암은 현무암과 화강암이다.

(2) **현무암과 화강암** 필수탐구 82쪽

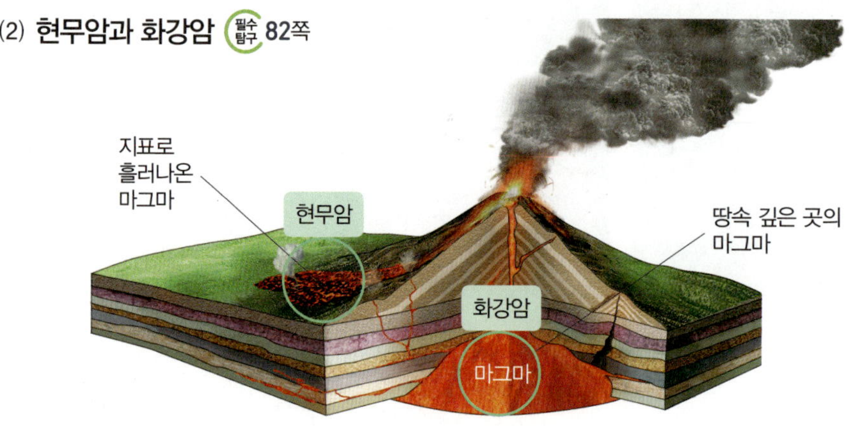

① **현무암**: 마그마가 지표 가까이에서 빠르게 식어서 만들어져 알갱이의 크기가 작다. 색깔이 어둡고 표면이 거칠며, 군데군데 구멍이 있는 것도 있다.

② **화강암**: 마그마가 땅속 깊은 곳에서 서서히 식어서 만들어져 알갱이의 크기가 커서 눈으로 구분할 수 있을 정도이다. 대체로 밝은 바탕에 검은색 알갱이가 보이고, 여러 가지 색이 포함되어 있다. 촉감이 거칠고 반짝거리는 알갱이가 있다.

비교 플러스+ 현무암과 화강암

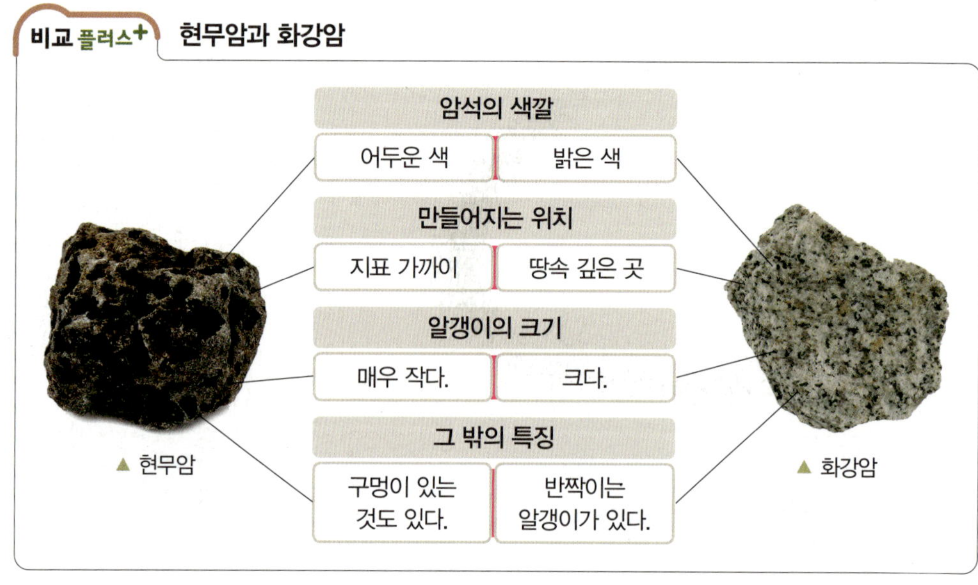

(3) **현무암과 화강암의 이용** 현무암은 돌하르방, 맷돌, 돌담 등 다양한 곳에 쓰인다. 화강암은 설악산, 속리산 등에서 볼 수 있으며 건축물 등에 많이 쓰인다. 경주의 석굴암과 불국사의 돌계단도 화강암으로 만들어졌다.

(1) 화산 활동이 주는 피해 용암이 흘러 산불을 발생시키고, 논이나 밭을 덮어 농경지 등의 재산 피해를 발생시킨다. 화산재는 알갱이의 크기가 매우 작아 비행기 엔진을 망가뜨려 운항을 어렵게 하고, 태양 빛을 가려서 날씨에 영향을 미치며 기온을 낮추는 등 생물에게 피해를 준다. 화산재와 화산 가스 때문에 •호흡기 질병이 생길 수도 있다.

화산 활동이 주는 피해

(2) 화산 활동이 주는 이로운 점 화산재가 쌓인 주변의 토양은 비옥해져 농작물이 자라는 데 도움이 되므로 많은 곡식과 과일을 얻을 수 있다. 또 땅속의 높은 열을 이용하여 전기를 얻는 지열 발전을 하기도 한다. 온천이나 독특한 화산 지형은 관광 자원으로 활용할 수 있다.

화산 근처의 지하수가 높은 온도의 마그마에 의해 데워져 만들어진다.

화산 활동이 주는 이로운 점

(3) 화산이 분출할 때 대처하는 방법 평상시 비상 용품과 식량을 준비해 둔다. 실외에 있다면 손수건 등으로 코와 입을 막고 자동차나 건물 등의 실내로 신속하게 대피한다. 대피 후에는 안내 방송에 따라 침착하게 행동한다.

보충 토양을 비옥하게 만들어 주는 화산재

공기를 품은 화산재는 토양에 공간을 만들어 날씨 변화에 대한 적응력을 높이고, 물을 가두어 놓을 수 있게 한다. 또한 식물의 생장에 필요한 토양 박테리아를 키워 씨가 싹트는 데 도움을 준다.

보충 지열 발전

지열 발전이란 땅속의 높은 열을 받아들여 전기를 만드는 것으로, 고온의 •증기를 이용하여 터빈(회전식 기계 장치)을 회전시키고, 이에 연결된 발전기로 전기를 만드는 것이다.

용어
- •**호흡기** 코나 폐와 같이 숨을 들이마시고 내쉬는 데 관여하는 기관.
- •**비옥** 땅이 기름지고 양분이 많음.
- •**증기** 기체 상태로 되어 있는 물. 수증기.

현무암과 화강암 관찰하고 분류하기

현무암과 화강암을 관찰하여 특징을 비교하고, 차이를 설명할 수 있다.

과정 및 결과

실험동영상

1. 현무암과 화강암을 관찰해 본다.
2. 두 암석의 색깔, 암석을 이루고 있는 알갱이의 크기 등을 비교해 본다.

▲ 현무암의 모습

▲ 화강암의 모습

- 현무암은 암석의 색깔이 어둡고, 화강암은 암석의 색깔이 밝다.
- 현무암은 암석을 이루는 알갱이의 크기가 작고, 화강암은 암석을 이루는 알갱이의 크기가 눈으로 구분할 수 있을 정도로 크다.
- 현무암은 표면에 군데군데 구멍이 있고 화강암은 여러 가지 알갱이가 섞여 있는 모습이다.

3. 현무암과 화강암의 특징이 다른 까닭을 생각해 본다.
- 현무암과 화강암이 만들어지는 장소가 다르다.
- 현무암은 마그마가 지표 부근에서 빠르게 식어서 만들어진다.
- 화강암은 마그마가 땅속 깊은 곳에서 서서히 식어서 만들어진다.

4. 화성암 표본을 현무암과 화강암으로 분류해 본다.

정리

▶ 현무암과 화강암은 모두 화산 활동으로 만들어진 암석인 화성암이지만, 암석이 만들어지는 장소에 따라 다른 특징이 있다.

↪ 정답과 해설 **27**쪽

1 다음은 마그마가 식어서 만들어진 암석입니다. 모습을 잘 보고, 두 암석의 이름을 [보기]에서 골라 각각 기호를 쓰시오.

보기	
㉠ 역암	㉡ 화강암
㉢ 현무암	㉣ 석회암

(1) (　　　　　) (2) (　　　　　)

2 다음 중 현무암에 대한 설명으로 옳지 <u>않은</u> 것은 어느 것입니까? (　　　)

① 어두운 색이다.
② 알갱이의 크기가 작다.
③ 크고 작은 구멍이 뚫려 있는 것이 있다.
④ 암석의 표면을 손으로 만지면 거칠거칠하다.
⑤ 마그마가 땅속 깊은 곳에서 서서히 식어서 만들어졌다.

1 다음에서 설명하는 것은 무엇인지 쓰시오.

> 화산 활동으로 만들어진 암석을 말하며, 대표적인 암석에는 현무암과 화강암이 있다.

(   )

2 다음 암석들은 화산 활동으로 만들어진 암석입니다. 암석의 이름을 각각 쓰시오.

(가)   (나)

(   )   (   )

3 오른쪽은 화산이 분출하는 모습을 나타낸 것입니다. ㉠과 ㉡ 부분에서 만들어지는 암석에 대한 설명으로 옳은 것은 어느 것입니까? (   )

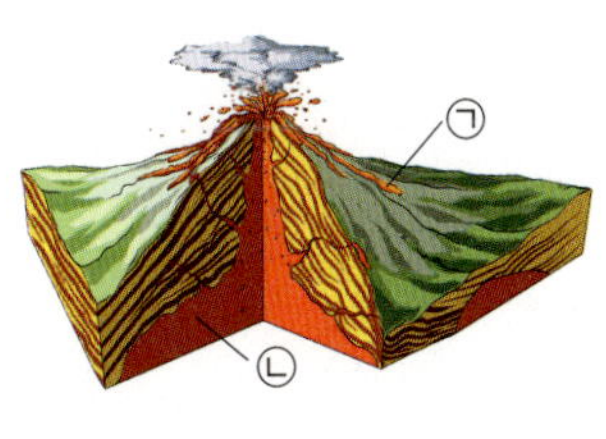

① ㉠에서는 화강암이 만들어진다.
② ㉠에서 만들어지는 암석은 대체로 밝은 색이다.
③ ㉠에서 만들어지는 암석은 암석을 이루는 알갱이의 크기가 매우 작다.
④ ㉡에서는 현무암이 만들어진다.
⑤ ㉡에서 만들어지는 암석은 크고 작은 구멍이 있는 것도 있다.

4 다음 중 화산 활동이 우리 생활에 주는 피해를 두 가지 골라 기호를 쓰시오.

㉠ ▲ 온천   ㉡ ▲ 산불
㉢ ▲ 화산재로 덮인 마을   ㉣ ▲ 독특한 화산 지형

(   )

5 화산 활동이 우리 생활에 주는 이로운 점으로 알맞은 것은 어느 것입니까? (   )

① 산불이 발생한다.
② 집이 용암에 묻힌다.
③ 호흡기 질병이 생긴다.
④ 화산재가 비행기 엔진을 망가뜨린다.
⑤ 땅속의 높은 열을 지열 발전에 이용한다.

6 화산 활동은 우리 생활에 피해를 주기도 하고, 이로움을 주기도 합니다. 다음이 설명하는 화산 분출물로 알맞은 것을 보기 에서 골라 기호를 쓰시오.

> • 태양 빛을 가려서 기온을 낮추는 등 생물에게 피해를 준다.
> • 토양을 비옥하게 만들어 농작물이 자라는 데 도움을 준다.

보기
㉠ 용암	㉡ 화산재
㉢ 화산 가스	㉣ 화산 암석 조각

(   )

지진

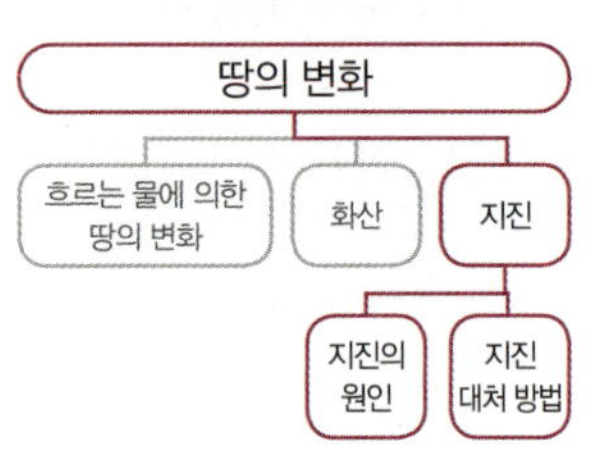

땅의 변화
- 흐르는 물에 의한 땅의 변화
- 화산
- 지진
  - 지진의 원인
  - 지진 대처 방법

보충 지진과 화산 활동의 비슷한 점

지진과 화산 활동 모두 지구 내부의 힘 때문에 발생하는 현상으로, 크고 작은 땅의 흔들림이 발생한다. 또한 지진과 화산 활동이 자주 일어나는 지역의●분포가 비슷하다.

|도움영상|

지진이 발생한 모습을 영상으로 살펴보세요.

용어
- **함몰** 물속이나 땅속에 빠짐.
- **분포** 일정한 범위에 흩어져 퍼져 있음.

필수 개념 23 **지진은 지구 내부의 힘에 의해 땅이 끊어지면서 흔들리는 것이다.**

(1) **지진이 발생하는 까닭** 땅은 지구 내부에서 작용하는 힘을 오랫동안 받으면 휘어지거나 끊어지기도 하는데, 이렇게 땅이 끊어지면서 흔들리는 것을 지진이라고 한다. 이밖에도 지진은 화산 활동이나 지표의 약한 부분, 지하 동굴의●함몰 등에 의해 발생하기도 한다. **필수탐구 86쪽**

실험 플러스+ **흔들림 지진판으로 지진 발생실험 하기**

과정
흔들림 지진판 위에 블록을 쌓아 건물의 모습을 만들고, 흔들림 지진판을 위아래, 양옆으로 흔들며 블록 건물의 변화를 관찰해 본다.

결과

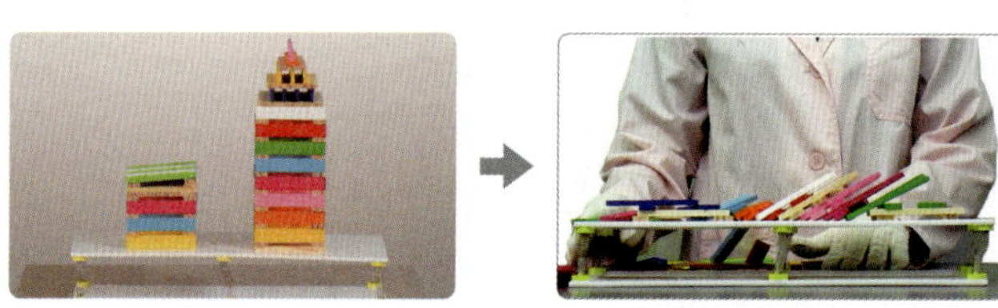

▲ 흔들림 지진판을 점점 세게 흔들면 위에 쌓은 블록 건물이 무너진다.

실험	흔들림 지진판	블록	흔들림 지진판의 흔들림
실제 지진	땅(지층)	땅 위의 건물 등	지구 내부의 힘에 의한 땅의 떨림

정리
흔들림 지진판의 떨림이 전달되어 위에 쌓은 블록 건물이 무너진 것처럼, 실제 지진에서도 지구 내부의 힘에 의한 땅의 떨림이 전달되어 건물이나 도로가 무너진다.

(2) **지진의 세기를 나타내는 방법** 지진의 세기는 지진이 일어날 때 발생하는 힘의 크기를 재어 규모로 나타낸다. 규모는 지진의 세기를 나타내는 단위로, 소수 첫째 자리까지 숫자로 표시한다. 규모의 숫자가 클수록 강한 지진이다.

(3) **지진의 규모에 따른 피해 정도**
① 일반적으로 지진의 규모가 클수록 피해 정도도 커진다.
② 지진의 규모가 같다고 해서 피해 정도가 같은 것은 아니다.
③ 같은 규모의 지진(하나의 지진이 발생했을 때 지진 발생지부터의 거리와 관계없이 어디서나 규모는 같음.)이라도 지진 발생 지역으로부터 가까운 지역과 멀리 떨어진 지역의 피해 정도는 다르다.

(1) **지진으로 인한 피해 사례** 지진이 발생하면 약한 흔들림을 느끼는 정도로 그칠 수도 있지만, 사람이 다치거나 건물과 도로가 무너지는 등 인명과 재산에 큰 피해를 주기도 한다. 또한, 언제 발생할지 정확한 예측이 어렵기 때문에 지진에 대비하는 자세가 필요하다.

표 플러스⁺ 세계 여러 나라의 지진 피해 사례

연도	발생 지역	규모	피해 사례
2023	튀르키예	❶ 7.8	4만여 명 사망, 가옥 67만 채 붕괴
2019	페루	8.0	사망자와 부상자 발생, 건물 손상
2018	인도네시아	7.5	사망자와 부상자 발생, 건물 붕괴
2016	❷ 경상북도 경주	5.8	이재민과 부상자 발생, 시설물 파손
2016	에콰도르	7.8	700여 명 사망, 건물 1,100여 채 붕괴
2015	네팔	❸ 7.8	8천여 명 사망, 가옥 14만 채 붕괴

❶ 규모가 큰 지진이 발생하면 인명과 재산에 큰 피해를 주기도 함.

❷ 세계 곳곳을 비롯하여 우리나라에서도 규모가 큰 지진이 발생하였고, 피해가 컸음.

❸ 같은 규모의 지진이어도 지진에 대비한 정도, 지진 경보 시기, 도시화 정도 등 여러 가지 요인에 따라 피해 정도가 달라짐.

(2) **지진이 발생했을 때의 대처 방법**

① 지진이 발생하기 전: 근처 지진 대피 장소를 알아 두고 비상용품과 구급약품을 준비한다. 평소 주변의 안전을 미리 점검하며 흔들리기 쉬운 물건을 고정해 둔다.

② 지진이 발생했을 때

책상이나 식탁 아래로 들어가 몸과 머리를 보호한다.

승강기 대신 계단을 이용하여 신속하게 대피한다.

└ 승강기에 타고 있었을 경우, 모든 버튼을 눌러 가장 가까운 층에서 내려 대피한다.

떨어지거나 깨지는 물건으로부터 머리를 보호하며 넓은 공터로 대피한다.

③ 지진이 발생한 후

라디오나 공공 기관의 안내 방송 등 올바른 정보에 따라 행동한다.

다친 사람이 있으면 응급 처치를 하거나 구조 요청을 한다.

보충 대피할 때 승강기를 이용하면 안 되는 까닭

전기가 차단되거나 건물이 무너지면 승강기 작동이 멈춰서 안에 갇히거나 추락할 위험이 있기 때문에 계단으로 대피하는 것이 바람직하다.

심화 내진 설계

내진 설계란 지진에 안전한 건물을 설계하는 것을 말한다. 내진 설계를 하게 되면 강력한 진동이 발생한 상황에서도 건물이 잘 버틸 수 있도록 더욱 강력한 구조물이 사용되며, 건물에 전달되는 진동을 고르게 분산할 수 있는 장치들이 마련된다.

용어

- **인명** 사람의 목숨.
- **가옥** 사람이 사는 집.
- **이재민** 지진, 홍수, 가뭄 등의 재해로 인해 피해를 입은 사람.
- **요인** 조건이 되는 요소.
- **여진** 지진이 일어난 다음에 잇따르는 더 작은 규모의 지진.
- **옥외** 집이나 건물 밖.

우드록으로 지진 발생 모형실험 하기

지진 발생 모형실험을 통해 지진이 발생하는 원인을 알고 관련지을 수 있다.

과정 및 결과

1. 우드록 세 장을 잡고 양쪽 끝을 수평 방향으로 서서히 밀면서 우드록이 어떻게 되는지 관찰하고, 우드록이 끊어질 때 손의 느낌을 이야기해 본다.

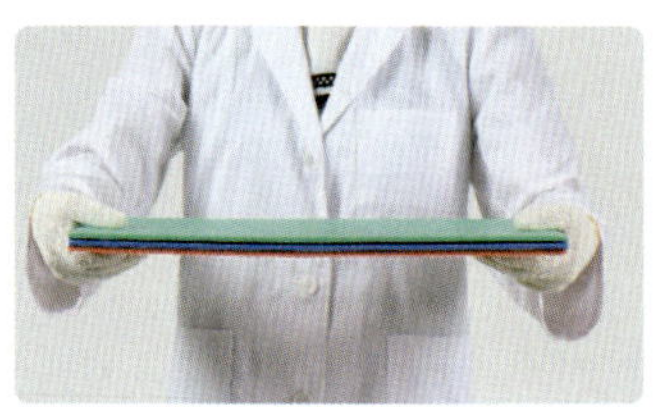

▲ 우드록의 처음 모습

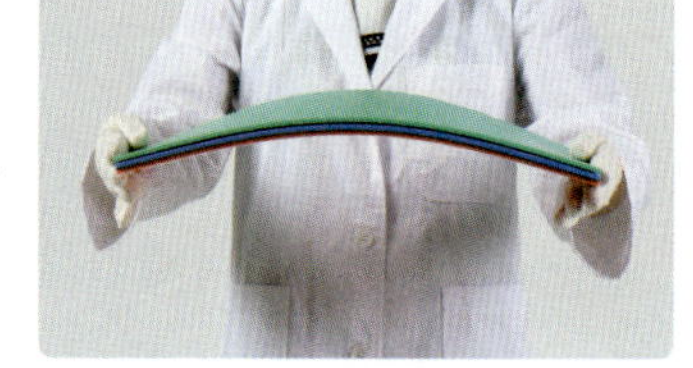

▲ 우드록의 가운데 부분이 볼록하게 올라오며 휘어진다.

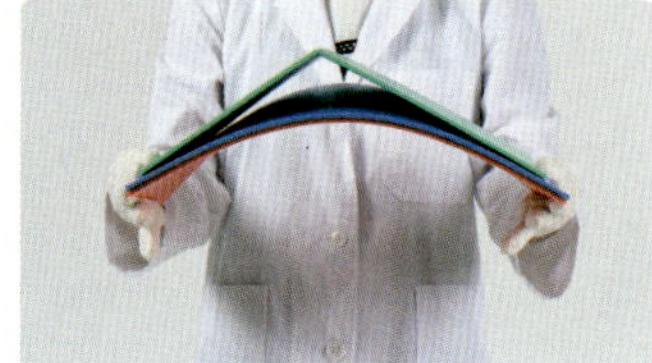

▲ 우드록이 더 크게 휘어지다가 소리를 내며 끊어지고, 손에 떨림(진동)이 느껴진다.

2. 실제 지진과 모형실험의 같은 점과 다른 점은 무엇인지 이야기해 본다.

실험	우드록	양손으로 미는 힘	우드록이 끊어질 때의 떨림
실제 지진	땅(지층)	지구 내부에서 작용하는 힘	지진

- 같은 점: 힘을 받아 우드록이나 땅(지층)이 끊어지고, 이로 인한 떨림이 발생한다.
- 다른 점: 지진 발생 모형실험에서는 보다 작은 힘이 짧은 시간 동안 작용하여도 우드록이 끊어지지만, 실제 지진은 지구 내부에서 작용하는 힘이 오랜 시간 동안 작용하여 발생하게 된다.

정리

▶ 우드록에 힘을 주어 밀면 조금씩 휘어지다가 끊어질 때 손에 떨림(진동)이 느껴지는 것처럼, 땅(지층)이 지구 내부의 힘을 오랫동안 받으면 휘어지다가 끊어지면서 땅이 흔들리는 지진이 발생한다.

↪정답과 해설 **28**쪽

1 오른쪽과 같이 양손으로 우드록을 잡고, 양쪽 끝을 수평 방향으로 서서히 밀어 우드록이 끊어질 때 손의 떨림을 느꼈습니다. 무엇을 알아보기 위한 실험인지 보기 에서 골라 기호를 쓰시오.

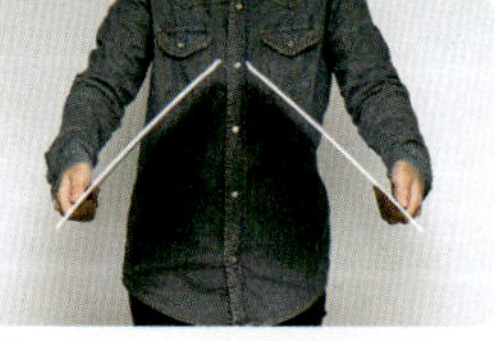

> 보기
> ㉠ 태풍이 발생하는 과정
> ㉡ 화산이 폭발하는 원인
> ㉢ 지진이 발생하는 원인
> ㉣ 지층이 만들어지는 과정

(   )

2 앞 **1**번 모형실험과 실제 자연 현상을 바르게 비교한 것을 두 가지 고르시오. (   )

	모형실험	실제 자연 현상
①	우드록	운반 작용
②	우드록을 양손으로 미는 힘	침식 작용
③	우드록을 양손으로 미는 힘	지구 내부에서 작용하는 힘
④	우드록이 끊어질 때의 떨림	계절의 변화
⑤	우드록이 끊어질 때의 떨림	지진

정답과 해설 **29**쪽

1 다음에서 설명하는 자연 현상은 무엇인지 쓰시오.

> 지구 내부에서 작용하는 힘을 오랫동안 받아 땅이 끊어지면서 흔들리는 자연 현상이다.

(   )

2 다음은 흔들림 지진판을 이용하여 지진 발생실험을 하는 모습입니다. 흔들림 지진판의 흔들림은 실제 지진에서 무엇을 의미하는지 쓰시오.

(   )

3 다음과 같이 상훈이가 지진에 대해 발표한 내용 중 잘못된 내용을 골라 기호를 쓰시오.

(   )

[4~5] 다음 표는 최근 발생한 지진의 규모와 피해 정도를 나타낸 것입니다. 물음에 답하시오.

연도	발생 지역	규모	피해 사례
2020	튀르키예	6.7	사망자와 부상자 발생, 건물 붕괴
2019	페루	8.0	사망자와 부상자 발생, 건물 손상
2018	경상북도 포항	4.6	부상자 발생

4 위 표에서 가장 강한 지진이 발생한 지역은 어디인지 쓰시오.

(   )

5 위 표를 보고 알 수 있는 사실로 옳은 것을 보기 에서 골라 기호를 쓰시오.

> **보기**
> ㉠ 우리나라도 지진의 안전지대가 아니다.
> ㉡ 유럽에 속한 나라에서만 지진이 발생하고 있다.
> ㉢ 지진의 규모와 관계없이 피해를 입은 정도가 같다.
> ㉣ 규모 7.0 이상의 지진에서만 인명 피해가 발생한다.

(   )

6 다음 중 지진이 발생했을 때의 대처 방법에 대해 옳게 말한 것에 ○표 하시오.

(1) 흔들림이 멈추면 승강기를 이용해 재빠르게 대피한다. (   )

(2) 집 안에 있을 때는 가스 밸브를 열고, 전등은 모두 켜 놓도록 한다. (   )

(3) 지진으로 흔들릴 때 학교 교실 안에 있다면, 책상 아래로 들어가서 머리와 몸을 보호해야 한다. (   )

[1~2] 화산의 특징, 화산 분출물 `필수 개념 19, 20`

1 다음 중 화산의 특징에 대한 설명으로 옳은 것은 어느 것입니까? (　　　)

① 화산은 생김새가 모두 같다.
② 모든 화산은 분화구에서 연기가 나온다.
③ 모든 화산 꼭대기에는 물이 고인 호수가 있다.
④ 모든 화산의 꼭대기 부분은 눈으로 덮여 있다.
⑤ 경사가 가파른 화산도 있고, 경사가 완만한 화산도 있다.

`서술형`

2 다음과 같이 화산이 분출할 때 나오는 물질을 화산 분출물이라고 합니다. 화산 분출물에는 어떠한 것들이 있는지 고체, 액체, 기체 상태로 분류하여 설명하시오.

____

____

____

____

[3~5] 화성암 `필수 개념 21`

3 다음은 준호가 쓴 일기입니다. 내용을 잘 보고, 밑줄 친 암석의 이름은 무엇인지 쓰시오.

> 제주특별자치도에는 특이하게 생긴 화성암으로 만들어진 돌담이 많이 있었는데, 암석을 살펴보니 색깔이 어둡고 구멍이 송송 뚫려 있었다. 손으로 만져 보니 표면이 많이 거칠었다.

(　　　　　　　)

4 위 **3**번 답의 암석이 만들어지는 위치로 알맞은 것을 골라 기호를 쓰시오.

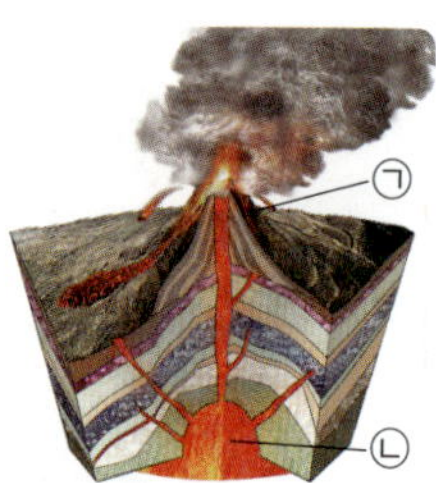

(　　　　　　　)

`도전! 하이탑`

5 다음은 현무암과 화강암을 이루는 알갱이의 크기와 암석의 색깔을 기준으로 각 암석이 가지는 특징을 나타낸 자료입니다. 이에 대한 설명으로 옳은 것을 `보기` 에서 두 가지 골라 기호를 쓰시오.

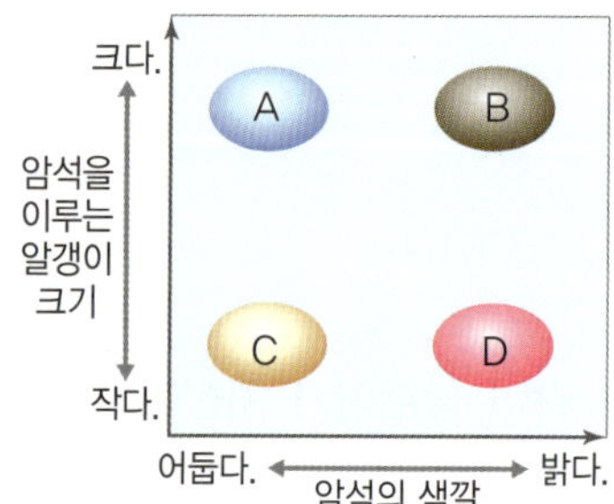

`보기`

> ㉠ A~D 중 현무암의 위치로 알맞은 것은 C이다.
> ㉡ A~D 중 화강암의 위치로 알맞은 것은 A이다.
> ㉢ C는 B보다 암석의 색깔이 어둡다.
> ㉣ B는 C보다 마그마가 빨리 식어서 만들어졌다.

(　　　　　　　)

[6~7] 화산의 영향 `필수 개념 22`

6 다음은 하와이 킬라우에아 화산의 분출에 관한 신문 기사입니다. 기사를 읽고 킬라우에아 화산으로 인해 피해를 입은 마을의 모습과 관련된 화산 분출물을 `보기` 에서 골라 각각 써넣으시오.

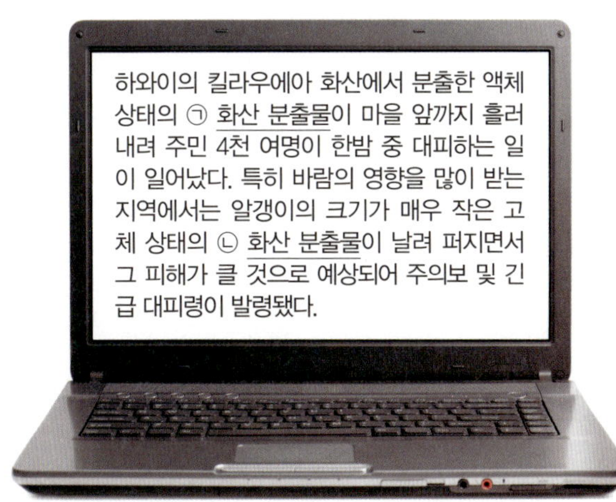

`보기`

용암, 화산재, 현무암,
화강암, 화산 가스, 화산 암석 조각

㉠ (   ), ㉡ (   )

7 다음에서 설명하는 것은 무엇인지 쓰시오.

화산 활동이 주는 이로운 점으로, 화산 근처 땅속의 높은 열을 이용하여 전기를 만드는 발전소를 말한다.

(   )

[8~10] 지진의 원인, 지진 대처 방법 `필수 개념 23, 24`

8 다음 중 지진의 발생 원인으로 볼 수 있는 것을 모두 골라 짝 지은 것은 어느 것입니까? (   )

㉠ 화산이 분출할 때
㉡ 날씨가 매우 습할 때
㉢ 지표의 약한 부분이 무너질 때
㉣ 지하에 위치한 동굴이 무너질 때
㉤ 흐르는 물에 의한 퇴적 작용이 활발할 때

① ㉠, ㉡   ② ㉠, ㉡, ㉢
③ ㉠, ㉢, ㉣   ④ ㉠, ㉢, ㉣, ㉤
⑤ ㉠, ㉡, ㉢, ㉣, ㉤

9 다음 대화 내용을 보고 알 수 있는 내용이 <u>아닌</u> 것은 어느 것입니까? (   )

익진 뉴스 봤어? 어젯밤 22시 50분에 규모 7.0의 지진이 아이티공화국에서 발생했대.

봤어. 무려 30만여 명의 사상자가 발생한 것으로 추정된다고 하더라. **은혜**

익진 건물도 많이 붕괴되었고 이재민도 많다고 들었어. 더 이상 피해가 없어야 할 텐데.

① 지진의 규모   ② 지진의 발생 시간
③ 지진의 발생 장소   ④ 지진 발생 지역의 날씨
⑤ 지진으로 인한 피해 정도

`도전! 하이탑`

10 승강기를 타고 있을 때 지진이 발생했습니다. 가장 먼저 해야 할 일을 `보기` 에서 골라 기호를 쓰고, 어떻게 대피해야 하는지 쓰시오.

`보기`

㉠ 가장 낮은 층의 버튼을 누른다.
㉡ 가장 높은 층의 버튼을 누른다.
㉢ 모든 버튼을 눌러 가장 가까운 층에 내린다.

(1) 먼저 해야 할 일: (   )

(2) 대피하는 방법: _______________________

____

1 다음 ( ) 안에 들어갈 알맞은 말을 각각 쓰시오.

> (㉠) 작용은 지표의 바위나 돌, 흙 등을 깎아 내는 것을 말하고, (㉡) 작용은 침식되어 깎인 것이나 잘게 부서진 알갱이들이 물의 흐름에 따라 물과 함께 이동한 뒤에 쌓이는 것을 말한다.

㉠ (   ), ㉡ (   )

2 강 상류의 특징으로 옳은 것은 어느 것입니까?

(   )

① 강폭이 넓다.
② 경사가 완만하다.
③ 큰 바위와 모난 돌이 많다.
④ 돌이 대부분 둥글둥글한 모양이다.
⑤ 흐르는 물의 양이 강 하류보다 많다.

3 다음은 재민이가 산에 다녀온 후 쓴 일기입니다. 밑줄 친 지형에 대한 설명으로 가장 알맞은 것을 보기에서 골라 기호를 쓰시오.

> 오늘은 가족과 산에 다녀왔다. 멀리서 볼 때는 경사가 완만했는데 실제로 올라가니 힘이 들었다. 산 정상은 뾰족하지 않고 움푹 파여 있었다. 아빠가 이 산은 <u>마그마가 분출하면서 생긴 지형</u>이라고 말씀해 주셨다.

> **보기**
> ㉠ 높이가 낮은 편이다.
> ㉡ 식물이 자라지 않는다.
> ㉢ 꼭대기에 늘 물이 고여 있다.
> ㉣ 현재에도 활동 중인 곳이 있다.
> ㉤ 산의 대부분이 눈으로 덮여 있다.

(   )

4 다음은 오른쪽 화산에 대한 설명입니다. ㉠과 ㉡에 들어갈 알맞은 말이 옳게 짝 지어진 것은 어느 것입니까? (   )

> 우리나라의 한라산은 땅속 깊은 곳에서 암석이 녹은 (㉠)이/가 분출하여 생긴 지형이다. 화산의 꼭대기에 움푹 파인 곳을 (㉡)(이)라고 하는데, 한라산의 (㉡)에는 물이 고여 생긴 호수인 백록담이 있다.

	㉠	㉡
①	용암	분지
②	용암	정상
③	마그마	분화구
④	마그마	화구호
⑤	분출물	칼데라

5 다음은 화산이 분출할 때 나오는 물질을 조사하여 정리한 표입니다. 빈칸에 들어갈 알맞은 상태를 각각 써넣으시오.

화산 분출물	특징	상태
화산 가스	여러 가지 기체가 섞여 있음.	기체
용암	마그마가 분출하여 기체가 빠져나간 상태임.	(1)
화산 암석 조각	크기가 매우 다양함.	(2)

6 다음 ( ) 안에 공통으로 들어갈 알맞은 말을 쓰시오.

> 화산이 분출할 때 나오는 기체 상태의 분출물을
> ( )(이)라고 한다. ( )의 대부분
> 은 수증기이며, 여러 가지 기체가 섞여서 포함
> 되어 있다.

( )

7 다음은 대표적인 화성암의 모습입니다. ⑰와 ⑭에 대한 설명으로 옳은 것을 모두 고른 것은 어느 것입니까? ( )

(가) 　(나) 

> ㉠ ⑰는 ⑭보다 암석을 이루는 알갱이의 크기가
>   크다.
> ㉡ ⑰는 마그마가 지표면 가까이에서 식어서 만
>   들어진다.
> ㉢ ⑭는 만들어지는 과정에서 가스 성분이 빠져
>   나가 구멍이 생기기도 한다.

① ㉠　　　　　　② ㉠, ㉡
③ ㉠, ㉢　　　　④ ㉡, ㉢
⑤ ㉠, ㉡, ㉢

8 오른쪽은 화산이 분출하는 모습을 나타낸 것입니다. ㉠, ㉡ 중 화강암이 만들어지는 장소로 알맞은 것을 골라 기호를 쓰시오.

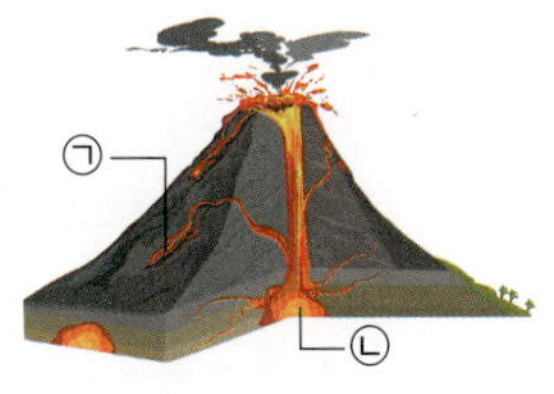

( )

9 화강암과 현무암의 특징으로 옳지 <u>않은</u> 것은 어느 것입니까? ( )

① 화강암은 색깔이 밝은 편이다.
② 현무암은 색깔이 어두운 편이다.
③ 화강암은 여러 가지 알갱이가 섞여 있다.
④ 현무암은 표면에 군데군데 구멍이 있는 것도 있다.
⑤ 화강암은 현무암보다 암석을 이루는 알갱이의 크기가 작다.

10 다음 글에서 밑줄 친 화산 분출물이 우리 생활에 주는 피해가 <u>아닌</u> 것을 보기 에서 골라 기호를 쓰시오.

> 지난 7일에 인도네시아 시나붕 화산이 분화하면
> 서 잿빛의 <u>화산재</u>가 약 2800 m 높이까지 치솟
> 았다. 시나붕 화산은 인도네시아에 있는 활화산
> 으로, 최근 잦은 폭발로 마을 주민들이 피해를
> 입음에 따라 지금은 모두 다른 지역으로 대피 및
> 이전시켰다고 한다.

> 보기
> ㉠ 호흡기 질병에 걸린다.
> ㉡ 태양 빛을 차단해 날씨의 변화가 나타난다.
> ㉢ 비행기 엔진을 망가뜨려 운항이 어려워진다.
> ㉣ 땅을 기름지고 양분이 많게 하여 농작물이 자
>   라는 데 도움을 준다.

( )

11 다음과 같은 경우에 공통적으로 발생할 수 있는 자연 현상은 무엇인지 쓰시오.

- 화산 활동이 일어날 때
- 지하 동굴이 무너질 때
- 지표의 약한 부분이 함몰될 때
- 지구 내부에서 작용하는 힘을 받아 땅이 끊어질 때

(   )

12 다음과 같이 흔들림 지진판 위에 블록을 쌓아 건물의 모습을 만들고 위아래와 양옆으로 세게 흔들었더니, 블록이 모두 무너졌습니다. 이 실험에 대한 설명으로 옳지 <u>않은</u> 것을 보기 에서 골라 기호를 쓰시오.

보기

㉠ 흔들림 지진판은 실제 자연에서 땅을 의미한다.
㉡ 이 실험은 실제 자연 현상 중 지진의 발생에 대해 알아보는 것이다.
㉢ 흔들림 지진판을 흔드는 손의 힘은 달이 지구를 끌어당기는 힘을 의미한다.

(   )

13 다음은 우리나라와 다른 나라에서 발생한 지진 피해 사례를 조사한 표입니다. ㉠에 들어갈 지진의 세기를 나타내는 단위는 무엇인지 쓰시오.

연도	발생 지역	㉠	피해 사례
2023	튀르키예	7.8	4만여 명 사망, 가옥 67만 채 붕괴
2019	페루	8.0	사망자와 부상자 발생, 건물 손상
2018	경상북도 포항	4.6	부상자 발생

(   )

14 위 **13**번 문제의 지진 피해 사례를 통해 알 수 있는 사실로 옳은 것은 어느 것입니까? (   )

① 지진의 피해 정도는 대부분 똑같다.
② 지진이 발생해도 피해는 발생하지 않는다.
③ 지진의 세기가 약할수록 지진으로 인한 피해가 크다.
④ 지진이 발생하면 크고 작은 피해가 발생하기도 한다.
⑤ 우리나라에서 발생한 지진은 피해를 발생시키지 않는다.

15 지진이 발생한 후에 해야 할 대처 방법을 옳지 <u>않게</u> 말한 사람의 이름을 쓰시오.

- 형진: 다친 사람이 있는지 확인하여 응급 처치를 하거나 구조 요청을 해야 해.
- 초이: 라디오 등의 안내 방송을 통해서 올바른 정보에 따라 행동해야 해.
- 태경: 지진으로 크게 흔들리는 시간은 1~2분 정도이므로 흔들림이 멈추면 자유롭게 행동해도 돼.

(   )

16 강 상류와 강 하류의 모습이 다른 까닭을 흐르는 물과 관련지어 쓰시오.

17 화강암의 특징을 색깔과 암석을 이루는 알갱이의 크기로 구분하여 설명하시오.

(1) 색깔:

(2) 알갱이의 크기:

18 화산재가 우리 생활에 주는 피해와 이로운 점을 쓰시오.

(1) 피해:

(2) 이로운 점:

19 세계 여러 지역에서는 땅이 갈라지고 흔들리는 자연 현상이 자주 발생합니다. 물음에 답하시오.

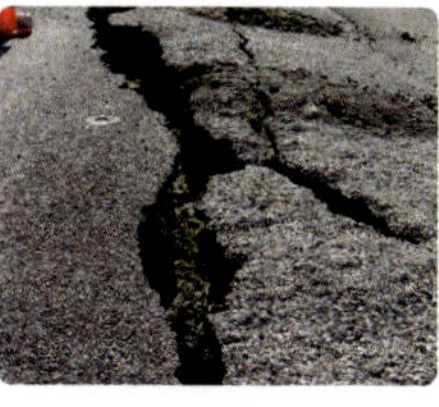

(1) 위와 같은 자연 현상은 무엇인지 쓰시오.

( )

(2) 위 자연 현상이 발생하는 까닭을 쓰시오.

20 다음과 같이 지진의 규모가 같아도 지진의 피해 정도가 다른 까닭은 무엇인지 쓰시오.

연도	발생 지역	규모	피해 사례
2016	에콰도르	7.8	700여 명 사망, 건물 1,100여 채 붕괴
2015	네팔	7.8	8천여 명 사망, 가옥 14만 채와 학교 5천여 곳 붕괴

흐르는 물에 의한 땅의 변화

강의 위치에 따라 활발하게 일어나는 작용이 다르며, 오랜 시간 동안 계속 흐르는 물은 땅의 모습을 서서히 변화시킴.

화산의 특징

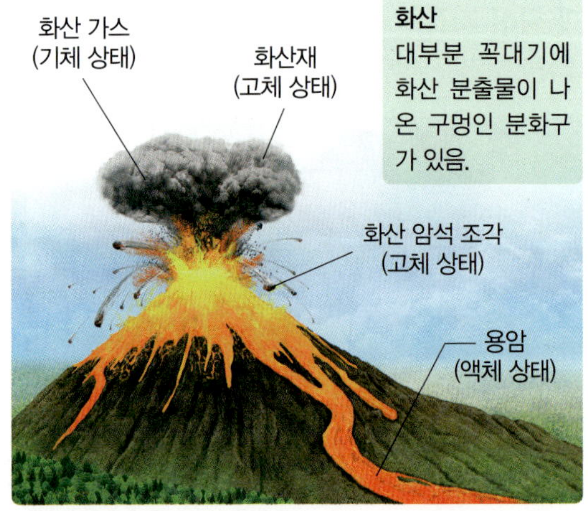

화산은 땅속 깊은 곳의 마그마가 지표 밖으로 분출하여 만들어지며, 다양한 화산 분출물이 나옴.

필수 개념 17	흐르는 물은 침식, 운반, 퇴적 작용으로 땅의 모습을 변화시킨다.
침식 작용	흐르는 물이 지표의 바위나 돌 등을 깎아 내는 것임.
❶ ☐ 작용	침식된 돌이나 흙 등이 흐르는 물과 함께 이동하는 것임.
퇴적 작용	운반된 돌이나 흙 등이 쌓이는 것임.
흐르는 물의 작용	흐르는 물은 땅의 모습을 서서히 변화시킴.

필수 개념 18	강 상류에서는 침식, 하류에서는 퇴적 작용이 활발하게 일어난다.
강 상류	• 강폭이 좁고 경사가 급하여 물이 빠르게 흐름. • ❷ ☐ 작용이 퇴적 작용보다 활발하게 일어남. • 큰 바위나 모난 돌을 많이 볼 수 있음.
강 하류	• 강폭이 넓고 경사가 완만하여 물이 천천히 흐름. • 퇴적 작용이 침식 작용보다 활발하게 일어남. • 모래나 흙을 많이 볼 수 있음.

필수 개념 19	화산은 마그마가 지표 밖으로 분출하여 만들어진 지형이다.
화산	• 땅속 깊은 곳에서 암석이 녹은 마그마가 지표 밖으로 분출하여 만들어짐. • 대부분 꼭대기에 ❸ ☐ 가 있고, 어떤 화산은 분화구에 물이 고여 호수가 만들어지기도 함.
화산이 아닌 산	• 마그마가 분출하여 만들어지지 않았음. • 꼭대기에 움푹 파인 곳이 없고, 산봉우리가 여러 개 있거나 꼭대기가 길게 이어져 있음.

필수 개념 20	화산 분출물에는 화산 가스, 용암, 화산재, 화산 암석 조각 등이 있다.			
화산 분출물	화산 가스	❹ ☐	화산재	화산 암석 조각
특징	여러 기체가 섞여 있으며, 대부분은 수증기임.	마그마에서 가스가 빠져 나간 것임.	크기에 따라 구분하며, 지름이 $\frac{1}{16}$~2 mm 사이인 것은 화산재, 2 mm 이상인 것은 화산 암석 조각임.	

필수 개념 21	현무암과 화강암은 화산 활동으로 만들어진 암석이다.	
구분	현무암	❺
생성 위치	마그마가 지표 가까이에서 빠르게 식어서 만들어짐.	마그마가 땅속 깊은 곳에서 서서히 식어서 만들어짐.
특징	어두운 색이고, 알갱이의 크기가 작음.	밝은 색이고, 알갱이의 크기가 큼.

필수 개념 22	화산 활동은 우리 생활에 피해를 주지만 이로운 점도 있다.
피해	• 용암은 산불을 발생시키고 마을을 덮어 피해를 줌. • 화산재와 화산 가스 때문에 호흡기 질병이 생기거나, 화산재가 태양 빛을 가려 날씨에도 영향을 미침.
이로운 점	• ❻ ___ 는 땅을 비옥하게 하여 농작물이 자라는 데 도움을 줌. • 땅속의 높은 열은 지열 발전에 이용됨.

필수 개념 23	지진은 지구 내부의 힘에 의해 땅이 끊어지면서 흔들리는 것이다.
지진이 발생하는 까닭	땅이 지구 내부에서 작용하는 힘을 오랫동안 받아 끊어지면서 흔들리는 것이 지진임.
지진의 세기	지진의 세기는 지진이 일어날 때 발생하는 힘의 크기를 재어 ❼ ___ 로 나타냄.

필수 개념 24	지진은 정확한 예측이 어려우므로 대비하는 자세가 필요하다.	
지진 피해 사례로 알 수 있는 점	같은 규모의 지진이어도 지진에 대비한 정도, 지진 경보 시기 등 다양한 요인에 따라 피해 정도가 달라짐.	
대처 방법	발생하기 전	대피 장소를 알아 두고, 비상용품을 준비함.
	발생했을 때	머리를 보호하며 승강기 대신 ❽ ___ 으로 대피함.
	발생한 후	공공 기관의 안내 방송 등 올바른 정보에 따라 행동함.

화산 활동과 우리 생활

화산 활동은 우리 생활에 피해를 주기도 하고 이로움을 주기도 함. 화산 활동으로 만들어진 암석을 우리 생활에 이용할 수 있음.

현무암으로 만들어진 돌하르방

화강암으로 만들어진 석굴암

지진의 피해와 대처 방법

땅이 지구 내부에서 작용하는 힘을 오랫동안 받아 끊어지면서 흔들리는 지진은 많은 피해를 줄 수 있으므로, 대처하는 방법에 따라 피해 정도가 달라짐.

해안가 마을에서는 지진 해일에 대비해 높은 지대로 이동해야 함.

근처의 대피 장소를 알아둠.

내진 설계로 지진에 강한 건물을 만듦.

비주얼 사이언스
Visual Science

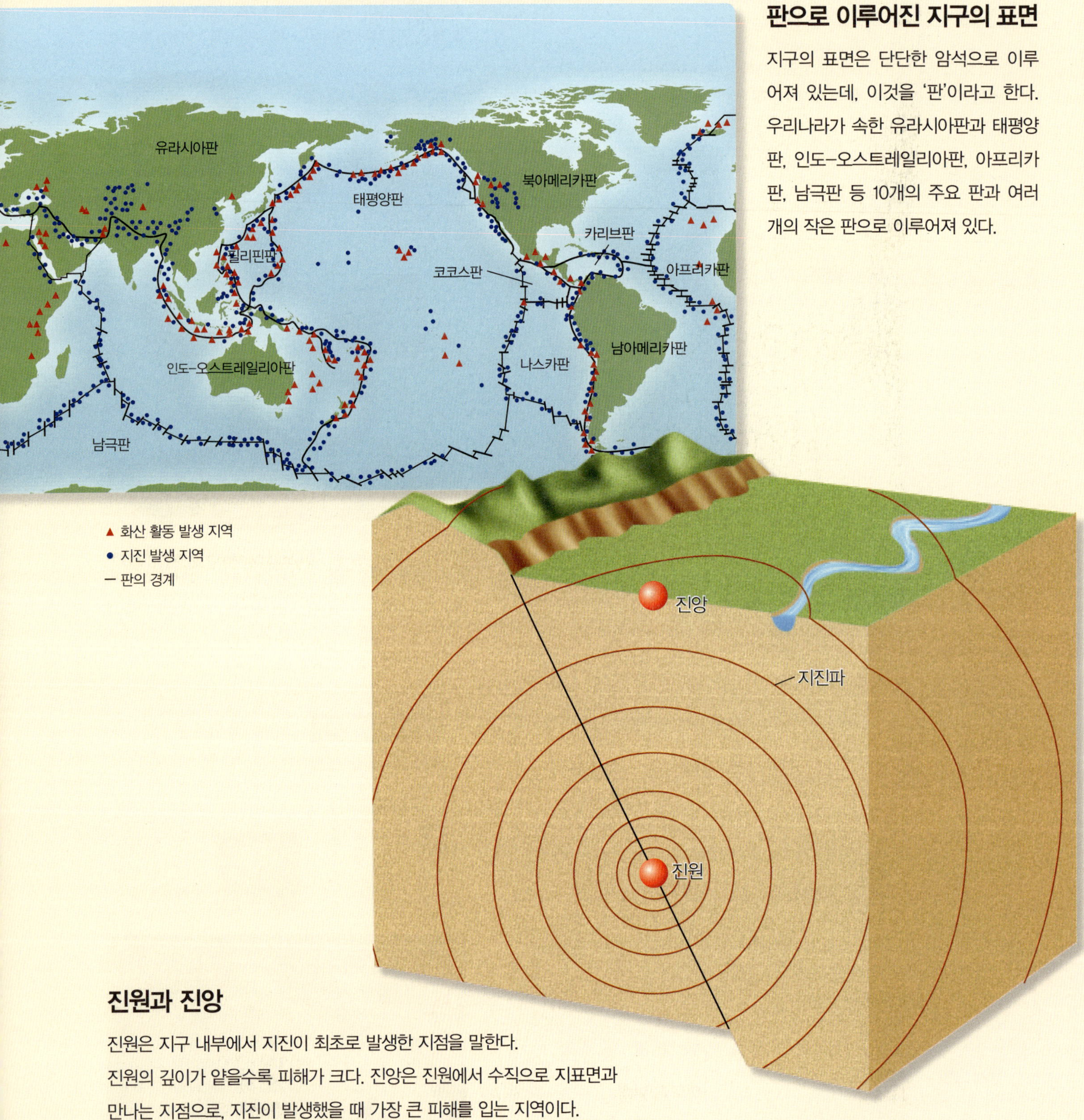

판으로 이루어진 지구의 표면

지구의 표면은 단단한 암석으로 이루어져 있는데, 이것을 '판'이라고 한다. 우리나라가 속한 유라시아판과 태평양판, 인도-오스트레일리아판, 아프리카판, 남극판 등 10개의 주요 판과 여러 개의 작은 판으로 이루어져 있다.

진원과 진앙

진원은 지구 내부에서 지진이 최초로 발생한 지점을 말한다.
진원의 깊이가 얕을수록 피해가 크다. 진앙은 진원에서 수직으로 지표면과 만나는 지점으로, 지진이 발생했을 때 가장 큰 피해를 입는 지역이다.

제진 설계

제진 설계는 땅이 흔들리는 진동 방향과 반대 방향으로 힘을 가해 지진의 영향을 줄이는 방법이다. 구조물의 진동을 조절하기 위해 무게 추와 같은 장치를 설치한다.

화산과 지진이 발생하는 까닭

판 아래의 맨틀이 움직이면서 그 위의 판이 따라 움직이므로
판끼리 서로 부딪치고 어긋나 화산 활동과 지진이 발생한다.
따라서 화산 활동이 자주 발생하는 화산대와
지진이 자주 발생하는 지진대의 분포는
대체로 판의 경계와 일치한다.

4

다양한 생물과 우리 생활

❶ 생물 관찰 도구, 균류

❷ 원생생물, 세균

❸ 생물이 미치는 영향

필수 개념 25	필수 개념 26	필수 개념 27	필수 개념 28	필수 개념 29	필수 개념 30
생물 관찰 도구	균류의 특징	원생생물의 특징	세균의 특징	생물이 미치는 영향	생명과학의 이용

후속 학습
중학교 1학년
생물의 구성과 다양성
생물 종의 개념과 분류 체계,
생물의 유기적 구성 단계와
다양성을 이해할 수 있고, 생물
다양성의 보존 방법을 이해할 수
있다.
2권 중학교 개념특강 19쪽
이 단원의
학습
초등학교 4학년
다양한 생물과 우리 생활
균류, 원생생물, 세균이 동물이나
식물과 구분되는 특징을 알고,
다양한 생물이 우리 생활에
미치는 영향을 알 수 있다.

1

생물 관찰 도구, 균류

다양한 생물과 우리 생활

- 생물 관찰 도구, 균류
- 원생생물, 세균
- 생물이 미치는 영향

- 생물 관찰 도구
- 균류의 특징

필수 개념 25 **작은 생물을 자세히 관찰할 수 있는 도구에는 현미경이 있다.**

(1) **실체 현미경**　실체 현미경은 일반적으로 •광원 장치(조명)가 관찰 대상의 위쪽에 있어, •표본을 만드는 것과 같이 관찰 대상의 형태를 크게 손상하지 않고 입체적인 겉모습 그대로 보다 자세히 관찰할 수 있는 현미경이다.

보충 실체 현미경의 배율

실체 현미경의 배율은 접안렌즈의 배율과 대물렌즈의 배율을 곱해서 구할 수 있다. 실체 현미경은 대부분 배율이 10배~100배 정도로, 높은 배율의 관찰이 필요한 경우에는 적합하지 않다.

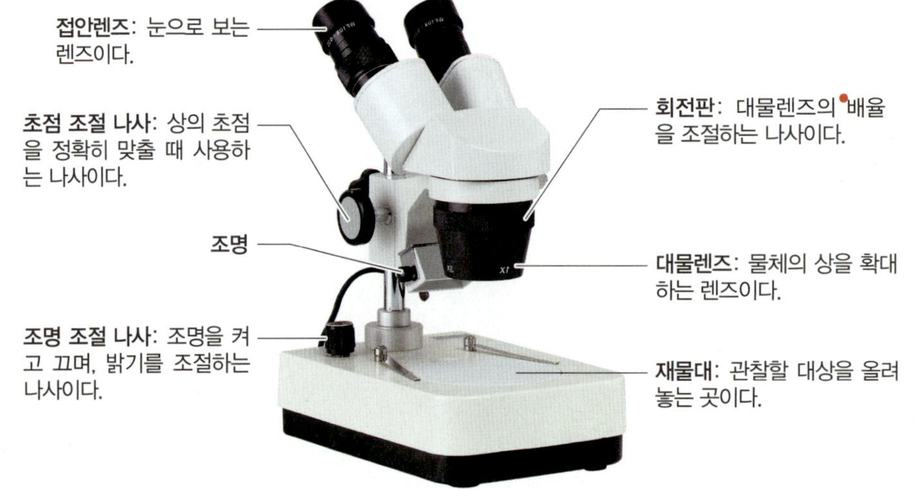

용어

- •**광원** 빛을 내는 물체.
- •**표본** 생물의 몸 전체나 그 일부에 적당한 처리를 가하여 보존할 수 있게 한 것.
- •**배율** 렌즈, 망원경, 현미경 등으로 물체를 볼 때 물체와 보이는 모습과의 크기 비율.

실체 현미경 사용 방법

❶ 회전판을 돌려 대물렌즈의 배율을 가장 낮게 하고, 관찰 대상을 재물대에 올려놓는다.

❷ 전원을 켜고 조명 조절 나사로 조명의 밝기를 조절한다.

❸ 현미경을 옆에서 보면서 초점 조절 나사를 돌려 대물렌즈와 관찰 대상의 거리를 가깝게 한다.

❹ 접안렌즈로 관찰 대상을 보면서 대물렌즈를 천천히 올려 초점을 맞춘다.

❺ 대물렌즈의 배율을 가장 낮은 것에서부터 높은 것으로 바꾸어가며 초점 조절 나사로 초점을 맞추어 관찰한다.

(2) **디지털 현미경**　디지털 현미경은 스마트 기기에 연결하여 사용하는 현미경이다. 실체 현미경과 달리 직접 눈으로 보는 접안렌즈 대신 연결된 스마트 기기의 화면을 통해 관찰 대상을 살펴볼 수 있다. 또한 실체 현미경에 비해 사용 방법이 간단한 편이고 휴대성이 좋은 현미경이다.

디지털 현미경 사용 방법

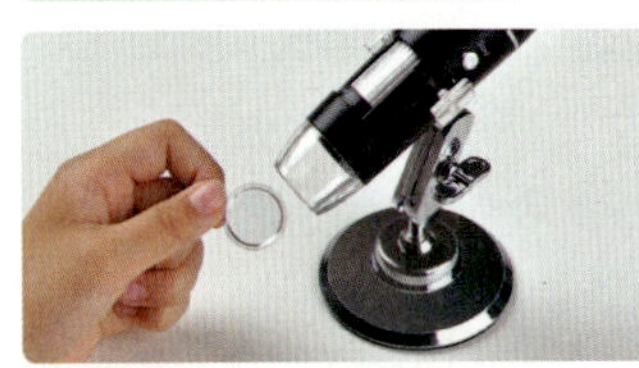

❶ 디지털 현미경의 보호 뚜껑을 열고 전원을 켠다.

❷ 디지털 현미경을 스마트 기기에 연결한다.

❸ 대물렌즈를 관찰 대상에 가까이 한 뒤 초점 조절 휠로 초점을 맞춘다.

❹ 스마트 기기에서 관찰 대상을 확인하고 관찰한다.

(1) **버섯의 특징**　버섯의 생김새는 우산처럼 생긴 부분인 갓과 기둥처럼 생긴 자루로 구분할 수 있다. 버섯의 °단면을 현미경으로 관찰하면 실과 같이 가느다란 줄무늬가 거미줄처럼 뻗어 있는 것을 볼 수 있는데, 이를 균사라고 한다. 버섯은 균사로 이루어져 있으며 °포자를 만들어 번식한다.

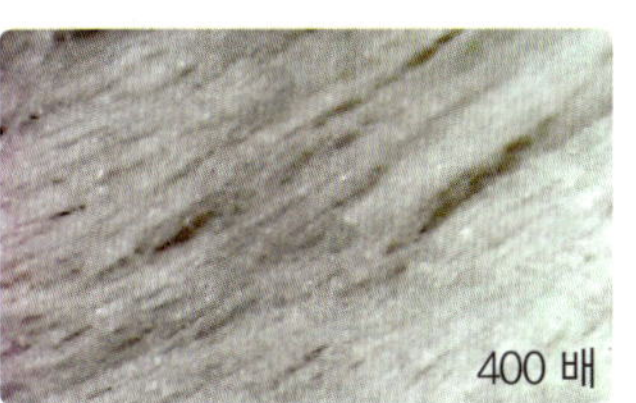

▲ 맨눈으로 본 버섯　　　▲ 돋보기로 본 버섯　　　▲ 디지털 현미경으로 본 버섯

(2) **곰팡이의 특징**　곰팡이는 검은색, 푸른색, 하얀색 등 색깔이 다양하며 군데군데 뭉쳐 있는 모양이다. 곰팡이를 현미경으로 관찰하면 거미줄처럼 서로 엉켜 사방으로 뻗어 있는 균사와 균사의 끝부분에 작고 둥근 포자가 붙어 있는 것을 볼 수 있다. 균사로 이루어진 곰팡이는 버섯과 마찬가지로 포자로 번식하는 생물이다.

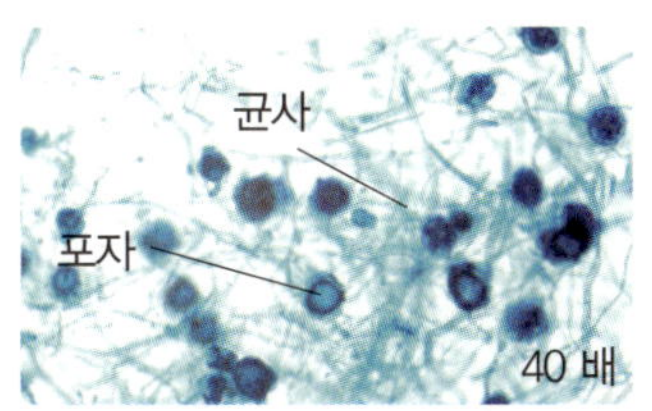

▲ 맨눈으로 본 곰팡이　　　▲ 돋보기로 본 곰팡이　　　▲ 실체 현미경으로 본 곰팡이

(3) **균류**　버섯과 곰팡이 같은 생물을 균류라고 한다. 〔필수탐구 102쪽〕

① 균류는 식물과 달리 뿌리, 줄기, 잎과 같은 생김새가 없고, 보통 몸 전체가 거미줄처럼 가늘고 긴 실 모양의 균사로 이루어져 있다.

그림 플러스⁺　**버섯과 곰팡이의 구조**

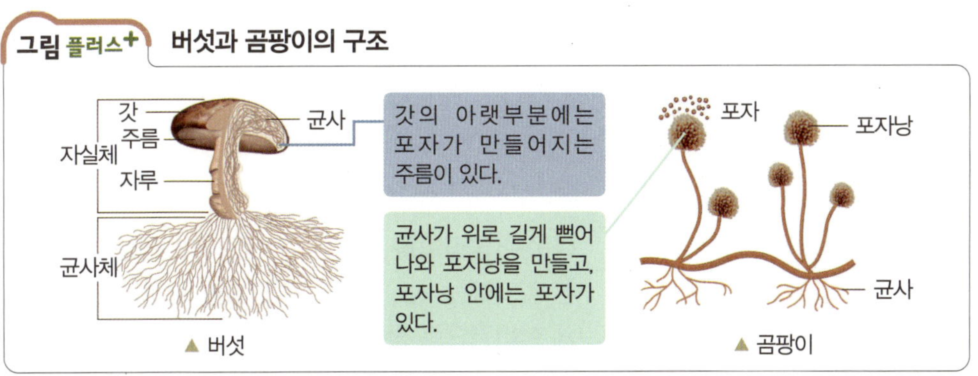

② 균류는 포자로 번식한다. 포자는 작고 가벼워서 눈에 잘 보이지 않고 공기 중에 떠다니다 퍼져 멀리까지 이동할 수 있다.

③ 균류는 필요한 양분을 균사를 이용하여 죽은 생물이나 다른 생물에서 얻으며, 주로 습기가 많고 그늘지며 따뜻한 곳에서 잘 자란다.
　　　── 식물과 같이 스스로 양분을 만들 수 없어요

보충　**균사**

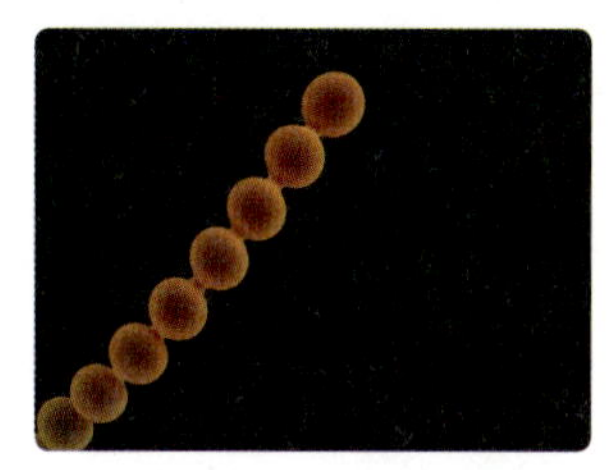

균사는 세포들이 사슬처럼 연결된 하나의 가닥을 말한다.

보충　**곰팡이가 사는 곳**

주로 덥고 습한 여름에 흔히 볼 수 있으며 환경 조건이 맞으면 음식물, 식물의 잎과 줄기, 동물의 피부에서도 살 수 있다.

용어

• **단면** 물체를 잘라낸 면.
• **포자** 버섯과 곰팡이 같은 생물이 자손을 남기기 위하여 만드는 생식 세포.

탐구 버섯과 곰팡이 관찰하기

필수

다양한 도구(돋보기, 디지털 현미경, 실체 현미경)를 사용하여 버섯과 곰팡이를 관찰하고, 각각의 특징을 알 수 있다.

● 과정 및 결과

버섯과 곰팡이를 맨눈과 돋보기, 현미경으로 관찰해 본다.

디지털 현미경 사용 방법

❶ 디지털 현미경의 보호 뚜껑을 열고 전원을 켠 뒤, 스마트 기기에 연결한다.

❷ 대물렌즈를 관찰할 대상에 최대한 가까이 한 뒤 초점 조절 휠을 돌려 초점을 맞춘다.

❸ 스마트 기기에서 관찰 대상을 확인한다.

실체 현미경 사용 방법

  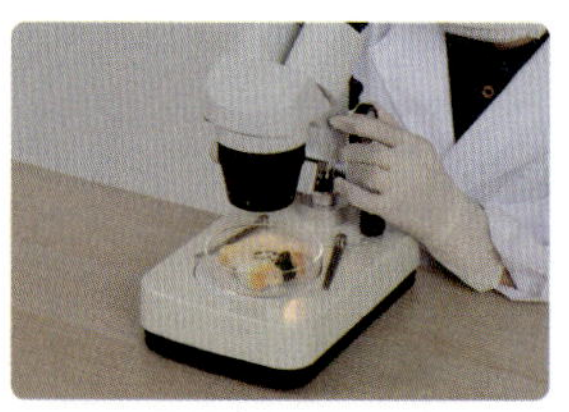 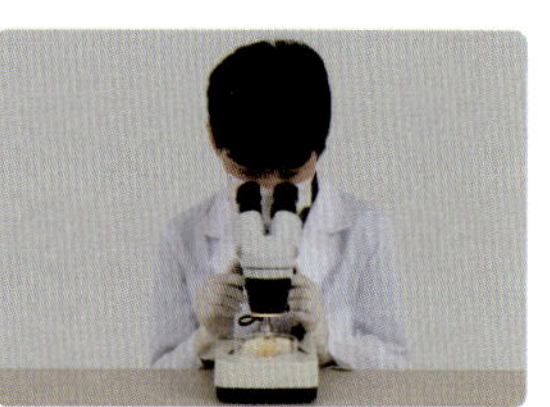

❶ 회전판을 돌려 대물렌즈의 배율을 가장 낮게 맞추고, 관찰 대상을 재물대에 올려놓는다.

❷ 전원을 켜고 조명 조절 나사로 조명의 밝기를 조절한다.

❸ 현미경을 옆에서 보면서 초점 조절 나사를 돌려 대물렌즈와 관찰 대상의 거리를 가깝게 한다.

❹ 접안렌즈로 관찰 대상을 보면서 대물렌즈를 천천히 올려 초점을 맞춘다.

버섯과 곰팡이를 관찰한 결과

구분	맨눈	돋보기	현미경	
버섯	아랫부분이 기둥처럼 길쭉하게 생겼다.	우산처럼 생긴 부분의 안쪽에 주름이 많다.	디지털 현미경	실과 같이 가느다란 줄무늬가 거미줄처럼 뻗어 있는 모습을 볼 수 있다.
곰팡이	색깔이 다양하고 군데군데 뭉쳐 있다.	솜털 같은 것의 끝부분에 알갱이가 붙어 있다.	실체 현미경	가는 실 모양의 끝부분에 둥근 알갱이가 붙어 있고, 서로 엉켜 있다.

● 정리

▶ 버섯과 곰팡이는 몸 전체가 가늘고 긴 실 모양으로 이루어져 있다.

↱정답과 해설 **33**쪽

1 다음 ( ) 안의 알맞은 말에 각각 ○표 하시오.

> 버섯의 아랫부분은 기둥처럼 길쭉하게 생겼고, 우산처럼 생긴 부분의 안쪽에는 ㉠ (주름 , 둥근 알갱이)이/가 많은 것을 볼 수 있다. 디지털 현미경으로 자세히 관찰하면 실과 같이 가느다란 줄무늬가 ㉡ (가시 , 거미줄)처럼 뻗어 있는 모습을 볼 수 있다.

2 다음은 곰팡이를 관찰한 결과입니다. 맨눈으로 관찰한 결과에는 '눈', 돋보기로 관찰한 결과에는 '돋', 실체 현미경으로 관찰한 결과에는 '현'을 쓰시오.

(1) 색깔이 다양하고 군데군데 뭉쳐 있다. ( )

(2) 솜털 같은 것의 끝부분에 알갱이가 붙어 있다.

( )

(3) 가는 실 모양의 끝부분에 둥근 알갱이가 붙어 있고, 서로 엉켜 있다. ( )

1 오른쪽은 작은 생물을 자세히 관찰할 수 있는 도구입니다. 무엇의 모습인지 알맞은 이름을 쓰시오.

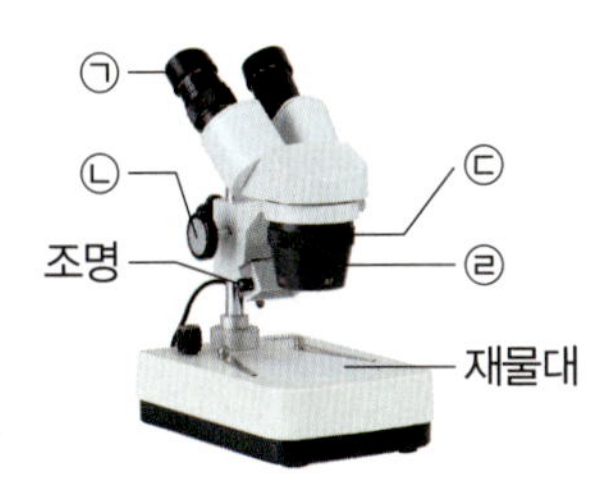

(   )

2 위 **1**번 도구의 ㉠~㉣ 중 다음에서 설명하는 부분으로 알맞은 것의 기호를 쓰시오.

> • 초점 조절 나사라고 부른다.
> • 상의 초점을 정확히 맞출 때 사용한다.

(   )

3 다음 중 디지털 현미경을 사용하기 위해 연결하는 것으로 가장 알맞은 것은 어느 것입니까? (   )

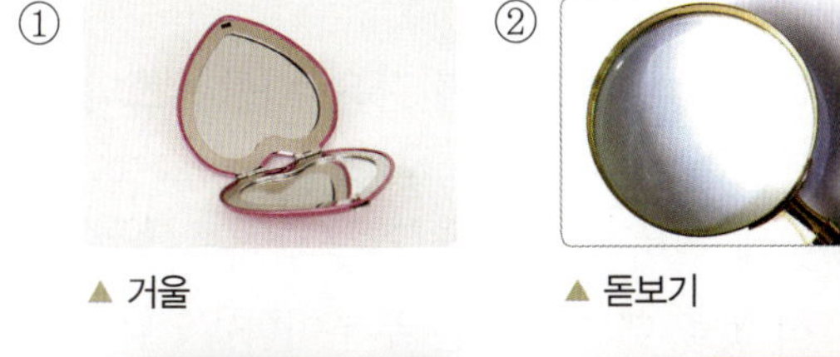

① ▲ 거울   ② ▲ 돋보기

③ ▲ 스피커   ④ ▲ 스마트 기기

4 버섯에 대하여 <u>잘못</u> 말한 사람의 이름을 쓰시오.

> • 혜빈: 주로 건조한 곳에 살아.
> • 우주: 그늘지고 따뜻한 곳에서 잘 자라.
> • 기홍: 뿌리, 줄기, 잎과 같은 부분이 없어.
> • 찬미: 우산처럼 생긴 부분의 안쪽에는 주름이 많아.

(   )

5 다음은 곰팡이에 대한 설명입니다. (   ) 안의 알맞은 말을 골라 각각 ○표 하시오.

(1) (씨 , 포자)로 번식한다.

(2) (여름철 , 겨울철)에 잘 자라며 흔히 볼 수 있다.

(3) 스스로 양분을 만들 수 (있다 , 없다).

(4) 식물과 같은 뿌리, 줄기, 잎 등의 생김새가 (보인다 , 보이지 않는다).

6 버섯과 곰팡이처럼 몸이 균사로 이루어져 있고 포자를 만들어 번식하는 생물을 무엇이라고 하는지 알맞은 말을 보기 에서 골라 기호를 쓰시오.

> **보기**
> ㉠ 동물   ㉡ 식물
> ㉢ 균류   ㉣ 무생물

(   )

[1~5] 생물 관찰 도구 `필수 개념 25`

1 다음 실체 현미경 ㉠~㉣ 부분의 이름은 무엇인지 각각 쓰시오.

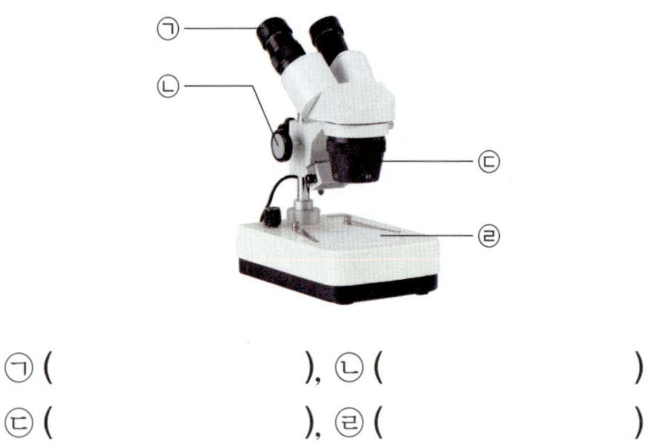

㉠ (   ), ㉡ (   )
㉢ (   ), ㉣ (   )

2 위 **1**번의 ㉠~㉣ 중 다음과 같은 역할을 하는 부분으로 알맞은 것의 기호를 쓰시오.

> 관찰할 대상을 올려놓는 곳이다.

(   )

3 다음은 실체 현미경의 사용 방법을 순서 없이 나타낸 것입니다. ⑺~⑷ 중 가장 먼저 할 일로 알맞은 것을 골라 기호를 쓰시오.

⑺ 
전원을 켜고 조명 조절 나사로 조명의 밝기를 조절한다.

⑷ 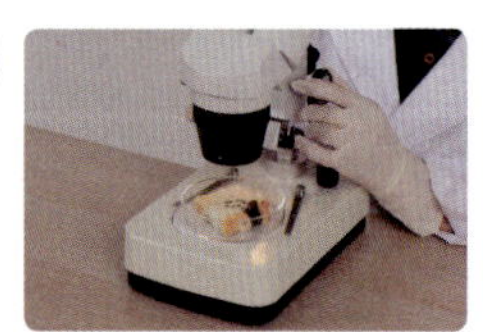
초점 조절 나사로 대물렌즈와 관찰 대상의 거리를 가깝게 한다.

⑷ 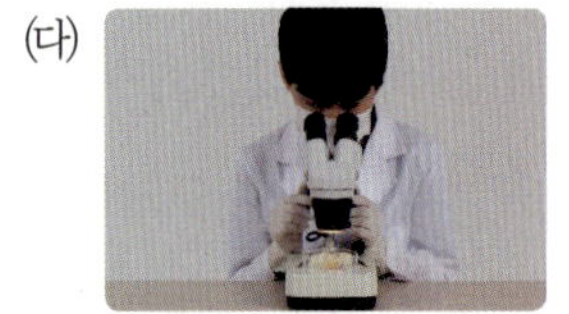
접안렌즈로 관찰 대상을 보면서 대물렌즈를 올려 초점을 맞춘다.

⑷ 
대물렌즈의 배율을 가장 낮게 맞추고, 관찰 대상을 재물대에 올려놓는다.

(   )

4 다음 디지털 현미경의 ㉠~㉢ 부분 중 물체의 상을 확대해서 보여 주는 역할을 하는 부분을 골라 기호와 이름을 순서대로 쓰시오.

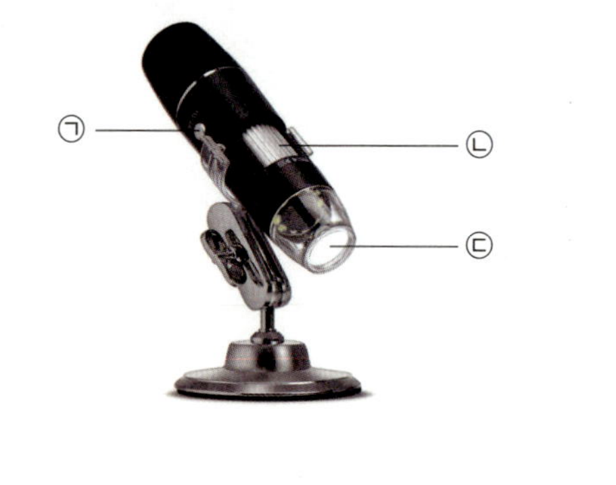

(   )

`도전! 하이탑`

5 실체 현미경과 디지털 현미경에 대한 설명으로 옳지 <u>않은</u> 것은 어느 것입니까? (   )

① 실체 현미경에는 조명이 있다.
② 실체 현미경은 디지털 현미경에 비해 사용 방법이 간단하다.
③ 실체 현미경의 회전판은 대물렌즈의 배율을 조절하는 부분이다.
④ 실체 현미경의 초점 조절 나사는 초점을 정확히 맞출 때 사용하는 부분이다.
⑤ 디지털 현미경에는 접안렌즈가 없다.
⑥ 디지털 현미경은 휴대성이 좋은 편이다.
⑦ 디지털 현미경은 스마트 기기의 화면을 통해 관찰 대상을 살펴볼 수 있다.

[6~10] 균류의 특징 `필수 개념 26`

6 오른쪽과 같은 버섯을 관찰한 내용으로 옳지 <u>않은</u> 것은 어느 것입니까? (　　　)

① 균사로 이루어져 있다.
② 작고 가는 가시가 많이 나 있다.
③ 아랫부분은 기둥처럼 길쭉하게 생겼다.
④ 우산처럼 생긴 부분의 안쪽에 주름이 많다.
⑤ 버섯의 우산처럼 생긴 부분을 갓이라 한다.

7 그늘지고 따뜻한 곳에 놓아둔 포도가 오른쪽과 같은 모습으로 변했습니다. 포도 위에 자란 것으로 가장 알맞은 것을 `보기`에서 골라 기호를 쓰시오.

`보기`	
㉠ 이끼	㉡ 버섯
㉢ 새싹	㉣ 곰팡이

(　　　　　　　　　　)

`서술형`

8 다음은 곰팡이를 본 경험에 대한 대화 내용입니다. 대화 내용으로 볼 때 곰팡이가 잘 자라는 환경은 어떤 특징이 있는지 쓰시오.

영민 습기가 많은 화장실 바닥 틈에 검은색 곰팡이가 핀 것을 봤어.

진우 나중에 먹으려고 그늘진 곳에 놓아 둔 떡을 깜박 잊었다가 일주일 만에 찾았는데 곰팡이가 많이 자라 있었어.

민정 나는 따뜻한 온실 안쪽 구석에 떨어져 있던 과일에 곰팡이가 자란 것을 봤어.

____

____

9 다음 중 버섯과 곰팡이에 대한 설명으로 옳은 것에 모두 ○표 하시오.

(1) 버섯은 그늘지고 따뜻한 곳을 좋아한다.
　　　　　　　　　　　　　　　　(　　　)

(2) 곰팡이는 필요한 양분을 다른 생물에게서 얻는다.　　　　　　　　　　　(　　　)

(3) 버섯은 포자를 만들어 번식한다.　(　　　)

(4) 곰팡이는 식물처럼 꽃을 피우고 열매를 맺어 번식한다.　　　　　　　　(　　　)

`도전! 하이탑`

10 다음은 어떤 생물의 종류에 대한 설명입니다. 물음에 답하시오.

- <u>이것</u>은 보통 몸 전체가 균사로 이루어져 있다.
- 버섯과 곰팡이 같은 생물을 <u>이것</u>이라고 한다.
- <u>이것</u>은 죽은 생물이나 다른 생물에서 필요한 양분을 얻는다.

(1) 위에서 공통으로 설명하는 밑줄 친 이것은 무엇인지 쓰시오.

(　　　　　　　　　　)

(2) 위 (1)의 답인 생물이 가진 특징이 <u>아닌</u> 것을 아래 `보기`에서 골라 기호를 쓰시오.

`보기`
㉠ 포자를 가지고 있다.
㉡ 색깔과 종류가 다양하다.
㉢ 밝고 건조한 곳에서 잘 자란다.
㉣ 식물과 달리 줄기나 잎과 같은 모양이 없다.
㉤ 균사를 이용하여 다른 생물에서 양분을 얻는다.

(　　　　　　　　　　)

2

원생생물, 세균

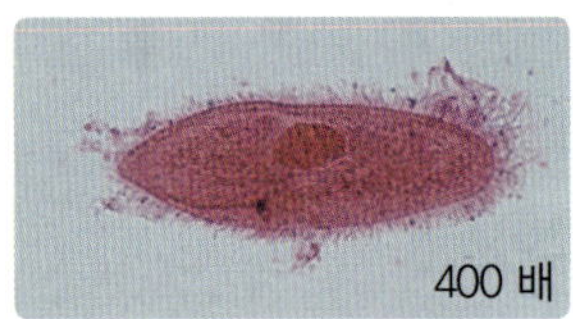

짚신벌레가 빠르게 움직여서 관찰이 어려운 경우에는 영구표본으로 관찰할 수 있다. 영구표본은 관찰하기 쉽게 빨간색, 자주색, 푸른색 등으로 염색되어 있다.

보충 다양한 원생생물

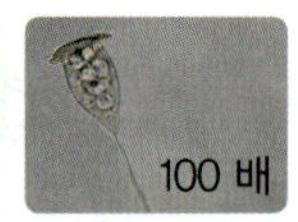

▲ 아메바   ▲ 종벌레

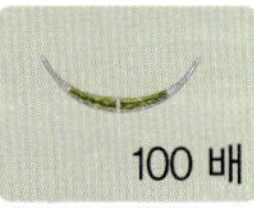

▲ 유글레나   ▲ 반달말

아메바, 종벌레, 유글레나, 반달말뿐만 아니라 김, 미역, 다시마, 클로렐라 등도 원생생물이다.

 **용어**

- **엽록체** 식물 잎의 세포 안에 포함된 둥근 모양의 작은 부분으로, 엽록소를 함유하여 녹색을 띠며 광합성 과정을 통해 양분을 만드는 역할을 함.
- **섬모** 세포의 표면에 돋아나 있는 가는 털 모양의 구조.

필수 개념 27 해캄, 짚신벌레는 생김새가 단순한 생물인 원생생물이다.

(1) **해캄의 특징** 해캄은 가늘고 긴 머리카락 모양이며, 만져 보면 미끈거린다. 해캄을 현미경으로 관찰하면 몸의 중간중간이 마디로 구분되어 있고, 크기가 작고 둥근 초록색의 알갱이(엽록체)가 띠 모양으로 연결되어 있는 것을 볼 수 있다.

▲ 맨눈으로 본 해캄

▲ 돋보기로 본 해캄

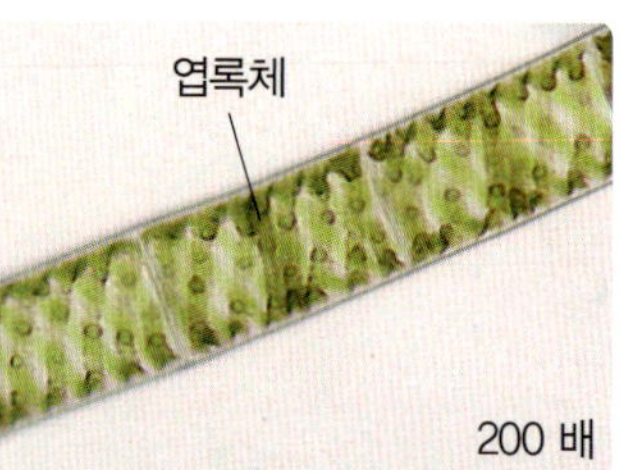

▲ 디지털 현미경으로 본 해캄

(2) **짚신벌레의 특징** 짚신벌레는 생김새가 짚신과 닮았고 끝부분이 둥근 모양이다. 짚신벌레를 현미경으로 관찰하면 몸 전체에 나 있는 작은 털(섬모)을 이용해 물속에서 빠르게 돌아다니는 것을 볼 수 있다.

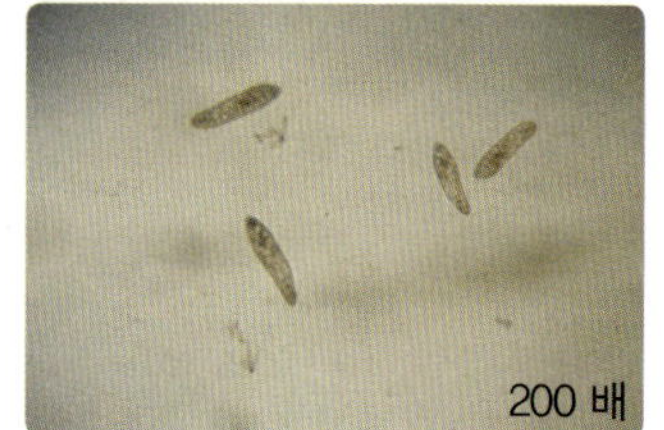

▲ 디지털 현미경으로 본 짚신벌레
└─ 짚신벌레는 맨눈이나 돋보기로는 보이지 않는다.

(3) **원생생물** 해캄과 짚신벌레 같은 생물을 원생생물이라고 한다. **필수탐구** 108쪽

① 원생생물은 동물, 식물, 균류로 분류되지 않으며 동물이나 식물과 비교할 때 생김새가 단순하다.

비교 플러스⁺ 원생생물의 생김새

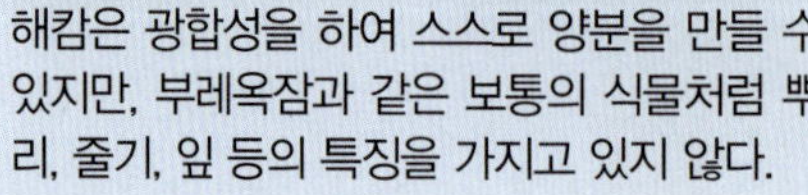

해캄은 광합성을 하여 스스로 양분을 만들 수 있지만, 부레옥잠과 같은 보통의 식물처럼 뿌리, 줄기, 잎 등의 특징을 가지고 있지 않다.

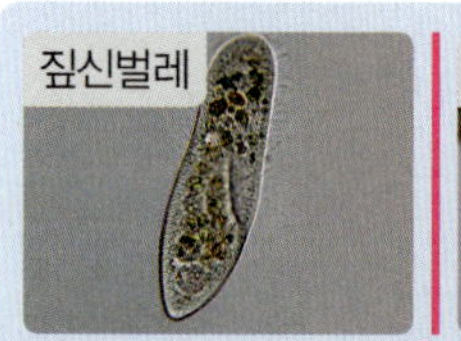

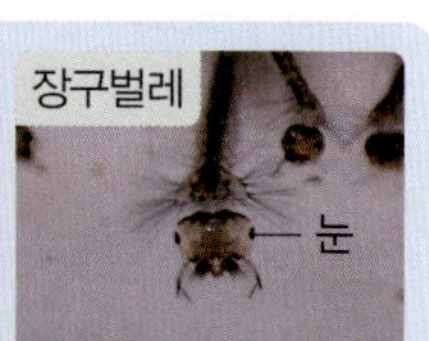

짚신벌레는 동물이 갖고 있는 눈, 코, 귀 등과 같은 여러 기관이 발달되어 있지 않으며, 보통의 동물과는 다른 모습을 하고 있다.

② 원생생물은 환경 조건이 맞으면 짧은 시간 내에 많은 수로 늘어날 수 있다.

③ 원생생물 중 해캄과 짚신벌레와 같은 생물은 주로 물살이 느리거나 물이 고여 있는 연못, 논, 하천 등에서 살고, 미역과 다시마는 바다에서 사는 등 원생생물은 주로 물에서 산다. ─ 축축한 토양이나 낙엽, 다른 생물 내부에 사는 종류도 있다.

(1) **세균과 관련된 경험**   피부에 난 상처에 세균이 [•]감염되어 고생한 경험이나 손 소독제를 사용하여 눈에 보이지 않는 세균을 없앤 경험이 있을 것이다. 또 우리 입안에 사는 다양한 미생물 중 하나인 뮤탄스 균은 충치를 일으키는 주요 세균이다. 이처럼 세균은 우리 주변 어디에서나 살고 있다.

표 플러스⁺   우리 주변의 다양한 세균

세균 이름	특징	❷사는 곳
포도상 구균	• ❶공 모양이고, 크기가 매우 작다. • 여러 개가 서로 연결되어 포도송이처럼 보인다.	공기 중, 음식물, 피부
대장균	• ❶막대 모양이다. • 크기가 매우 작다. • 여러 개가 붙어 있다.	물, 동물의 [•]창자
젖산균 (유산균)	• 막대 모양이다. • 크기가 매우 작다. • 여러 개가 길게 연결되어 있다.	음식물, 동물의 창자
결핵균	• 긴 막대 모양이다. • 크기가 매우 작다. • 많은 수가 모여 있다.	폐
헬리코박터 파일로리	• ❶나선 모양이다. • 크기가 매우 작다. • ❶꼬리가 달려 있다.	위장

❶ 세균은 크기가 매우 작다는 공통점이 있으며, 모양이 다양하다.
❷ 우리 주변의 어디에서나 살 수 있고, 우리 몸에 해를 끼치기도 하고 도움을 주기도 한다.

(2) **세균**   균류나 원생생물보다 크기가 더 작고 생김새 등 구조가 단순한 생물로, 크기가 매우 작아서 맨눈으로 볼 수 없고, 배율이 높은 현미경을 이용해야 관찰할 수 있다.

① 세균은 생김새에 따라 일반적으로 공 모양, 막대 모양, 나선 모양 등으로 구분하며, 꼬리가 있는 세균도 있는 등 모양이 다양하다. – 하나씩 따로 떨어져 있거나 여러 개가 서로 연결되어 있기도 하다.

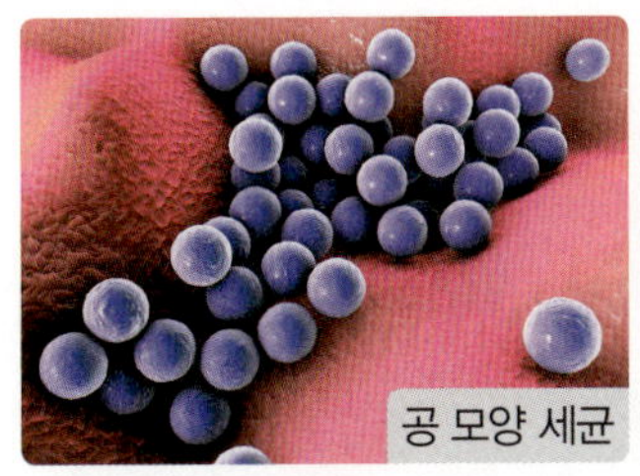
공 모양 세균

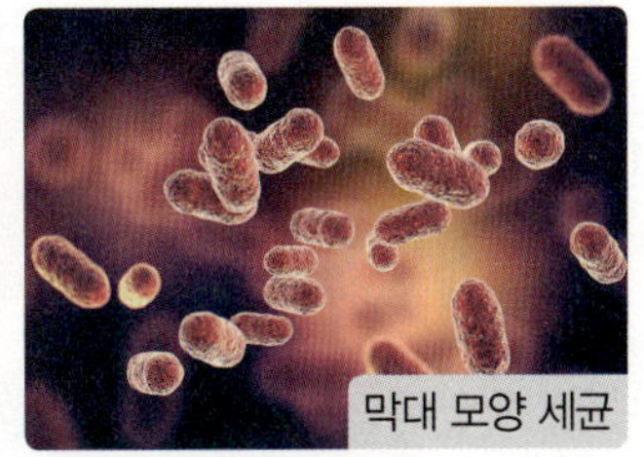
막대 모양 세균

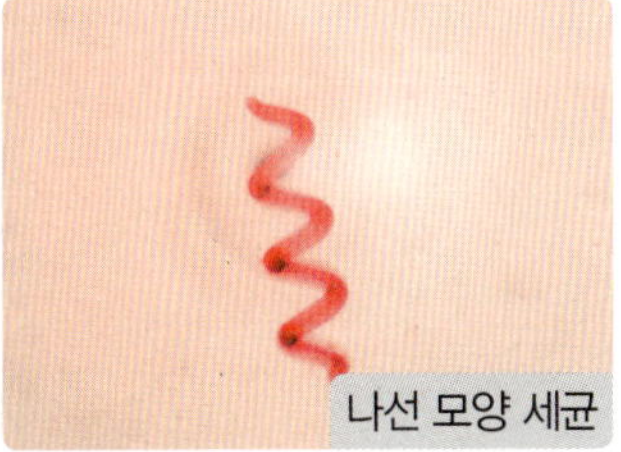
나선 모양 세균

② 세균은 살기에 좋은 조건이 되면 짧은 시간 동안 많은 수로 늘어날 수 있다.
③ 세균은 음식물, 동물이나 식물, 생물의 배설물 등에서 영양분을 얻어 살아가며, 땅, 물, 다른 생물의 몸, 물건 등 우리 주변의 어디에서나 산다.

• 포도상 구균: 주변에 널리 퍼져 있는 세균으로, 피부 염증, 식중독 등 다양한 감염증을 일으킨다.
• 대장균: 동물의 장에 사는 세균으로, 종류에 따라 식중독을 일으키기도 한다.
• 젖산균(유산균): 발효 식품에 이용되며, 우리 몸의 건강에 좋은 영향을 준다.
• 결핵균: 결핵을 일으키는 원인이 되는 세균이다.
• 헬리코박터 파일로리: 위염이나 위암의 원인 중 하나이다.

|도움영상|
세균의 특징을 영상으로 살펴보세요.

심화 바이러스

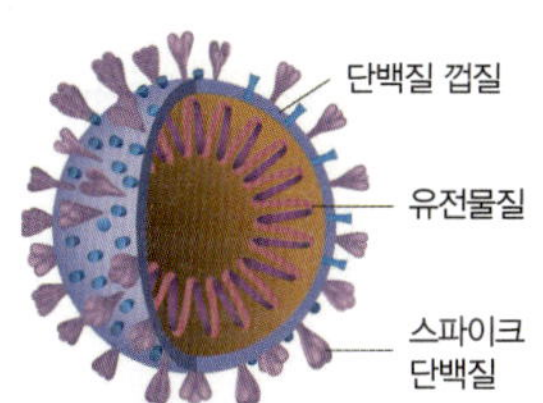

세균은 생물이지만 바이러스는 생물로 생각하지 않는다. 바이러스는 세균보다 훨씬 작고 세포 구조를 가지지 않을뿐더러, 살아 있는 생물의 몸속이 아니면 수를 늘릴 수 없기 때문이다. 반면 세균은 독립적으로 생존이 가능하며 스스로 번식할 수 있다.

용어

• **감염** 병의 원인이 되는 미생물이 생물의 몸 안에 들어가 수를 늘리는 일.
• **창자** 큰창자와 작은창자를 통틀어 이르는 말.
• **나선** 물체의 겉모양이 소라 껍데기처럼 빙빙 비틀린 것.
• **세포** 생물체를 이루는 기본 단위.

해캄과 짚신벌레 관찰하기

다양한 도구(돋보기, 디지털 현미경)를 사용하여 해캄과 짚신벌레를 관찰하고, 각각의 특징을 알 수 있다.

과정 및 결과

실험동영상

해캄과 짚신벌레를 맨눈과 돋보기, 현미경으로 관찰해 본다.

디지털 현미경으로 해캄과 짚신벌레 관찰하기

❶ 페트리 접시에 해캄을 넓게 펴서 담는다.
❷ 스마트 기기와 연결한 디지털 현미경으로 해캄을 관찰한다.
❸ 스포이트를 이용하여 페트리 접시에 짚신벌레 배양액을 담는다.
❹ 스마트 기기와 연결한 디지털 현미경으로 짚신벌레를 관찰한다.

해캄

짚신벌레
배양액

해캄과 짚신벌레를 관찰한 결과

구분	맨눈	돋보기	디지털 현미경
해캄	초록색이고, 여러 가닥이 뭉쳐 있다.	가늘고 긴 머리카락처럼 생겼다.	크기가 작고 둥근 초록색의 알갱이가 띠 모양으로 연결되어 있고, 몸 중간중간이 마디로 구분되어 있다.
짚신벌레	어떤 모습인지 보이지 않는다.	어떤 모습인지 보이지 않는다.	생김새가 짚신과 닮았고, 몸 전체에 나 있는 작은 털을 이용해서 매우 빠르게 움직인다.

정리

▶ 해캄과 짚신벌레는 동물이나 식물과 비교할 때 생김새가 단순하다.

정답과 해설 35쪽

1 다양한 도구를 사용하여 해캄을 관찰한 결과로 옳지 <u>않은</u> 것을 보기 에서 골라 기호를 쓰시오.

▲ 돋보기로 관찰하기

▲ 현미경으로 관찰하기

보기
㉠ 초록색이다.
㉡ 지렁이처럼 기어서 움직인다.
㉢ 가늘고 긴 머리카락 모양이다.
㉣ 몸 중간중간이 마디로 구분되어 있다.

(   )

2 짚신벌레를 디지털 현미경으로 관찰한 결과가 다음과 같을 때, 짚신벌레의 모습으로 알맞은 것을 골라 기호를 쓰시오.

[관찰 결과]
• 짚신과 닮았고, 끝부분이 둥근 모양이다.
• 몸 전체에 나 있는 작은 털을 이용해 돌아다닌다.

㉠ 
㉡ 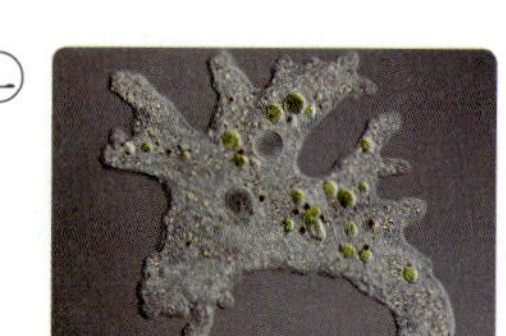
㉢ 
㉣ 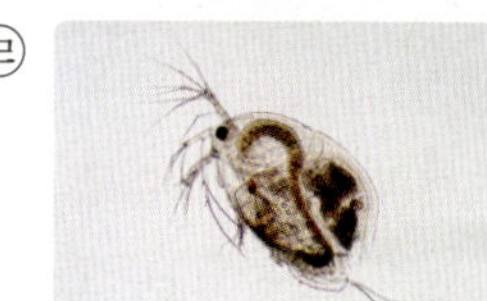

(   )

↪정답과 해설 **36**쪽

1 다음은 현미경으로 관찰한 어떤 생물의 모습입니다. 각 생물의 이름으로 알맞은 것을 보기 에서 골라 각각 쓰시오.

> 보기
>
> 해캄, 반달말, 종벌레, 아메바, 짚신벌레

(1) 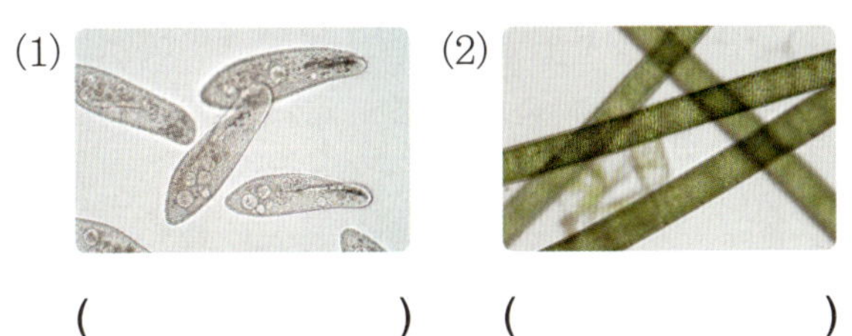 (2)

(　　　　　　）　（　　　　　　　　）

2 다음은 해캄과 짚신벌레를 관찰한 결과입니다. 해캄을 관찰한 결과에는 '해', 짚신벌레를 관찰한 결과에는 '짚'을 쓰시오.

(1) 돋보기로 보았을 때 가늘고 긴 머리카락처럼 생겼다. （　　　　）

(2) 맨눈으로 보았을 때 어떤 모습인지 보이지 않는다. （　　　　）

(3) 디지털 현미경으로 보았을 때 생김새가 짚신과 닮았다. （　　　　）

(4) 디지털 현미경으로 보았을 때 작고 둥근 초록색의 알갱이가 띠 모양으로 연결된 모습이 보인다. （　　　　）

3 다음 (　　　) 안에 들어갈 알맞은 말을 쓰시오.

> 해캄이나 짚신벌레처럼 주로 물에서 살고, 생김새가 단순하여 동물이나 식물, 균류로 분류되지 않는 생물을 (　　　　)(이)라고 한다.

（　　　　　　　　）

4 세균에 대한 설명으로 옳지 <u>않은</u> 것을 두 가지 고르시오. (　　　　　)

① 생물이 아니다.

② 맨눈으로 보기 어렵다.

③ 종류와 수가 매우 많다.

④ 생물의 몸속에서만 수를 늘릴 수 있다.

⑤ 우리 주변의 어느 곳에서나 살 수 있다.

5 다음 보기 의 모양 중 아래 (　　　) 안에 들어갈 수 <u>없는</u> 것을 모두 골라 쓰시오.

> 보기
>
> 별, 공, 막대, 나선, 하트, 세모

> 세균은 생김새에 따라 일반적으로 (　　　　) 모양, (　　　　) 모양, (　　　　) 모양 등으로 구분하며, 꼬리가 있는 세균도 있다.

（　　　　　　　　　　）

6 세균이 사는 곳에 대한 설명으로 옳은 것을 보기 에서 골라 기호를 쓰시오.

> 보기
>
> ㉠ 공기 중에서는 살 수 없다.
>
> ㉡ 죽은 생물의 몸속에서만 살 수 있다.
>
> ㉢ 짠맛이 나는 바닷물에서는 살 수 없다.
>
> ㉣ 컴퓨터 자판이나 휴대 전화와 같이 우리가 사용하는 물건에서도 살 수 있다.

（　　　　　　　　）

3

생물과 우리 생활

- 다양한 생물과 우리 생활
  - 생물 관찰 도구, 균류
  - 원생생물, 세균
  - 생물이 미치는 영향
    - 생물이 미치는 영향
    - 생명 과학의 이용

보충 발효 식품 속 세균

우리나라 전통 음식인 김치의 경우 채소를 소금에 절이면 대부분의 미생물은 죽지만 염분에 강한 젖산균은 살아남는다. 젖산균은 파, 마늘 등의 재료에서 양분을 얻으며 그 수가 늘어난다. 젖산균이 발효하여 젖산을 만들면 김치는 시큼하고 시원한 맛을 낸다.

|도움영상|

다양한 생물이 미치는 영향을 영상으로 살펴보세요.

보충 다양한 생물과 우리 생활

곰팡이나 세균이 사라진다면 음식이나 물건 등이 상하지 않지만 우리 주변이 죽은 생물이나 배설물로 가득 차게 될 것이다. 이처럼 다양한 생물은 인간의 생활뿐만 아니라 다른 생물과 환경에도 영향을 미치며, 조화롭게 살아간다.

용어

- **유익** 이롭거나 도움이 될 만한 것이 있음.
- **적조** 원생생물 등의 급격한 번식으로 바닷물이 붉게 물들어 보이는 현상.

생물이 미치는 영향

필수 개념 29 생물은 우리 생활에 이로운 영향뿐만 아니라 해로운 영향도 미친다.

(1) 생물이 미치는 이로운 영향

① 균류 중 버섯은 사람이 먹을 수 있는 종류가 많다.

② 누룩곰팡이 등의 균류와 젖산균(유산균)과 같은 세균은 된장, 치즈, 김치, 요구르트 등의 발효 식품을 만드는 데 이용된다.

③ 일부 균류와 세균은 죽은 생물이나 동물의 배설물을 분해하여 자연으로 되돌려 보내 지구의 환경을 유지하는 데 도움을 준다.

④ 일부 원생생물은 다른 생물의 먹이가 되거나 산소를 만들어 다른 생물이 살아가는 데 도움을 준다.

⑤ 젖산균(유산균)과 같은 우리 몸에 유익한 세균은 해로운 세균으로부터 우리 몸의 건강을 지켜 준다.

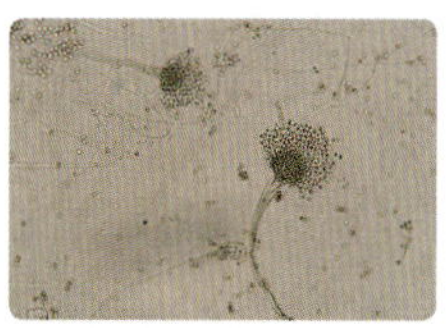

▲ 된장을 만드는 균류
└ 누룩곰팡이

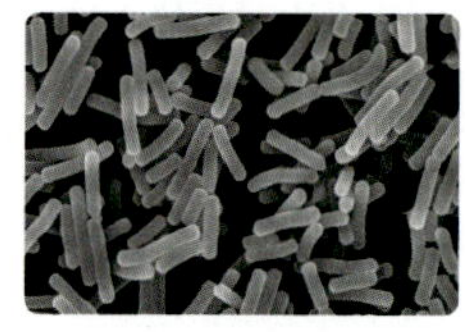

▲ 요구르트를 만드는 젖산균(유산균)

▲ 죽은 생물을 분해하는 균류

▲ 산소를 만드는 원생생물 — 해캄

(2) 생물이 미치는 해로운 영향 필수탐구 112쪽

① 일부 균류와 세균은 음식이나 주변의 물건을 상하게 한다.

② 독버섯이나 곰팡이가 핀 음식을 먹으면 구토, 설사 등 배탈이 날 수 있고 심한 경우에는 생명이 위험할 수 있다.

③ 일부 곰팡이와 세균은 공기, 물, 음식, 물건 등을 거쳐 다른 생물로 옮아가 습진과 같은 피부병이나 충치, 눈병, 장염 등 다양한 질병을 일으키기도 한다.

④ 일부 원생생물은 적조 현상이나 녹조 현상을 일으킨다. 늘어난 원생생물이 물고기의 아가미에 달라붙으면 숨을 쉬지 못해 죽고, 물속 산소가 부족해져 생물이 살기 힘든 환경으로 만든다.

⑤ 일부 원생생물은 다른 생물에게 질병을 일으키기도 한다.

▲ 음식을 상하게 하는 곰팡이

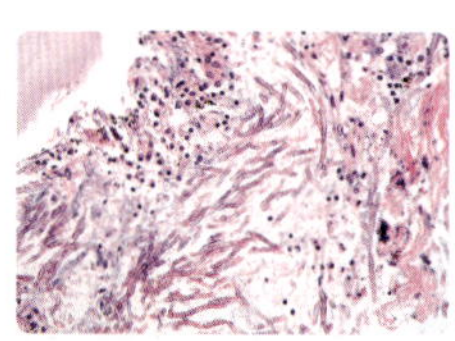

▲ 피부병을 일으키는 곰팡이

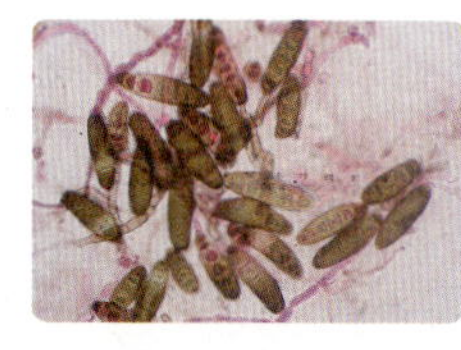

▲ 식물에 병을 일으키는 균류 — 녹병균

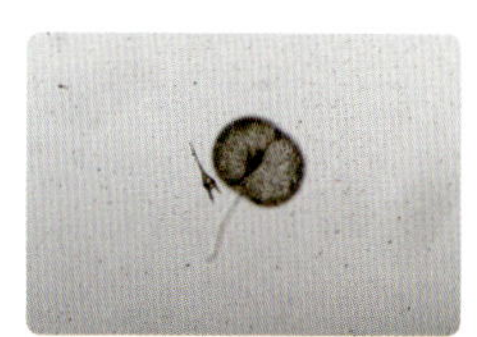

▲ 적조를 일으키는 원생생물

(1) 생명과학 다양한 생명 현상과 생물의 여러 기능을 연구하여 우리 생활의 여러 가지 문제를 해결하는 학문을 말하며, 생물이 우리 생활에 도움이 되게 한다.

(2) 균류의 이용

① 버섯의 균사를 이용하여 자연에서 분해되는 친환경 가죽을 만든다.

② 질병을 일으키는 세균을 자라지 못하게 하는 푸른곰팡이의 특성을 이용하여 질병을 치료하는 항생제를 만든다. ─ 푸른곰팡이로 만든 최초의 항생제인 페니실린은 각종 세균 감염을 치료하는 데 쓰인다.

▲ 버섯의 균사를 이용한 친환경 가죽

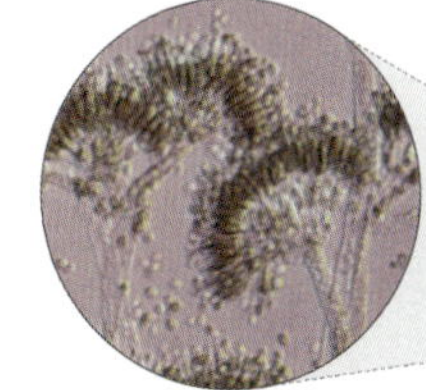 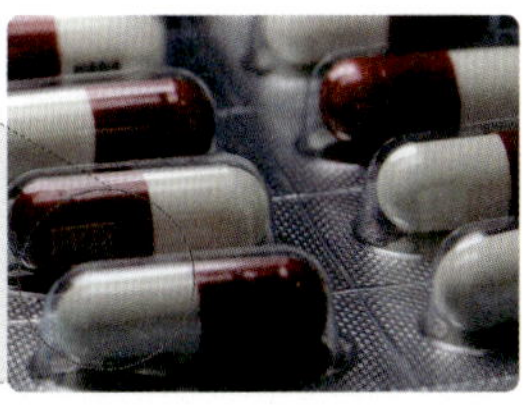

▲ 푸른곰팡이의 특성을 활용한 항생제

(3) 원생생물의 이용

① 바다에서 사는 일부 원생생물에서 얻은 당분이나 기름을 이용하여 만든 생물 연료는 석유 대신 사용할 수 있다.

② 영양소가 많고, 빠르게 수를 늘리는 클로렐라의 특성을 이용하여 건강식품을 만들거나 우주인을 위한 우주 식량을 개발할 수 있다.

③ 일부 원생생물을 이용하여 친환경적으로 음식물 쓰레기를 분해한다.

 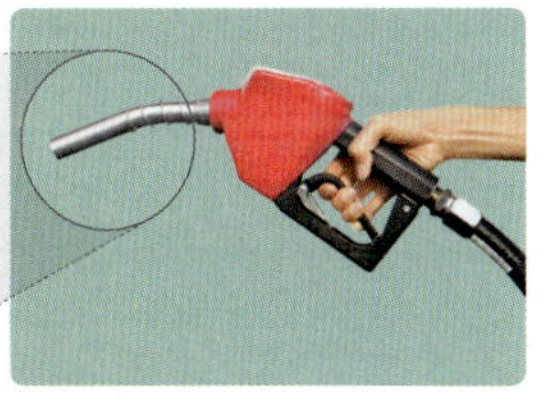

▲ 원생생물에서 얻은 물질을 이용한 생물 연료

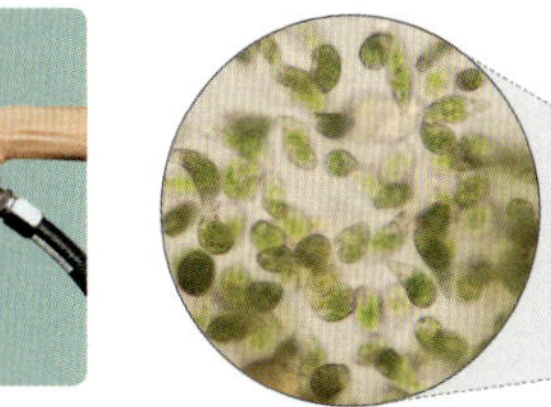 

▲ 영양소가 풍부한 클로렐라를 이용한 건강식품

(4) 세균의 이용

① 슈도모나스는 얼음을 쉽게 얼게 하는 성분이 있어 스키장 등에서 인공 눈을 만드는 데 도움을 준다.

② 쉬와넬라는 스스로 전기를 만들어 내는 성질이 있어 우주 탐사에 필요한 에너지를 만드는 데 도움을 준다.

③ 물질을 분해하는 세균을 이용하여 오염된 물을 깨끗하게 하는 하수 처리를 한다.

④ 플라스틱의 원료를 가진 세균을 이용하여 자연에서 쉽게 분해되는 친환경 플라스틱 제품을 생산하는 데 활용한다.

⑤ 세균을 이용한 생물 농약은 해충에게만 질병을 일으키는 특성이 있어 농작물의 피해를 줄이고, 환경 오염을 일으키지 않는다.

보충 버섯의 균사를 이용한 가죽의 이로운 점

가죽을 얻기 위해 동물을 무분별하게 사냥하거나 죽이지 않아도 되고, 만든 물질은 자연에서 분해가 잘 되기 때문에 환경 오염 문제도 해결할 수 있다.

보충 하수 처리에 이용되는 다양한 생물

하수 처리장에서는 세균뿐만 아니라 일부 균류와 원생생물이 물질을 분해하는 특성을 이용하여 오염된 물을 깨끗하게 만든다.

용어

• **친환경** 자연환경을 오염하지 않고 자연 그대로의 환경과 잘 어울리는 일.

• **항생제** 미생물이 만들어내는 항생 물질로 된 약제. 다른 미생물이나 생물 세포를 선택적으로 억제하거나 죽임으로써 사람의 몸속에 침입한 세균의 감염을 치료할 수 있음.

• **무분별** 어떤 것에 대한 바른 생각이나 판단이 없음.

다양한 생물이 우리 생활에 미치는 영향 조사하기

다양한 생물(균류, 원생생물, 세균)이 우리 생활에 미치는 영향을 알고, 이로운 영향과 해로운 영향으로 구분할 수 있다.

과정 및 결과

1. 균류, 원생생물, 세균과 관련된 경험을 이야기해 본다.

㉎ • 음식에 곰팡이가 피어서 음식을 먹지 못했다.
  • 김, 미역, 다시마를 이용한 요리를 먹었다.
  • 세균에 감염되어 눈병에 걸렸다.
  • 젖산균(유산균)을 이용하여 요구르트를 만들어 먹었다.

2. 균류, 원생생물, 세균이 우리 생활에 미치는 영향을 조사해 본다.

이로운 영향		해로운 영향
• 사람이 먹을 수 있는 버섯의 종류가 많다. • 누룩곰팡이를 이용하여 된장이나 술 등 전통 발효 식품을 만들 수 있다.	균류	• 독버섯을 먹으면 구토, 설사 등을 할 수 있다. • 피부에 곰팡이가 피면 습진 등의 피부병이 생길 수 있다.
• 원생생물은 다른 생물의 먹이가 된다. • 일부 원생생물은 산소를 만들어 다른 생물이 살아가는 데 도움을 준다.	원생 생물	• 일부 원생생물은 적조나 녹조 현상을 일으켜 다른 생물이 살기 힘든 환경으로 만든다. • 일부 원생생물은 다른 생물에게 질병을 일으킨다.
• 일부 세균은 죽은 생물이나 동물의 배설물을 분해해 준다. • 젖산균(유산균)은 김치와 같은 발효 식품을 만드는 데 이용할 수 있다.	세균	• 세균은 음식이나 주변의 물건을 상하게 할 수 있다. • 일부 세균은 다른 생물에게 질병을 일으키기도 한다.

정리

▶ 균류, 원생생물, 세균은 우리 생활에 많은 영향을 주며 이로운 영향을 주기도 하고, 해로운 영향을 주기도 한다.

↵정답과 해설 **36**쪽

1 곰팡이와 세균을 이용하여 만든 음식이 <u>아닌</u> 것을 골라 기호를 쓰시오.

( )

2 다양한 생물이 우리 생활에 미치는 이로운 영향으로 알맞은 것을 두 가지 고르시오. ( )

① 음식을 상하게 한다.
② 주변의 물건을 상하게 한다.
③ 된장 등의 전통 발효 식품을 만들 수 있다.
④ 사람을 비롯한 다른 생물에게 질병을 일으킨다.
⑤ 죽은 생물이나 동물의 배설물을 분해하여 지구의 환경을 유지하는 데 도움을 준다.

정답과 해설 **37**쪽

1 ㉠~㉢ 중 생물이 우리 생활에 미치는 해로운 영향을 골라 기호를 쓰시오.

> 어떤 ㉠ 균류는 된장이나 술 등을 만드는 데 이용되고, ㉡ 식물의 잎에 질병을 일으키기도 한다. 또 ㉢ 죽은 생물이나 동물의 배설물을 분해하여 자연으로 되돌려 보낸다.

(   )

2 생물이 우리 생활에 미치는 이로운 영향에는 '이', 해로운 영향에는 '해'를 쓰시오.

(1) 음식이나 주변의 물건을 상하게 한다.

(   )

(2) 죽은 생물이나 동물의 배설물을 분해한다.

(   )

(3) 적조 현상이나 녹조 현상을 일으켜 다른 생물이 살기 힘든 환경을 만든다. (   )

3 다음 (   ) 안의 알맞은 말에 ○표 하시오.

> 일부 (균류 , 원생생물)은/는 다른 생물의 먹이가 되거나 산소를 만들어 다른 생물이 살아가는 데 도움을 준다.

4 다음 (   ) 안에 들어갈 알맞은 학문의 종류를 보기 에서 골라 기호를 쓰시오.

> (   )은/는 다양한 생명 현상과 생물의 여러 기능을 연구하여 우리 생활의 여러 가지 문제를 해결하는 학문이며, 다양한 생물이 우리 생활에 도움이 되게 한다.

> 보기
> ㉠ 생명과학　　　　㉡ 우주과학
> ㉢ 식품과학　　　　㉣ 컴퓨터과학

(   )

5 생명과학이 우리 생활에 이용되는 예와 관련 있는 생물을 선으로 이으시오.

(1) 건강식품　•　　•㉠ 물질을 분해하는 세균

(2) 하수 처리　•　　•㉡ 영양소가 많은 원생생물

(3) 질병 치료　•　　•㉢ 세균을 자라지 못하게 하는 균류

6 생명과학으로 탄생한 생물 연료는 우리 생활에 어떤 영향을 미치는지 보기 에서 골라 기호를 쓰시오.

> 보기
> ㉠ 사람의 수명을 늘릴 수 있다.
> ㉡ 에너지 부족 문제를 해결할 수 있다.
> ㉢ 질병을 효과적으로 치료할 수 있다.

(   )

[1~3] 원생생물의 특징 `필수 개념 27`

1 해캄에 대한 설명으로 옳지 <u>않은</u> 것은 어느 것입니까? (　　　)

① 초록색이다.
② 만졌을 때 미끈거린다.
③ 여러 가닥이 뭉쳐 있다.
④ 가늘고 긴 머리카락처럼 생겼다.
⑤ 현미경으로 관찰하면 뿌리, 줄기, 잎을 모두 관찰할 수 있다.

2 다음은 짚신벌레를 현미경으로 관찰한 결과를 그림과 글로 나타낸 것입니다. ㉠~㉣ 중 옳지 <u>않은</u> 것을 골라 기호를 쓰시오.

그림	글
	㉠ 짚신과 닮았다. ㉡ 끝부분이 둥근 모양이다. ㉢ 몸 전체에 작은 털이 있다. ㉣ 다리가 여러 개 있어서 물속에서 빠르게 돌아다닌다.

(　　　　　　　)

3 다음과 같은 종류의 생물들이 주로 사는 곳으로 알맞은 장소를 모두 고르시오. (　　　)

▲ 해캄(200 배)

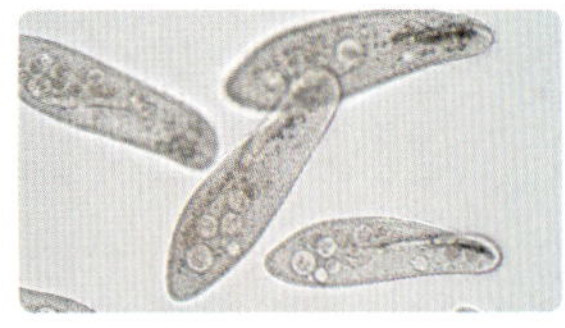

▲ 짚신벌레(400 배)

① 논　　　　　　② 연못
③ 들과 산　　　　④ 동물의 피부
⑤ 우리 주변의 어디에서나 살 수 있다.

[4~5] 세균의 특징 `필수 개념 28`

4 다음 중 동물도 식물도 아닌 생물을 골라 기호를 쓰시오.

(　　　　　　　　　　　)

`도전! 하이탑`

5 다음은 우리 주변에 있는 다양한 생물들입니다. 물음에 답하시오.

> 해캄, 진딧물, 고양이, 버섯,
> 결핵균, 짚신벌레

(1) 위 생물 중 크기가 가장 작은 생물을 골라 이름을 쓰시오.

(　　　　　　　　　　)

(2) 위 (1)에서 고른 생물의 특징으로 옳지 <u>않은</u> 것을 `보기` 에서 골라 기호를 쓰시오.

`보기`

㉠ 크기가 매우 작아 맨눈으로 볼 수 없다.
㉡ 우리 몸의 호흡 기관인 폐에서도 살 수 있다.
㉢ 살기에 좋은 조건이 되어도 수가 천천히 늘어난다.
㉣ 음식물, 동물이나 식물, 동물의 배설물 등에서 영양분을 얻어 살아간다.

(　　　　　　　　　　)

[6~8] 생물이 미치는 영향 `필수 개념 29`

6 우리 생활에 해로운 영향을 미치는 생물이 <u>아닌</u> 것은 어느 것입니까? (　　　)

① 독이 있는 버섯
② 벽에 자란 곰팡이
③ 식물에게 병을 일으킨 곰팡이
④ 적조 현상을 일으킨 원생생물
⑤ 동물의 배설물을 분해하는 세균

7 생물이 오염 물질을 작게 분해하는 특성을 활용한 예로 알맞은 것에 ◯표 하시오.

(1) 생물 연료를 만드는 데 활용한다. (　　　)
(2) 하수 처리장에서 오염된 물을 깨끗하게 하는 데 활용한다. (　　　)
(3) 모기와 같은 해충의 피해를 줄이기 위해 벌레 기피제를 만드는 데 활용한다. (　　　)

`서술형`

8 다음은 소희가 쓴 일기입니다. 곰팡이가 우리 생활에 미치는 영향을 일기의 내용과 관련지어 쓰시오.

> 주말에 시골 할머니 댁에 다녀왔다. 따뜻한 방 한쪽에 짚으로 덮어 놓은 메주가 있었다.
> 메주에서 지독한 냄새가 났고, 곰팡이도 피어 있어 상한 것처럼 보였다. 메주를 버려야겠다고 말씀드리자, 할머니께서는 곰팡이가 핀 메주를 이용해야 맛있는 된장을 만들 수 있다고 말씀하셨다.

____

____

[9~10] 생명과학의 이용 `필수 개념 30`

9 다음이 공통으로 설명하는 생물은 무엇인지 `보기`에서 골라 기호를 쓰시오.

> • 질병을 일으키는 세균을 자라지 못하게 하는 특성이 있다.
> • 세균에 의한 질병을 치료하는 항생제를 만드는 데 활용한다.

`보기`

㉠ 해캄	㉡ 젖산균
㉢ 짚신벌레	㉣ 표고버섯
㉤ 푸른곰팡이	㉥ 슈도모나스

(　　　　　　)

`도전! 하이탑`

10 다음 글을 읽고, 물음에 답하시오.

> 우리가 알고 있던 (　　　)은/는 인간에게 주로 감염을 일으키는 균으로 알려져 있다. 하지만 일부는 도움이 되기도 한다. (　　　)의 표면에 있는 단백질이 물을 얼기 쉽게 하는 물질을 가진다는 발견을 통해, 겨울 스포츠를 즐기는 데 도움이 되는 기술이 개발되었다.

(1) 위 (　　) 안에 공통으로 들어갈 생물의 이름으로 알맞은 것을 위 **9**번 `보기`에서 골라 기호를 쓰시오.

(　　　　　　)

(2) 위 내용과 관련 있는 생명과학을 이용한 예에 ◯표 하시오.

> 인공 눈,　생물 농약,　우주 식량,　친환경 가죽

[1~2] 다음은 오른쪽 실체 현미경을 사용하는 방법입니다. 물음에 답하시오.

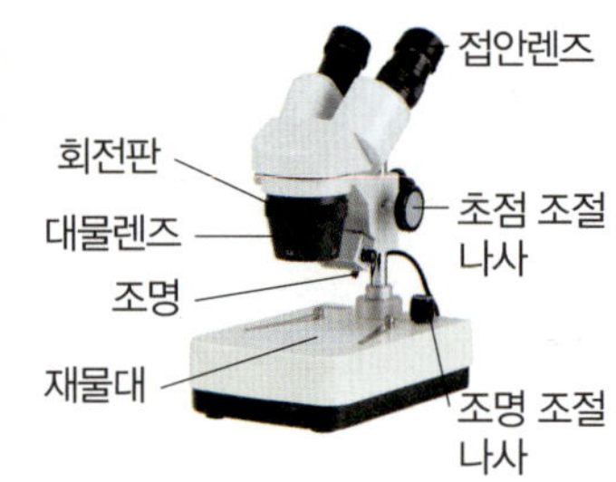

㈎ 회전판을 돌려 대물렌즈의 (㉠)을/를 가장 낮게 하고, 관찰 대상을 (㉡)에 올려놓는다.

㈏ 전원을 켜고 조명 조절 나사로 조명의 밝기를 조절한다.

㈐ 현미경을 옆에서 보면서 초점 조절 나사를 돌려 대물렌즈와 관찰 대상의 거리를 최대한 멀게 한다.

㈑ 접안렌즈로 관찰 대상을 보면서 대물렌즈를 천천히 올려 초점을 맞춘다.

㈒ 대물렌즈의 배율을 가장 낮은 것에서부터 높은 것으로 바꾸어가며 초점 조절 나사로 초점을 맞추어 관찰한다.

1 위 ㉠, ㉡에 들어갈 알맞은 말을 각각 쓰시오.

㉠ (   ), ㉡ (   )

2 위 과정 ㈐의 밑줄 친 부분을 바르게 고쳐 쓴 것에 ○표 하시오.

(1) 대물렌즈와 관찰 대상의 거리를 가깝게 한다.
(   )

(2) 접안렌즈와 재물대의 거리를 최대한 멀게 한다.
(   )

(3) 회전판과 관찰 대상의 거리를 최대한 멀게 한다.
(   )

3 습기가 많고 그늘진 따뜻한 곳에서 잘 자라며, 주로 여름철에 많이 볼 수 있는 생물을 보기 에서 모두 골라 기호를 쓰시오.

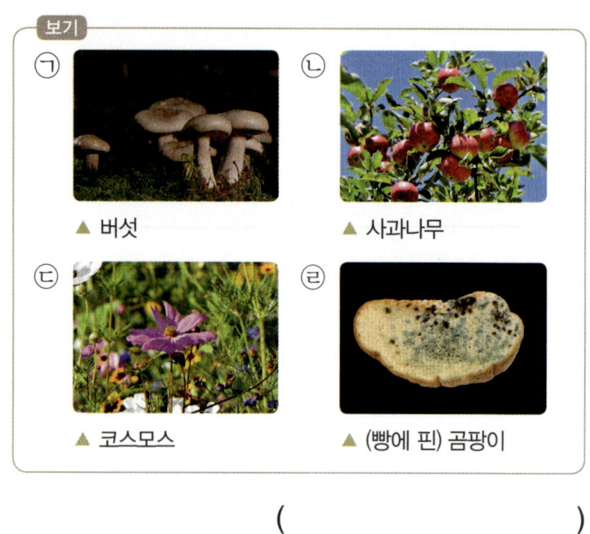

(   )

4 다음은 어떤 생물을 현미경으로 관찰한 모습입니다. 관찰한 생물이 무엇인지 보기 에서 찾아 각각 알맞은 기호를 쓰시오.

보기
㉠ 버섯   ㉡ 해캄
㉢ 곰팡이   ㉣ 짚신벌레

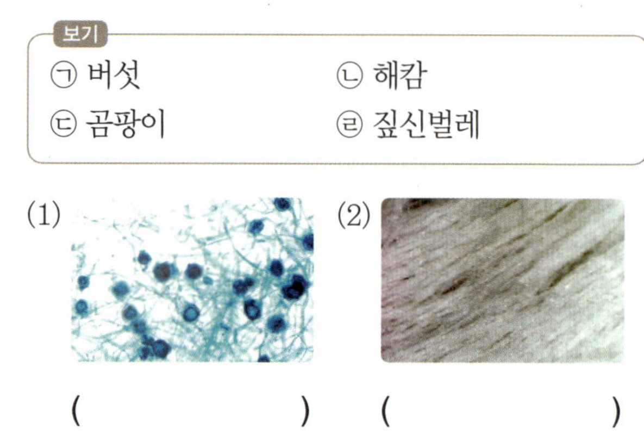

(   )   (   )

5 버섯과 곰팡이에 대한 설명으로 (   ) 안에 들어갈 알맞은 말을 쓰시오.

버섯과 곰팡이는 보통 몸 전체가 거미줄처럼 가늘고 긴 실 모양의 균사로 되어 있다. 이렇게 균사로 되어 있고, (   )(으)로 번식하는 생물을 균류라고 한다.

(   )

6 균류와 식물을 비교한 내용으로 옳지 <u>않은</u> 것을 골라 기호를 쓰시오.

> ㉠ 곰팡이는 푸른색, 하얀색, 검은색 등 색깔이 다양하다.
> ㉡ 식물과 균류는 모두 뿌리, 줄기, 잎의 생김새를 가지고 있다.
> ㉢ 식물은 주로 땅에 뿌리를 내리고 살지만, 균류는 죽은 생물, 식물의 줄기, 물체 등에 붙어서 산다.

(   )

7 해캄과 짚신벌레의 특징으로 알맞은 것을 보기 에서 모두 골라 빈칸에 각각 알맞은 기호를 쓰시오.

> 보기
> ㉠ 작은 털이 많다.
> ㉡ 빠르게 돌아다닌다.
> ㉢ 가늘고 긴 모양이다.
> ㉣ 마디로 나누어져 있다.
> ㉤ 여러 가닥이 뭉쳐 있다.
> ㉥ 전체적으로 초록색이다.

해캄	짚신벌레
(1)	(2)

8 해캄과 짚신벌레 같은 생물을 가리키는 말로 알맞은 것은 어느 것입니까? (   )

▲ 해캄(200 배)

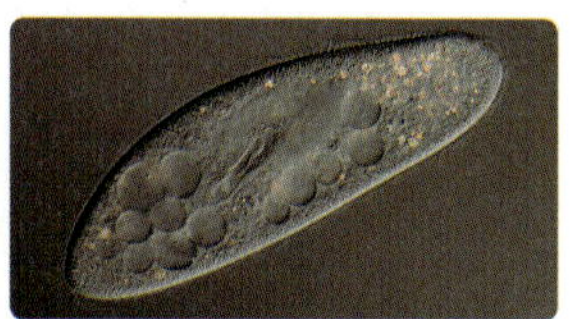
▲ 짚신벌레(400 배)

① 동물   ② 식물
③ 균류   ④ 세균
⑤ 원생생물

9 세균에 대해 <u>잘못</u> 말한 사람의 이름을 쓰시오.

> 진구   어떤 세균은 치아 표면을 썩게 만드는 충치의 원인이야.
>
> 송강   세균 중에는 꼬리가 있는 것도 있어.
>
> 혜린   세균은 보통 짚신벌레보다 크기가 더 커.
>
> 동호   다양한 세균을 생김새에 따라 분류할 수도 있어.

(   )

10 세균이 살기에 좋은 조건이 되면 일어날 수 있는 현상으로 옳은 것을 보기 에서 골라 기호를 쓰시오.

> 보기
> ㉠ 모든 활동을 멈추고 죽는다.
> ㉡ 짧은 시간 동안에 많은 수로 늘어난다.
> ㉢ 반으로 나뉘어져 크기가 점점 작아진다.
> ㉣ 몸에 여러 기관이 생겨 생김새가 복잡해진다.

(   )

11 다음 보기 의 세균들을 일반적인 생김새에 따라 모두 구분하여 빈칸에 각각 알맞은 기호를 쓰시오.

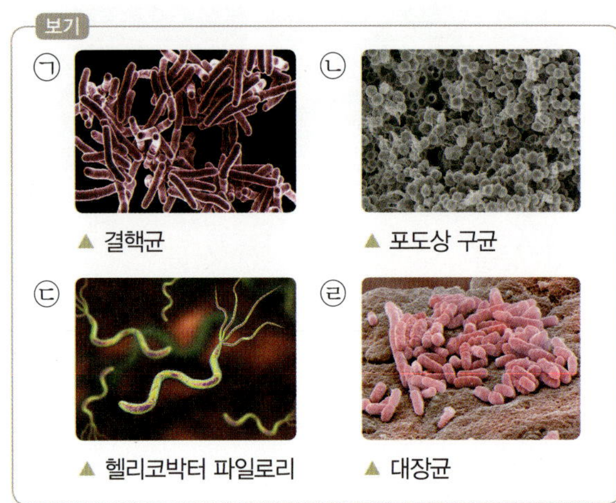

공 모양	막대 모양	나선 모양
(1)	(2)	(3)

12 곰팡이나 세균이 사라진다면 우리 생활이 어떻게 달라질 것인지에 대한 설명으로 옳은 것에 ○표, 옳지 않은 것에 ×표 하시오.

(1) 음식이 지금보다 빨리 상한다. ( )

(2) 우리 주변이 동물의 배설물로 가득 차게 된다. ( )

(3) 더 다양한 종류의 김치와 치즈를 만들 수 있다. ( )

(4) 우리 몸의 면역력이 강해져서 더 건강해진다. ( )

13 생명과학이 우리 생활에 이용되는 예가 <u>아닌</u> 것은 어느 것입니까? ( )

① 원생생물을 이용한 생물 연료를 만든다.

② 영양소가 많은 치즈로 다양한 음식을 만든다.

③ 일부 세균의 특성을 활용하여 인공 눈을 만든다.

④ 플라스틱의 원료를 가진 세균으로 친환경 플라스틱 제품을 만든다.

⑤ 짧은 시간에 많은 수로 늘어나는 세균을 활용하여 약을 대량으로 만든다.

14 다음은 생명과학이 우리 생활에 이용되는 예입니다. 각각의 예에 관련된 생물을 보기 에서 골라 기호를 쓰시오.

보기
㉠ 영양소가 풍부한 클로렐라
㉡ 오염 물질을 분해하는 세균
㉢ 해충에게만 질병을 일으키는 세균
㉣ 세균을 자라지 못하게 하는 푸른곰팡이

(1) 질병을 치료한다. ( )

(2) 하수 처리를 한다. ( )

(3) 건강식품을 만든다. ( )

(4) 생물 농약을 만든다. ( )

15 생명과학을 이용하여 환경 오염을 줄이기 위한 방법으로, 다음 밑줄 친 부분에 들어갈 가장 알맞은 내용에 ○표 하시오.

(1) 남은 음식을 동물 사료로 주는 방법 ( )

(2) 된장, 김치 등 발효 식품을 많이 먹는 방법 ( )

(3) 물질을 분해하는 원생생물을 이용해 음식물 쓰레기를 분해하는 방법 ( )

16 다음은 생물이나 물체를 자세히 관찰할 수 있는 도구인 실체 현미경입니다.

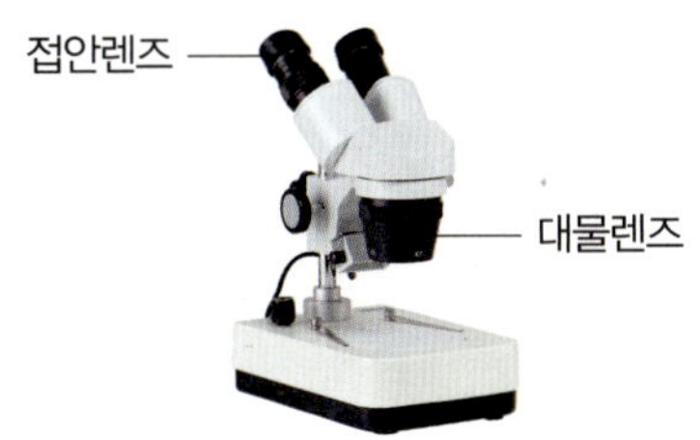

(1) 위 접안렌즈의 배율이 10 배, 대물렌즈의 배율이 4 배일 때 위 현미경의 배율을 쓰시오.

(   ) 배

(2) 위 실체 현미경의 접안렌즈와 대물렌즈는 어떤 역할을 하는지 각각 쓰시오.

____

____

17 다음 버섯과 곰팡이를 현미경으로 관찰한 모습을 참고하여 균류인 버섯과 곰팡이의 생김새를 쓰시오.

버섯	곰팡이
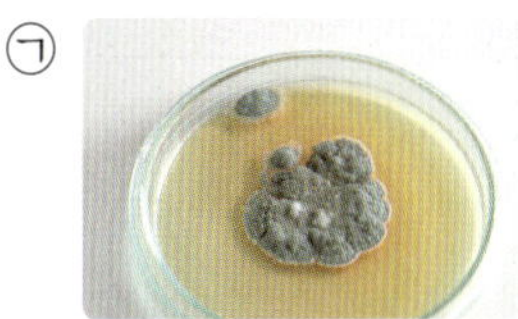	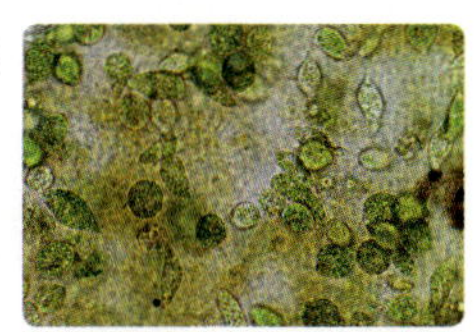

(1) 버섯의 생김새: _______________________________

____

(2) 곰팡이의 생김새: _______________________________

____

18 해캄과 짚신벌레의 공통점을 두 가지 이상 쓰시오.

____

____

19 세균이 우리 생활에 미치는 영향에 대한 대화 중 소영이의 질문에 대한 대답으로 다음 (   ) 안의 알맞은 말에 ○표 하고, 그렇게 생각한 까닭을 쓰시오.

____

____

20 생명과학이 우리 생활에 이용되는 예를 다음 생물의 특성과 관련지어 각각 쓰시오.

ㄱ 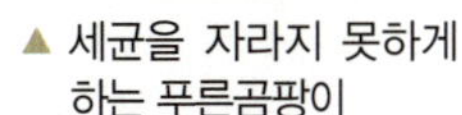 ㄴ

▲ 세균을 자라지 못하게 하는 푸른곰팡이 ▲ 영양소가 풍부한 클로렐라

____

실체 현미경의 구조

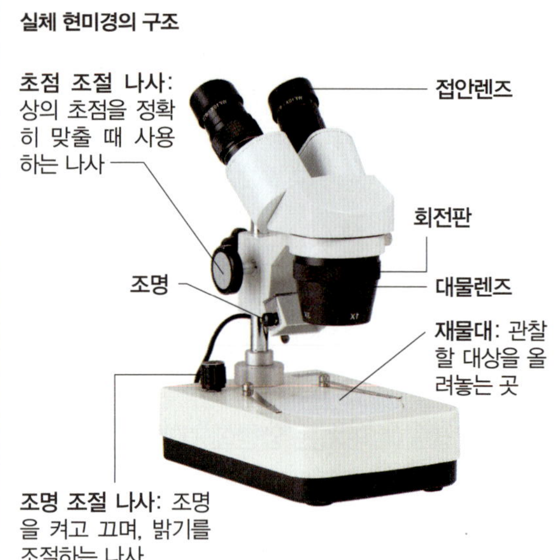

버섯과 곰팡이

버섯과 곰팡이는 식물과 달리 뿌리, 줄기, 잎과 같은 생김새가 없고, 겉으로 보이는 모습의 차이에도 불구하고 몸 전체가 균사로 이루어진 균류임.

다양한 원생생물

원생생물 중 녹조류, 갈조류, 홍조류 등으로 구분하는 해조류는 광합성을 하며, 생김새가 식물과 비슷하지만 원생생물임.

필수 개념 25		작은 생물을 자세히 관찰할 수 있는 도구에는 현미경이 있다.
실체 현미경		관찰 대상의 형태를 크게 손상하지 않고 입체적인 겉모습 그대로 보다 자세히 관찰할 수 있음.
	구조와 역할	• 접안렌즈: 눈으로 보는 렌즈 • ❶ [ ] [ ] [ ] : 물체의 상을 확대하는 렌즈 • 회전판: 대물렌즈 배율을 조절하는 나사
디지털 현미경		스마트 기기의 화면을 통해 관찰 대상을 살펴볼 수 있음.
	구조와 역할	• 대물렌즈: 물체의 상을 확대하는 렌즈 • 초점 조절 휠: 초점을 맞출 때 사용함.

필수 개념 26	포자로 번식하는 버섯, 곰팡이와 같은 생물을 균류라고 한다.
버섯	현미경으로 관찰하면 실과 같이 가느다란 줄무늬가 거미줄처럼 뻗어 있는 모습임.
곰팡이	현미경으로 관찰하면 가는 실 모양의 끝부분에 둥근 알갱이가 붙어 있고, 서로 엉켜 있는 모습임.
균류	• 버섯과 곰팡이 같은 생물을 균류라고 함. • 균사로 이루어져 있고 ❷ [ ] [ ] 로 번식함. • 습기가 많고 그늘지며 따뜻한 곳에서 잘 자람.

필수 개념 27	해캄, 짚신벌레는 생김새가 단순한 생물인 원생생물이다.
해캄	현미경으로 관찰하면 작고 둥근 초록색의 알갱이가 띠 모양으로 연결되어 있고, 몸 중간중간이 마디로 구분되어 있는 모습임.
짚신벌레	현미경으로 관찰하면 생김새가 짚신과 닮았고 끝부분은 둥근 모양이며, 몸 전체에 나 있는 작은 털을 이용해서 물속에서 빠르게 돌아다니는 것을 볼 수 있음.
원생생물	• 해캄과 짚신벌레 같은 생물을 원생생물이라고 함. • 동물이나 식물과 비교할 때 생김새가 단순함. • 주로 ❸ [ ] 에서 삶.

필수 개념 28 — 세균은 구조가 단순한 생물로, 우리 주변의 어느 곳에나 산다.

- 균류나 원생생물보다 크기가 더 작고 생김새 등의 구조가 단순함.
- 크기가 작아서 맨눈으로 볼 수 없고, 배율이 높은 현미경을 이용하여 관찰할 수 있음.
- 우리 주변의 어디에서나 살며, 살기에 좋은 조건이 되면 짧은 시간 동안 많은 수로 늘어날 수 있음.

❹ [ ][ ]

생김새에 따른 구분

▲ 공 모양 　▲ 막대 모양 　▲ 나선 모양

세균의 구조

세균은 동물이나 식물과 달리 몸에 뚜렷한 핵이 없으며, 몸이 한 개의 세포로 이루어져 생김새가 매우 단순한 생물임.

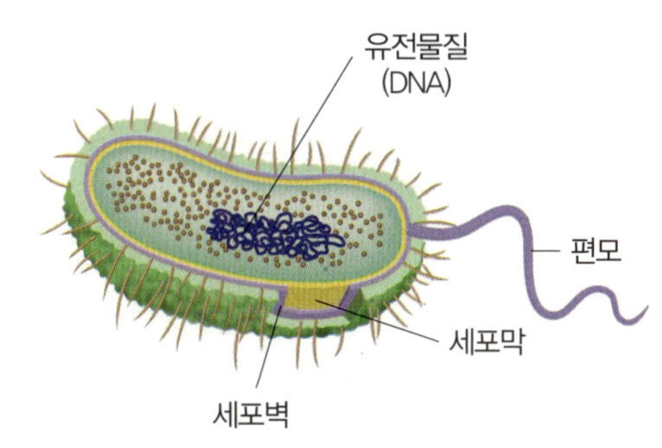

필수 개념 29 — 생물은 우리 생활에 이로운 영향뿐만 아니라 해로운 영향도 미친다.

이로운 영향

- 일부 균류와 세균은 죽은 생물이나 동물의 배설물을 ❺[ ][ ]하여 지구의 환경을 유지하는 데 도움을 줌.
- 일부 원생생물은 다른 생물의 먹이가 되거나 산소를 만듦.
- 젖산균(유산균)은 해로운 세균으로부터 우리 몸의 건강을 지켜 줌.

해로운 영향

- 일부 균류와 세균은 음식이나 주변의 물건을 상하게 함.
- 일부 원생생물은 적조 현상이나 녹조 현상을 일으켜 다른 생물이 살기 힘든 환경으로 만듦.
- 일부 생물은 다른 생물에게 질병을 일으키기도 함.

생물이 미치는 영향

이로운 영향

된장을 만드는 균류 　요구르트를 만드는 세균 　죽은 생물을 분해하는 균류

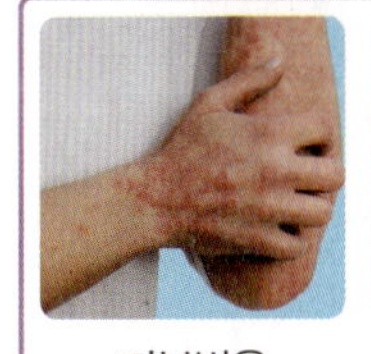

해로운 영향

피부병을 일으키는 곰팡이 　식물에 병을 일으키는 균류 　적조를 일으키는 원생생물

필수 개념 30 — 생물을 이용한 생명과학은 우리 생활에 널리 이용된다.

❻ [ ][ ]

다양한 생명 현상과 생물의 여러 기능을 연구하여 우리 생활의 여러 가지 문제를 해결하며, 다양한 생물이 우리 생활에 도움이 되게 함.

이용된 예

- 질병을 일으키는 세균을 자라지 못하게 하는 푸른곰팡이의 특성을 이용하여 항생제를 만듦.
- 물질을 분해하는 원생생물과 세균의 특성을 이용하여 하수 처리를 함.
- 얼음을 쉽게 얼게 하는 성분이 있는 세균을 이용하여 인공 눈을 만듦.
- 해충에게만 질병을 일으키는 세균을 이용하여 생물 농약을 만듦.

푸른곰팡이와 페니실린

영국의 생물학자인 플레밍은 푸른곰팡이가 핀 곳 주변에 포도상 구균이 자라지 못한 것을 발견하고, 이를 이용하여 최초의 항생제인 페니실린을 개발함.

페니실린으로 시작된 항생제 개발로 인류는 질병과의 싸움에서 엄청난 발전을 이루게 됨.

비주얼 사이언스
Visual Science

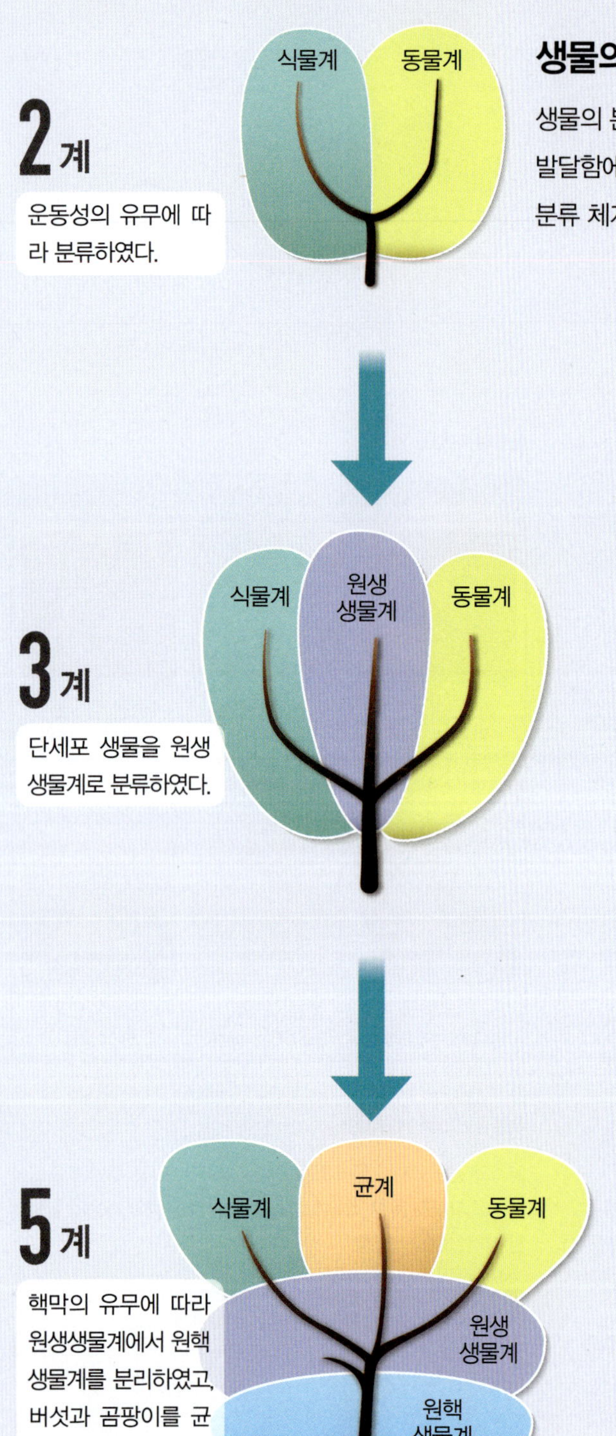

생물의 분류 체계 변화

생물의 분류 체계는 생명 과학이 발달함에 따라 2계, 3계, 5계 분류 체계로 변화해 왔다.

생물 다양성 및 생태계 평형 유지

깨끗한 공기와 물 제공

휴식과 여가 생활 공간 제공

자연의 아름다움이 주는 여유와 심리적 안정

5계로 분류한 생물

생물을 핵막이나 세포벽의 유무, 몸을 구성하는 세포의 수, 광합성 여부, 기관의 발달 정도 등에 따라 원핵생물계, 원생생물계, 식물계, 균계, 동물계의 5계로 분류하면 생물을 체계적으로 이해하고 연구하는 데 도움이 된다.

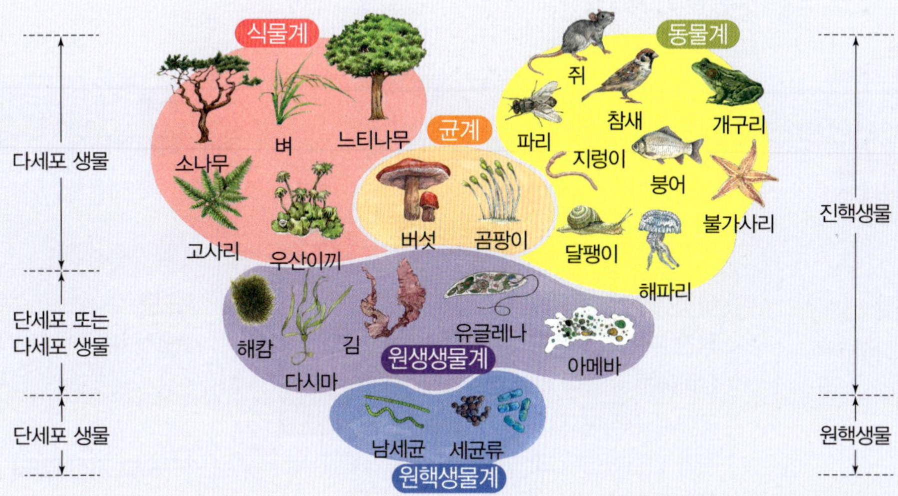

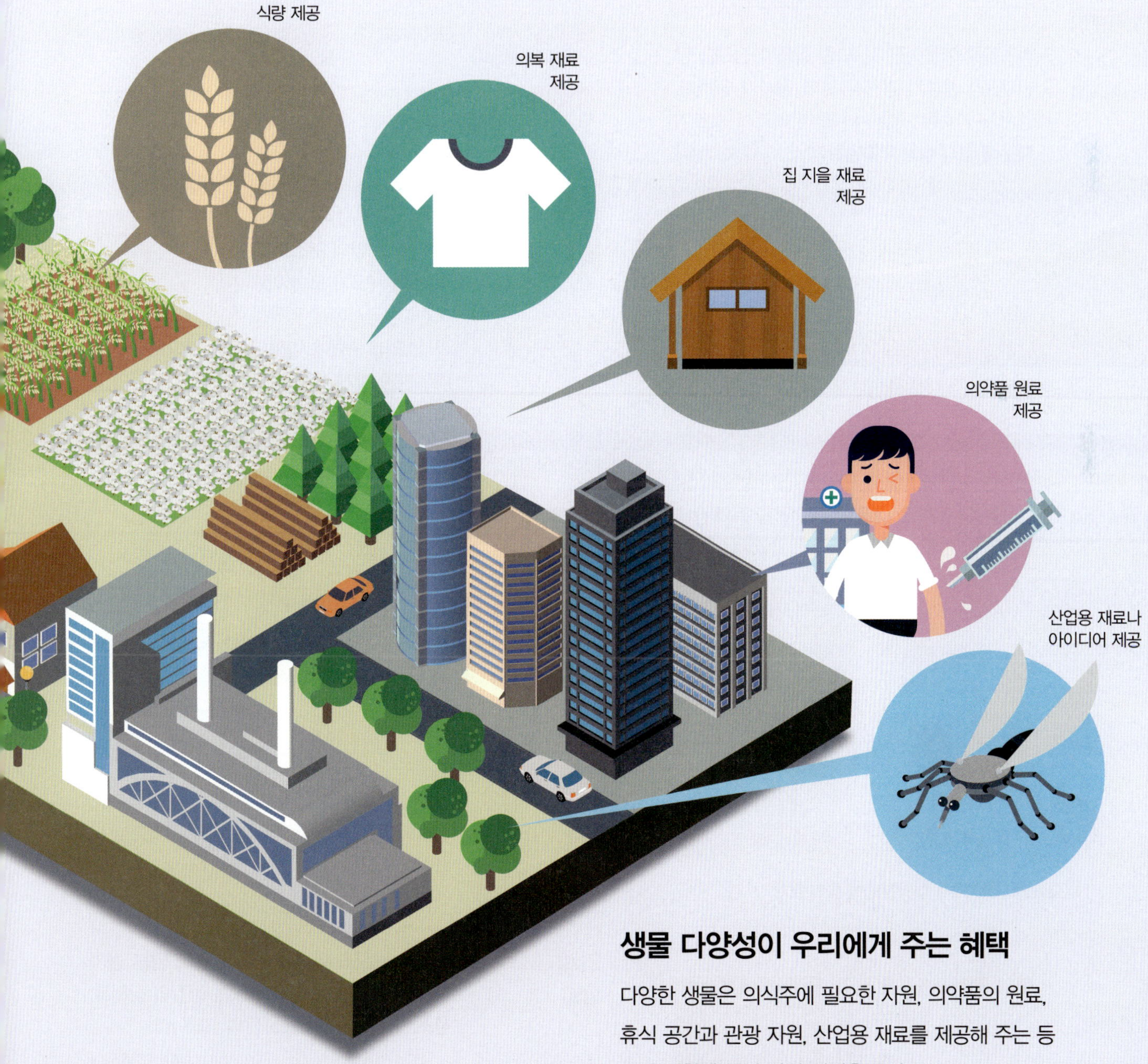

생물 다양성이 우리에게 주는 혜택

다양한 생물은 의식주에 필요한 자원, 의약품의 원료, 휴식 공간과 관광 자원, 산업용 재료를 제공해 주는 등 우리 생활에 여러 가지 혜택을 준다.

과학 용어 사전

ㄱ

갓
참고 자루

버섯 윗부분의 우산처럼 생긴 부분으로, 버섯의 갓 안쪽에는 주름이 많다. 이곳에서 생식에 필요한 포자가 만들어진다. 갓 아래 기둥처럼 생긴 부분은 자루라고 한다. [101쪽]

경사
🔍 더 자세히 보기
참고 상류, 하류

비스듬히 기울어진 것. 그런 상태나 정도를 말한다. 강 상류가 강 하류보다 경사가 급하며, 경사가 가파른 곳일수록 물이 빠르게 흐르기 때문에 침식 작용이 활발하다. [70, 71쪽]

▲ 강 상류와 하류의 경사에 따른 물의 작용

고체
참고 액체, 기체

일정한 모양과 부피가 있으며 쉽게 변하지 않는 물질의 상태로, 나무, 돌, 쇠, 얼음 등의 상태이다. [40, 41, 55쪽]

▲ 고체인 나무블록을 다양한 컵에 옮겨 보기

곡류
참고 강 중류

물이 구불구불하게 굽이쳐 흘러가는 흐름 또는 물을 말한다. [71쪽]

구름
참고 응결

공기 중의 수증기가 높은 하늘에서 응결하여 생긴 것이다. [54쪽]

규모
🔍 더 자세히 보기
참고 지진

지진이 일어날 때 발생하는 힘의 크기를 잰 것으로 지진의 세기를 나타내는 단위이다. 규모의 숫자가 클수록 강한 지진이며, 소수 첫째 자리까지 숫자로 표시한다. [84쪽]

[규모별 지진 강도]

2~2.9 대부분의 사람이 느끼며, 매달린 물체가 흔들림.	**4~4.9** 집이 크게 흔들리고, 창문 등이 깨짐.
5~5.9 서있기가 곤란해지고, 가구들이 움직임.	**7~7.9** 지표면에 균열이 생기고, 돌담 등이 파손됨.
8~8.9 다리와 같은 대형 구조물이 파괴되고, 산사태 발생이 가능함.	**9 이상** 건물이 대다수 파괴되고, 철로가 휘며 땅이 끊어짐.

균사
참고 균류

균사는 균류를 이루는 섬세한 실 모양의 구조로 여러 개의 세포가 모여 이루어진다. 균사에는 엽록소가 없으며 종류에 따라 일정한 모양으로 가지 나누기를 하거나, 공기 중으로 뻗은 균사의 끝에 균사가 빽빽하게 모여 덩어리를 이루기도 한다. 균사가 모여 덩어리를 이룬 것을 자실체라고 하며, 버섯은 자실체의 일종이다. [101쪽]

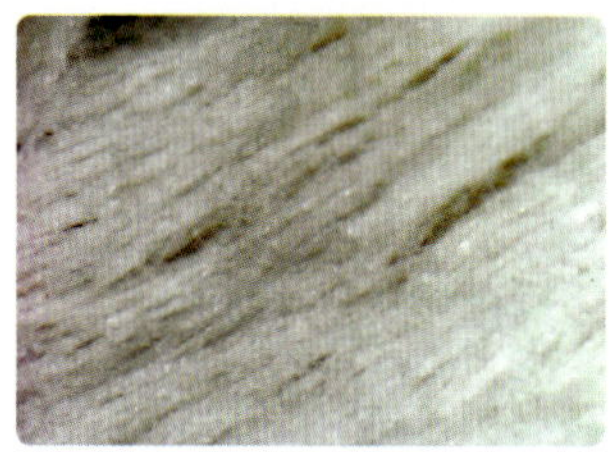
▲ 버섯의 균사

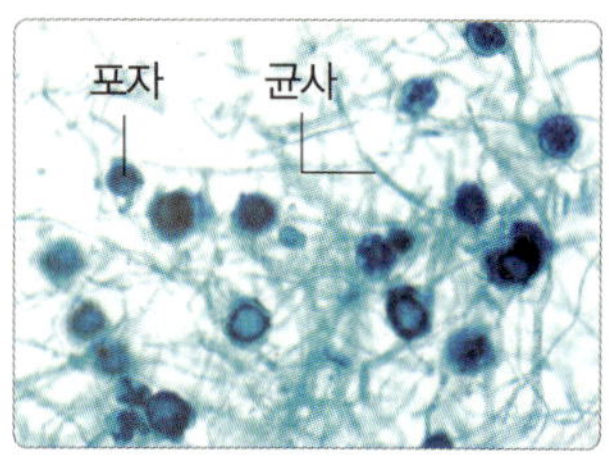

▲ 곰팡이의 균사

극
참고 자석

자석에서 자석의 힘이 가장 센 양쪽의 끝으로, 자석의 극은 항상 두 개이며 N극과 S극으로 나타낸다. [14, 15, 20, 21쪽]

기체
참고 고체, 액체

일정한 모양과 부피를 가지지 않고 담는 용기를 가득 채우려는 성질이 있는 물질의 상태로, 산소, 이산화 탄소, 질소 등의 상태이다. [40, 41, 55쪽]

나침반
참고 자기장

방향을 찾는 데 이용하는 도구로, 나침반 바늘의 빨간색 부분은 북쪽, 빨간색 부분의 반대편은 남쪽을 가리킨다. 이는 나침반 바늘이 자석의 성질을 가지기 때문이다. [20, 21쪽]

내진설계
참고 지진

지진에 안전한 건물을 설계하는 것으로, 지진 발생 시 건물에 전달되는 진동을 고르게 분산할 수 있는 장치 또는 강력한 구조물이 사용된다. [85쪽]

대물렌즈
참고 현미경

현미경에서 관찰 대상 쪽의 렌즈로 물체의 상을 확대해 준다. 관찰할 때에는 대물렌즈의 배율을 가장 낮은 것에서부터 높은 것으로 바꾸며 초점을 맞추어 관찰한다. [100, 102, 108쪽]

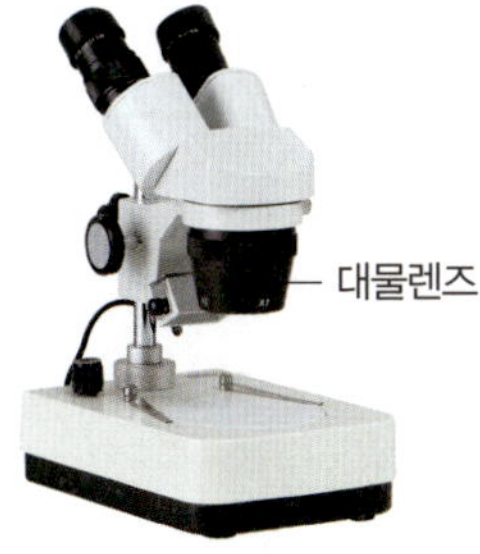

▲ 실체 현미경   ▲ 디지털 현미경

물
참고 얼음, 수증기

강, 호수, 바다, 지하수 등에 분포하는 액체로 순수한 것은 색이나 맛이 없고 투명하며, 고체 상태의 얼음, 기체 상태의 수증기로 상태가 변할 수 있다. 물은 공기와 더불어 생물이 살아가는 데 없어서는 안 될 중요한 물질이다. [40쪽]

부피

넓이와 높이를 가진 물체가 공간에서 차지하는 크기이다. [40, 44, 45쪽]

▲ 부피가 작다.   ▲ 부피가 크다.

V자곡
참고 강 상류

경사가 급하여 물이 빠른 상류에 만들어진 폭이 좁고 깊게 파인 V자 모양의 계곡이다. [71쪽]

빙하

수천 년 동안 쌓인 눈이 얼음덩어리로 변하여 그 자체의 무게로 압력을 받아 이동하는 현상이나 그 얼음덩어리를 말한다. [70쪽]

삼각주
참고 강 하류

바다로 흘러 들어가는 강의 하류 부분에 모래나 흙이 오랫동안 퇴적되어 만들어진 삼각형 모양의 지형이다. 우리나라의 낙동강 하구에는 이러한 삼각주가 발달되어 있다. [71쪽]

섬모
참고 짚신벌레

세포의 표면에 돋아나 있는 짧고 가는 털 모양의 구조이다. [106쪽]

▲ 짚신벌레의 섬모

수증기
참고 물, 기체

물의 기체 상태로, 우리 눈에 보이지 않고 손으로 잡을 수 없지만 공기 중에 존재한다. [40쪽]

순상 화산
참고 종상 화산

끈적끈적한 점성이 매우 작은 용암이 여러 번 분출하여 생긴 화산 형태의 하나로 방패를 엎어 놓은 듯한 완만한 경사를 이룬다. [76쪽]

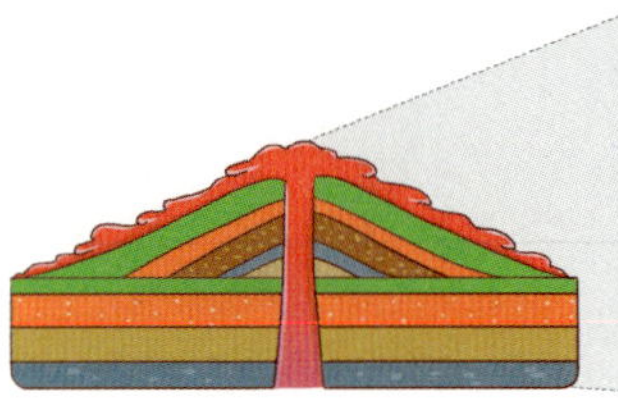

▲ 용암이 멀리 흐름.　　　▲ 한라산(순상 화산)

습도
참고 수증기

공기 중에 수증기가 포함된 정도이다. 습도가 낮으면 목이 건조해지거나 따끔거리기도 한다. 반대로 습도가 높을 때는 집안에 곰팡이가 생기기 쉽다. [55쪽]

안개
참고 응결

공기 중에서 수증기가 응결해 작은 물방울 상태로 지표면 가까이에 떠 있는 것이다. [54쪽]

알루미늄

은백색의 가볍고 부드러운 금속 원소로, 가공하기 쉽고 가벼우며 인체에 해가 없으므로 널리 쓰인다. [10, 25쪽]

▲ 생활 속 다양한 알루미늄 제품

액체
참고 고체, 기체

일정한 부피는 가지지만 일정한 형태를 가지지 않는 물질의 상태로, 주스, 물, 간장 등의 상태이다. [40, 41, 55쪽]

얼음
참고 물, 고체

물이 얼어서 만들어진 물질로, 고체 상태이다. 물이 얼음으로 변할 때 부피가 늘어난다. [40, 41쪽]

더 자세히 보기

엽록체
참고 해캄

식물 잎의 세포 안에 포함된 둥근 모양의 작은 부분으로, 엽록소를 함유하여 녹색을 띠며 광합성 과정을 통해 양분을 만드는 역할을 한다. 광합성을 하려면 물, 이산화 탄소, 햇빛이 필요하며 광합성을 통해 녹말과 산소가 만들어진다. [106쪽]

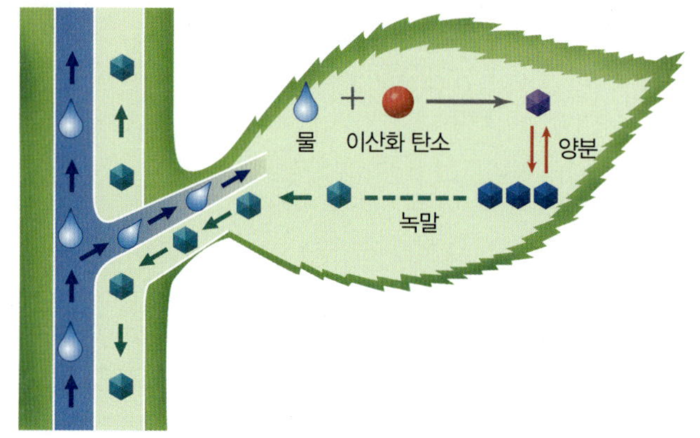

▲ 식물의 광합성 과정

운반 작용

흐르는 물, 바람, 파도와 같은 자연적인 힘이 흙, 모래, 자갈 등의 물질을 옮겨 나르는 작용을 말한다. [70, 71쪽]

원생생물

동물, 식물, 균류로 분류되지 않으며 동물이나 식물과 비교할 때 생김새가 단순한 단세포 생물을 통틀어 이르는 말이다. [106쪽]

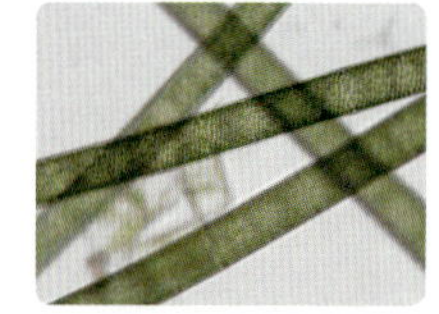
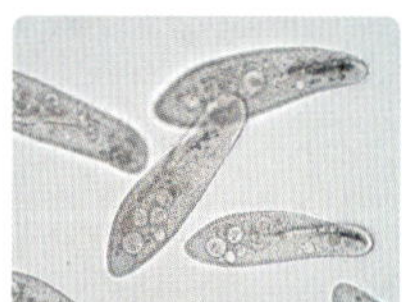

▲ 해캄　　　▲ 짚신벌레　　　▲ 아메바

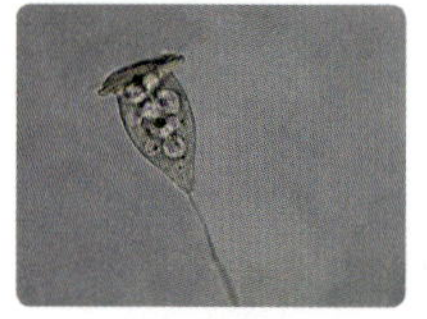

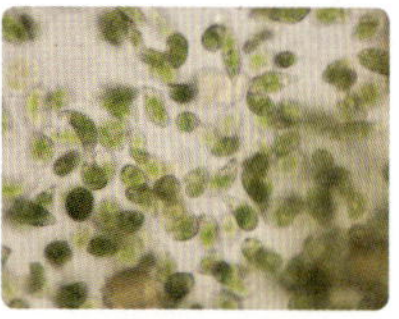

▲ 종벌레　　　▲ 반달말　　　▲ 클로렐라

응결 참고 액화

기체인 수증기가 액체인 물로 상태가 변하는 현상이다.   [54, 55쪽]

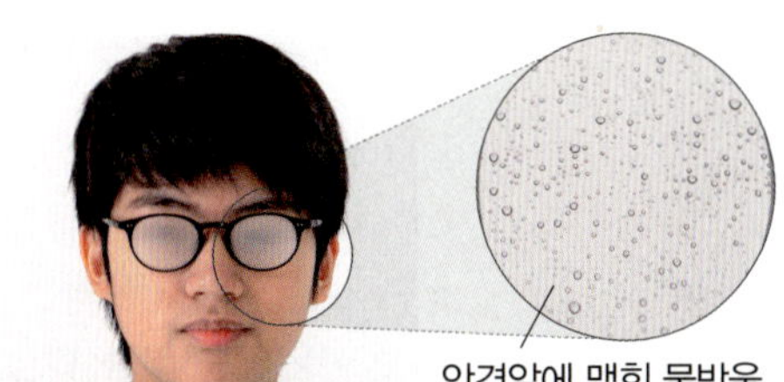

안경알에 맺힌 물방울

▲ 추운 겨울 밖에서 따뜻한 실내로 들어왔을 때 안경이 뿌옇게 흐려지는 것은 응결 현상의 예임.

이슬 참고 응결

따뜻한 공기가 차가운 물체를 만나서 그 물체의 표면에 물방울로 응결한 것이다.   [54쪽]

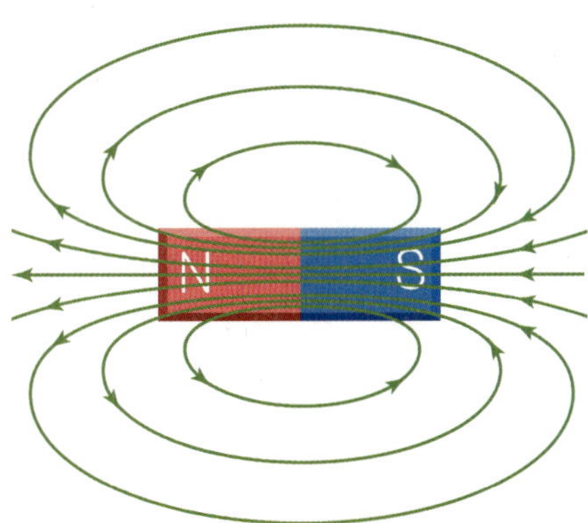

ㅈ

자기력 참고 자석

자석이 철을 끌어당기는 힘이나 자석 사이에 작용하는 힘을 말한다.   [10쪽]

자기장 참고 자기력

자석의 주위나 전류가 통하는 물건 주위, 지구의 표면 등과 같이 자석이 물체를 끌어당기는 힘인 자기력이 미치는 공간을 말한다.   [11쪽]

▲ 막대자석 주위의 자기장

자석

철을 끌어당기는 성질이 있는 물체로 둥근 모양, 막대 모양, U자 모양, 고리 모양 등 모양과 색깔이 다양하다.   [10, 14쪽]

자화 참고 자기력

자기장 안의 물체가 자석의 성질을 띠는 현상으로, 철로 된 물체를 자석에 붙여 놓거나 자석으로 문질러 자화할 수 있다.   [24쪽]

접안렌즈 참고 현미경

현미경의 구조 중 눈으로 직접 보는 렌즈로, 디지털 현미경은 접안렌즈 대신 스마트 기기의 화면을 통해 관찰 대상을 살펴볼 수 있다.   [100, 102쪽]

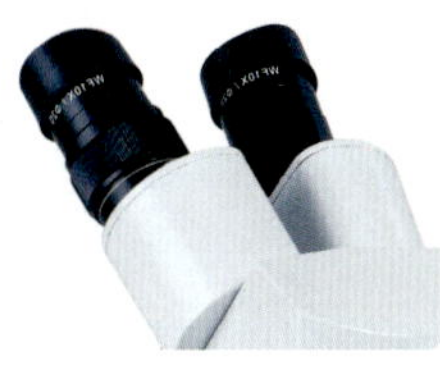

종상 화산 참고 순상 화산

끈적끈적한 점성이 매우 큰 용암이 솟아올라서 엉겨 굳으며 산꼭대기가 종 모양으로 만들어진 화산이다.   [76쪽]

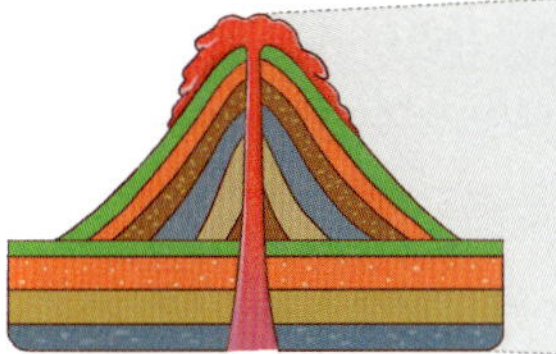 

▲ 용암이 흐르지 못함.   ▲ 산방산(종상 화산)

🔍 **더 자세히 보기**

증발 참고 기화

액체인 물이 표면에서 기체인 수증기로 상태가 변해 공기 중으로 날아가는 현상으로, 물이 물의 표면과 물 속에서 모두 수증기로 변하는 끓음과는 차이가 있다. 액체 상태의 물질이 기체 상태의 물질로 변하는 현상을 기화라고 하며 증발과 끓음 모두 기화 현상이다.   [50쪽]

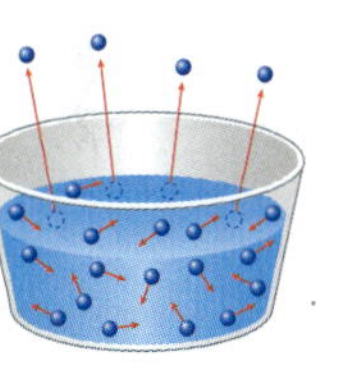

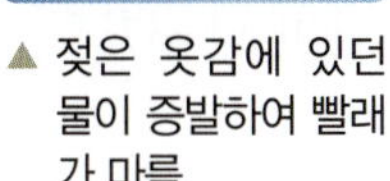

▲ 젖은 옷감에 있던 물이 증발하여 빨래가 마름.   ▲ 젖은 머리카락에 있던 물이 증발하여 머리가 마름.   ▲ 바닷물에 있던 물을 증발시켜 소금을 얻을 수 있음.

지표

지구의 표면 또는 땅의 겉면을 말한다. 흐르는 물이나 화산 활동, 지진 등은 지표의 모습을 변화시킨다.   [70쪽]

ㅊ

더 자세히 보기

침식 작용
참고 강 상류

흐르는 물, 빙하, 바람, 파도 등의 자연 현상이 지표를 깎는 작용을 말한다. [70, 71쪽]

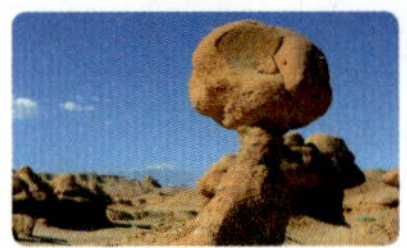
▲ 모래바람에 의한 침식 작용으로 만들어진 버섯바위

▲ 빙하에 의한 침식 작용으로 만들어진 U자곡

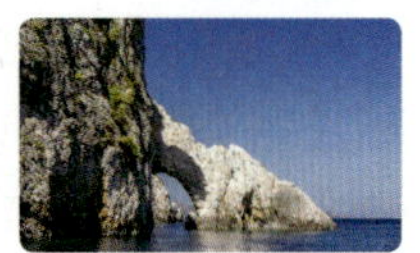
▲ 파도에 의한 침식 작용으로 만들어진 해식동굴

ㅌ

퇴적 작용
참고 강 하류

침식된 돌이나 흙, 생물의 죽은 몸 등이 흐르는 물, 빙하, 바람 등의 작용으로 운반되어 일정한 곳에 쌓이는 작용을 말한다. [70, 71쪽]

ㅍ

포도상 구균
참고 세균

주변에 널리 퍼져 있는 세균으로 피부 염증, 식중독 등 다양한 감염증을 일으키며, 공 모양이다. 여러 개가 서로 연결되어 포도송이처럼 보이기 때문에 포도상 구균이라는 이름이 붙었다. [107쪽]

포자
참고 균류

버섯과 곰팡이 같은 생물이 자손을 남기기 위하여 만드는 생식 세포이다. 포자는 작고 가벼워서 눈에 잘 보이지 않고 공기 중에 떠다니다 퍼져 멀리까지 이동할 수 있다. [101쪽]

표본

생물의 몸 전체나 그 일부에 적당한 처리를 가하여 오랫동안 보존할 수 있게 한 것이다. [100, 106쪽]

ㅎ

합금

금속에 다른 금속이나 원소를 섞어서 만든 새로운 물질을 말한다. 우리가 사용하는 일부 동전은 알루미늄 합금과 구리로 만들어졌는데, 합금을 이용하는 까닭은 더 단단한 재료를 얻기 위해서이다. [10쪽]

현미경

눈으로는 볼 수 없을 만큼 작은 물체나 물질을 확대해서 보는 기구로, 대물렌즈, 접안렌즈, 조명 장치 등으로 된 실체 현미경 외에 디지털 현미경 등 다양한 현미경이 있다. [100, 102쪽]

더 자세히 보기

화산 쇄설물

화산 활동으로 분출되는 고체 물질로, 알갱이의 크기에 따라 화산진, 화산재, 화산력, 화산암괴 등으로 분류한다. [77쪽]

화산진	지름 $\frac{1}{16}$ mm 이하인 것	화산재	지름 $\frac{1}{16}\sim2$ mm 인 것
화산력	지름 2~64 mm 인 것	화산 암괴	지름 64 mm 이상인 것

화성암

화성암은 마그마가 식어서 굳어져 만들어진 암석을 통틀어 이르는 말로, 지표 근처에서 굳은 것은 화산암, 땅속 깊은 곳에서 굳은 것은 심성암으로 분류한다. 심성암을 이루는 알갱이의 크기가 화산암을 이루는 알갱이의 크기보다 크며, 대표적인 화산암에는 현무암, 대표적인 심성암에는 화강암이 있다. [80쪽]

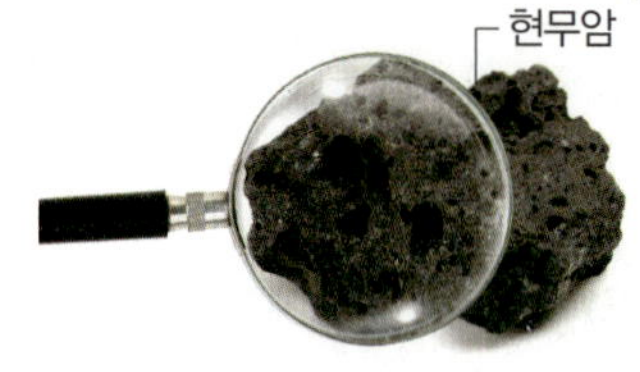

회전판
참고 현미경

현미경의 구조 중 대물렌즈의 배율을 조절하는 나사이다. [100쪽]

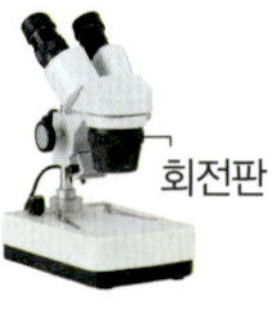

하이탑
HIGHTOP

믿고 보는 초등 과학 개념서

하이탑
HIGHTOP

초등
과학 **4·1**

2권 심화

중학교 개념 특강 | 중학교 개념 테스트

동아출판

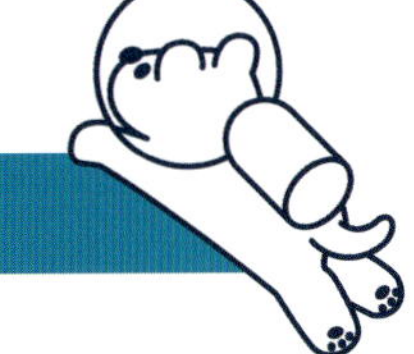

1 중학교 개념 특강

초등 과학 필수 개념과 연계된 중학교 기초 개념을 미리 쉽게
학습하면서 과학 전체 개념의 이해 폭을 넓힐 수 있습니다.

2 중학교 개념 테스트

중학교 개념 특강에서 배운 내용을 잘 이해했는지 간단한
퀴즈를 통해 확인할 수 있습니다.

차례

1. 자석의 이용

이번에 배운 내용
- **자석에 붙는 물체**: 철로 된 물체임.
- **자석의 극**: 같은 극끼리는 밀고, 다른 극끼리는 끌어당김.
- **나침반과 자석**: 항상 일정한 방향을 가리킴.

전기와 자기

앞으로 배울 내용
- **자기장**: 자석 주위에 자기력이 작용하는 공간임.
- **전기가 흐르는 전선**: 자기장이 만들어져 자석의 성질을 띰.
- **자기장의 이용**: 전자석, 전동기 등이 있음.

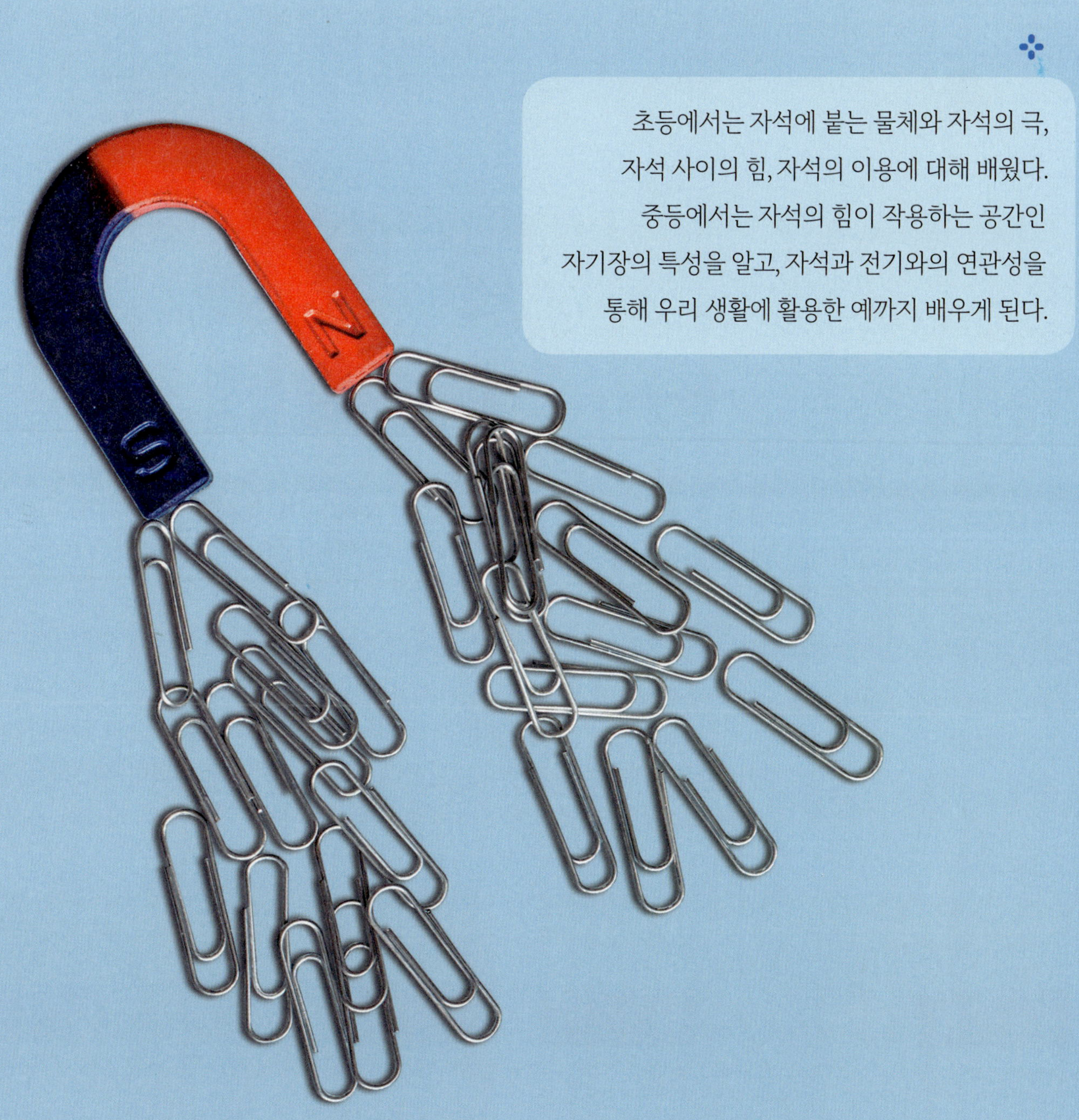

초등에서는 자석에 붙는 물체와 자석의 극,
자석 사이의 힘, 자석의 이용에 대해 배웠다.
중등에서는 자석의 힘이 작용하는 공간인
자기장의 특성을 알고, 자석과 전기와의 연관성을
통해 우리 생활에 활용한 예까지 배우게 된다.

1. 자석의 힘은 어디까지 작용할까?

자석과 자석 또는 자석에 붙는 물체와 자석 사이에 작용하는 힘을 **자기력**이라고 한다. 이때 자석의 같은 극끼리는 미는 힘인 **척력**이, 다른 극 사이에는 끌어당기는 힘인 **인력**이 작용한다. 자석의 힘은 어디까지 작용할까?

자석 주위에 자기력이 작용하는 공간을 자기장이라고 한다.

자석 주위에 철 가루를 뿌리거나 작은 나침반을 놓으면 자기력이 작용하여 철가루나 나침반 바늘이 일정한 모양으로 배열되며, 이를 통해 **자기장**이 있음을 알 수 있다.

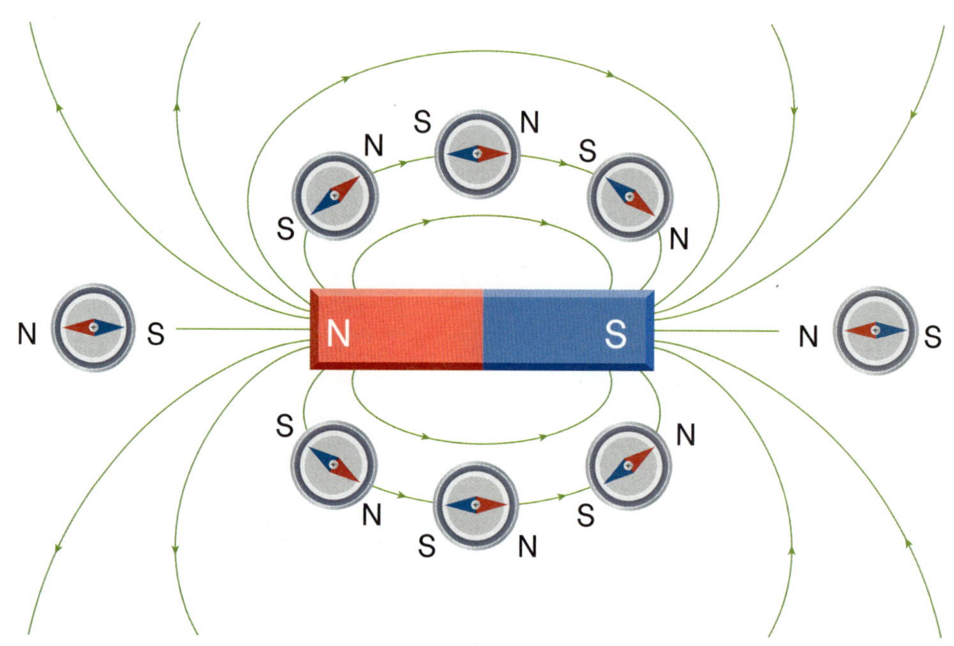

자기장의 한 지점에 나침반을 놓았을 때 나침반 바늘의 N극이 가리키는 방향이 그 지점에서의 자기장의 방향이다. 같은 극 사이에 척력이 작용하는 모습과 다른 극 사이에 인력이 작용하는 모습을 자기장으로 나타내면 아래와 같다.

▲ 척력이 작용하는 자석 사이의 자기장

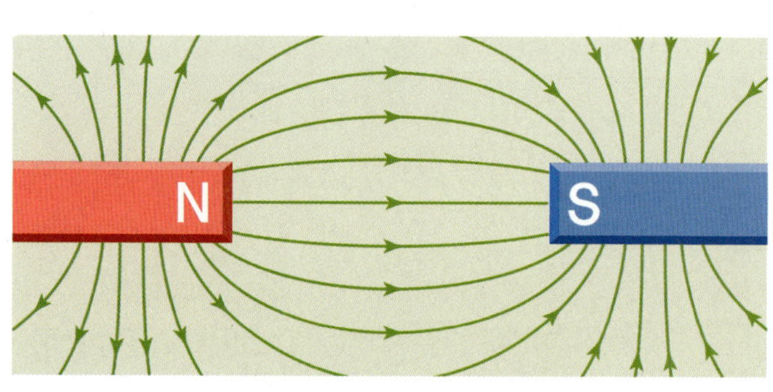

▲ 인력이 작용하는 자석 사이의 자기장

2. 전기와 자기 사이에는 어떤 관련이 있을까?

전기가 흐르는 전선의 주위에 있던 나침반 바늘의 움직임을 통해, 전기가 흐르는 전선 주위에는 **자기장**이 만들어진다는 사실을 알 수 있다.

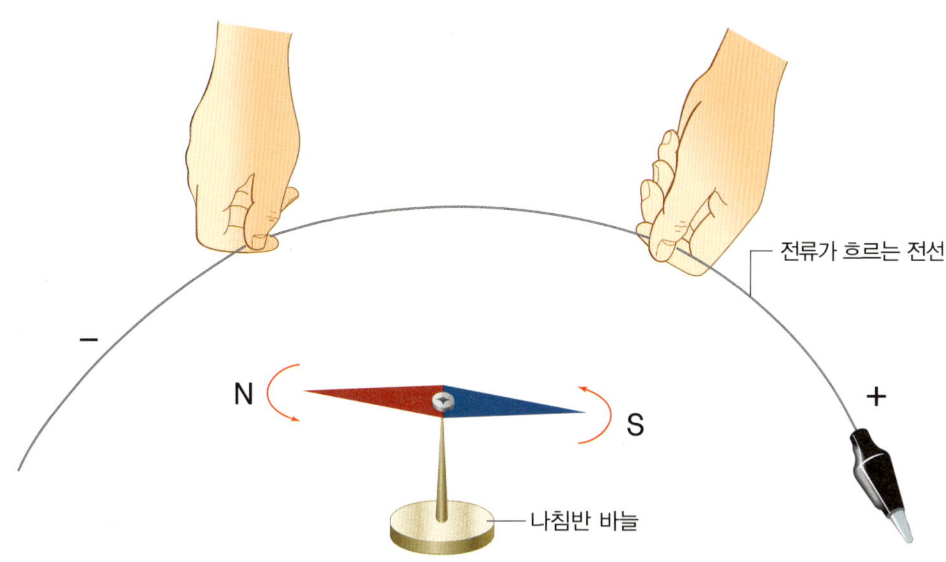

코일에 전류를 흘렸을 때 만들어지는 자기장은 코일의 한쪽에서 나와 다른 쪽으로 들어가는 모양으로, 자석 주위에서 볼 수 있는 자기장과 비슷한 모양의 자기장이 만들어진다. 따라서 ==코일에 전류를 흘려주면 자석과 같은 성질을 띠는 것이다.==

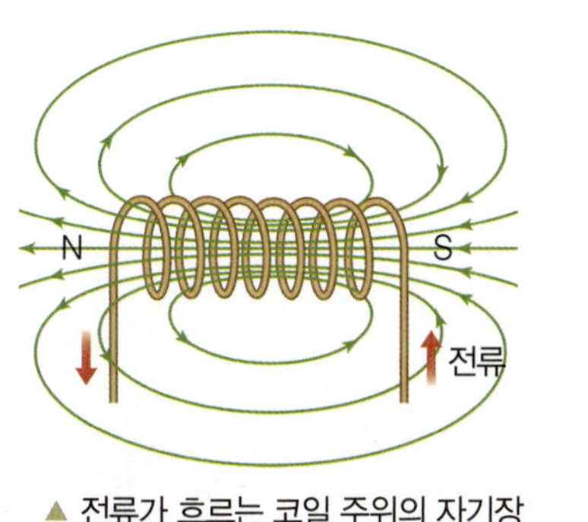

▲ 전류가 흐르는 코일 주위의 자기장

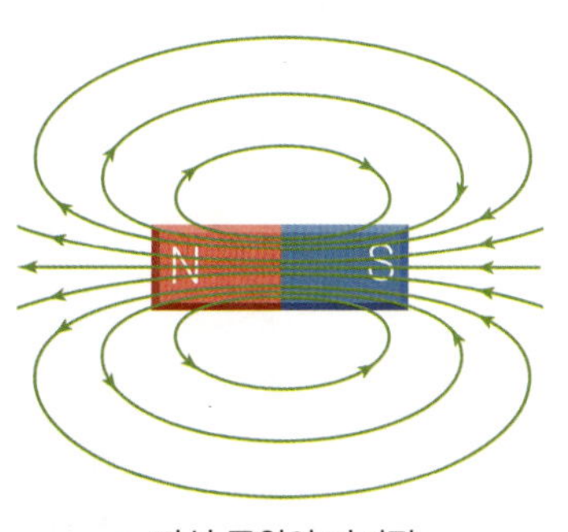

▲ 자석 주위의 자기장

코일 주위의 자기장의 세기는 코일에 흐르는 전류가 셀수록, 코일을 많이 감을수록 커진다.

3. 자기장을 우리 생활에 어떻게 이용할까?

코일에 전류가 흘러 생기는 자기장의 경우, 전류의 세기와 코일을 감은 수를 조절하여 자기장의 세기를 조절할 수 있다.

철심을 넣은 코일에 전류가 흐를 때 매우 강한 자기장이 만들어지는데, 이를 **전자석**이라고 한다.

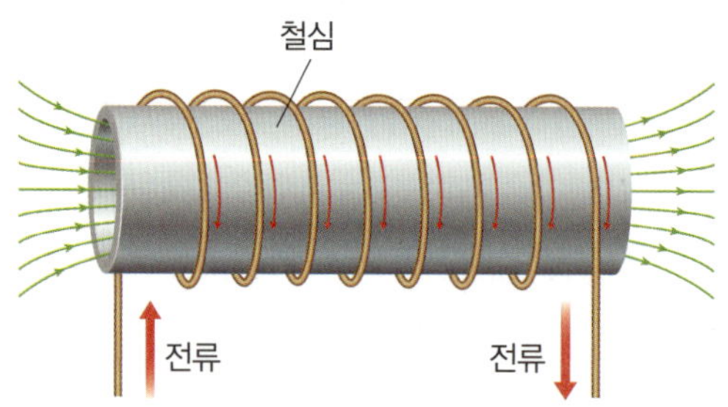

전자석은 전류가 흐를 때만 자석이 되며, 전류의 방향과 세기를 조절하여 극과 세기를 바꿀 수 있는 특징이 있다.

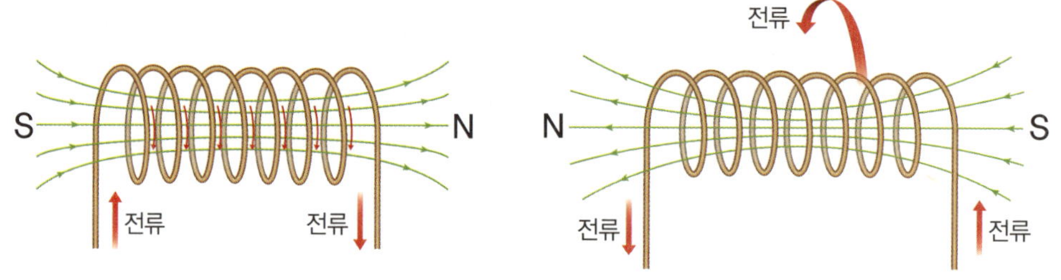

▲ 전류가 흐르는 방향을 반대로 했을 때 바뀌는 전자석의 극

▼ 전자석 기중기

전자석은 자석이 철을 끌어당기는 성질, 자석 사이의 인력(끌어당기는 힘)과 척력(밀어내는 힘), 물질을 자화시키는 성질 등을 전류가 흐를 때마다 사용할 수 있으며, 매우 강력한 자석으로 만들 수도 있어 다양한 분야에 이용된다.

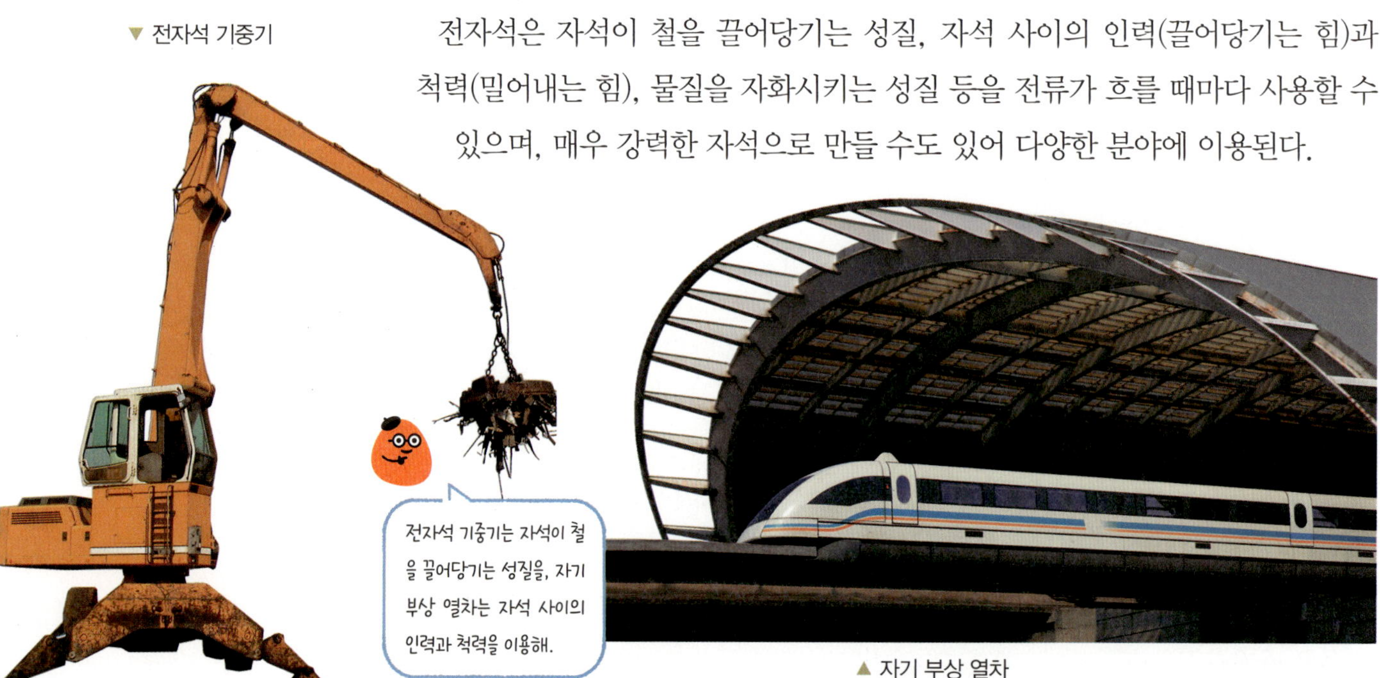

▲ 자기 부상 열차

4. 전동기는 어떤 원리로 움직일까?

세탁기, 선풍기, 전기 자동차, 전기 드릴, 드론 등 전기를 사용하여 움직이는 대부분의 전기 기구에는 **전동기**가 사용된다.

▲ 선풍기

▲ 전동기의 구조

▲ 드론

전동기는 자석 사이에 놓인 코일에
전류가 흐를 때 코일의 위와 아랫부분이 자기력을 받아
회전하는 장치이다.

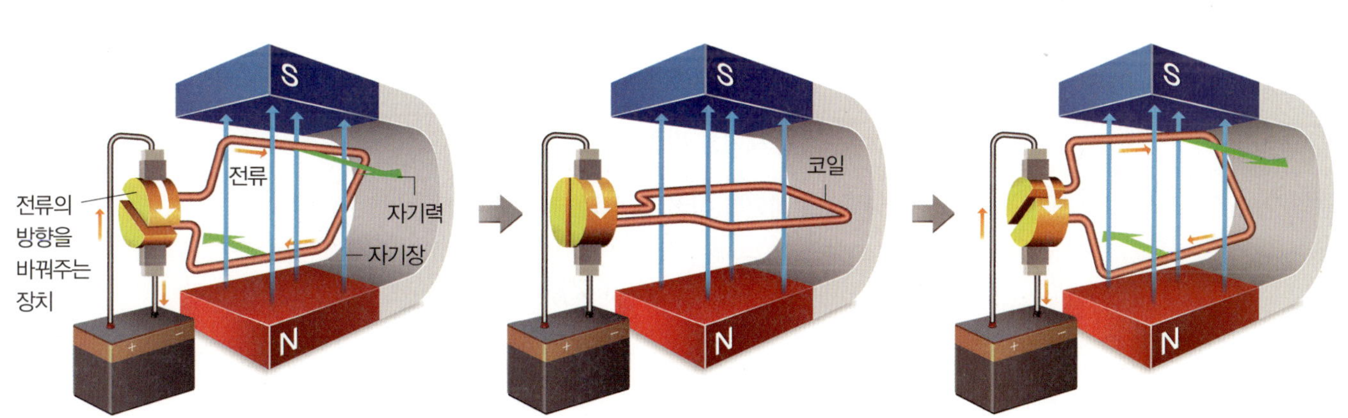

회전축과 연결된 코일이 자석의 사이에 있을 때 코일의 윗부분과 아랫부분에 반대 방향의 전류가 흐르면, 반대 방향의 자기력이 작용하여 코일이 회전하게 돼. 전동기는 강한 자기력을 받을수록 회전하는 속력이 빨라져.

전동기는 전기 에너지를 ==운동 에너지==로 바꿀 수 있기 때문에 우리 생활을 편리하게 하는 데 많은 도움을 준다.

1
- A 자석의 같은 극끼리는 척력이, 다른 극 사이에는 인력이 작용한다.
- B 자석의 같은 극끼리는 인력이, 다른 극 사이에는 척력이 작용한다.

2
- A 자석 주위에 자기력이 작용하는 공간을 자기력선이라고 한다.
- B 자석 주위에 자기력이 작용하는 공간을 자기장이라고 한다.

3
- A 전기가 흐르는 전선 주위에는 자기장이 만들어진다.
- B 전기가 흐르지 않아도 전선 주위에는 자기장이 만들어진다.

4
- A 코일에 전류를 흘려 주면 용수철과 같은 성질을 띤다.
- B 코일에 전류를 흘려 주면 자석과 같은 성질을 띤다.

5
- A 막대자석은 극과 세기를 바꿀 수 있다.
- B 전자석은 극과 세기를 바꿀 수 있다.

6
- A 전동기는 자석 사이의 코일에 전류가 흐를 때 자기력을 받아 회전하는 장치이다.
- B 전자석은 자석 사이의 코일에 전류가 흐를 때 자기력을 받아 회전하는 장치이다.

7
- A 전동기는 전기 에너지를 운동 에너지로 바꿀 수 있다.
- B 전동기는 운동 에너지를 전기 에너지로 바꿀 수 있다.

답 ❶ A ❷ B ❸ A ❹ B ❺ B ❻ A ❼ A

2. 물의 상태 변화

이번에 배운 내용
- **물의 세 가지 상태**: 얼음(고체), 물(액체), 수증기(기체)
- **물이 얼 때, 얼음이 녹을 때**: 무게는 변하지 않고 부피만 변함.
- **증발**: 액체인 물이 표면에서 기체인 수증기로 상태가 변함.
- **응결**: 기체인 수증기가 액체인 물로 상태가 변함.

물질의 상태 변화

앞으로 배울 내용
- **융해**: 고체에서 액체로 상태가 변함.
- **승화**: 고체(기체)에서 기체(고체)로 상태가 변함.
- **물질의 상태 변화**: 물질을 이루는 입자의 배열이 달라지므로 질량은 변하지 않고, 부피는 변함.

초등에서는 물의 세 가지 상태와
물의 상태 변화가 일어날 때의 변화를 배웠다.
중등에서는 융해, 응고, 기화, 액화, 승화를
구분하고, 물질의 상태 변화를
입자의 운동과 연관지어 탐구한다.

1. 물질을 이루는 입자는 어떻게 다를까?

▲ 고체 상태

▲ 액체 상태

▲ 기체 상태

고체, 액체, 기체의 특징이 각각 다른 것은 물질의 상태에 따라 물질을 이루는 입자의 배열이 다르기 때문이다.

▲ 고체 상태의 입자 배열

고체 상태의 물질은 입자들이 규칙적으로 배열되어 있고, 입자 사이의 거리가 매우 가까워 입자의 운동이 활발하지 않고 제자리에서 °진동한다.

▲ 액체 상태의 입자 배열

액체 상태의 물질은 입자들이 고체보다 불규칙하게 배열되어 있고, 입자 사이의 거리가 고체보다 멀어 입자의 운동이 비교적 자유롭다.

▲ 기체 상태의 입자 배열

기체 상태의 물질은 입자들이 매우 불규칙하게 배열되어 있고, 입자 사이의 거리가 매우 멀어 입자의 운동이 매우 자유롭고 활발하다.

● 진동 물체가 한 점을 중심으로 반복적으로 왔다 갔다 하면서 움직이는 상태

2. 물이 아닌 물질의 상태 변화는 어떨까?

물질의 상태는 온도와 압력에 따라 변하는데, 주로 온도에 따라 변한다.

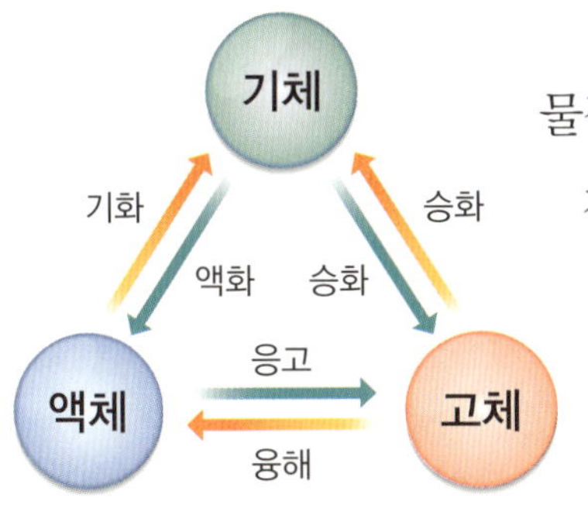

물질을 가열할 때에는 융해, 기화, 승화(고체 → 기체)가 일어나고, 물질을 냉각할 때에는 응고, 액화, 승화(기체 → 고체)가 일어난다.

고체에서 액체로 상태가 변하는 융해에는 불을 붙인 양초에서 촛농이 흘러내리는 모습을 예로 들 수 있다. 흘러내리던 촛농이 굳는 것은 액체에서 고체로 상태가 변하는 응고의 예이다.

융해된 액체 양초는 기체로 상태가 변하여 공기 중으로 날아가는 기화가 일어난다. 이와 같이 양초가 연소하는 동안 양초의 각 부분에서는 다양한 상태 변화가 동시에 일어난다.

드라이아이스는 실온에서도 고체에서 기체로 쉽게 승화하는 물질이다. 이때 주변의 차가워진 공기 중의 수증기가 액화하여 흰 연기처럼 보이게 된다.

▲ 드라이아이스

3. 상태 변화는 물질의 성질을 바꿀까?

상태 변화가 일어나도 물질을 이루는 **입자** 자체는 변하지 않으므로 물질의 성질은 변하지 않는다.

잘게 부순 초콜릿을 가열하면 녹아서 액체가 되고(융해), 녹은 초콜릿이 식으면 굳어서 다시 고체가 된다(응고). 이 과정에서 초콜릿의 모양은 변하지만 초콜릿의 단맛은 변하지 않는다.

▲ 초콜릿(고체 상태)　　▲ 녹은 초콜릿(액체 상태)　　└ 틀에 넣어 굳힘.　　▲ 굳은 초콜릿(고체 상태)

물과 물이 끓어서 생긴 수증기에 각각 푸른색 염화 코발트 종이를 대면 염화 코발트 종이가 모두 붉은색으로 변한다.

이를 통해 물의 상태가 변해도 물의 **성질**은 변하지 **않는다**는 것을 알 수 있다.

4. 상태 변화가 일어날 때 바뀌는 것은?

상태 변화가 일어나도 물질을 이루는 입자의 종류, 개수, 크기 등은 변하지 않으므로 물질의 **질량**은 변하지 **않는다**.

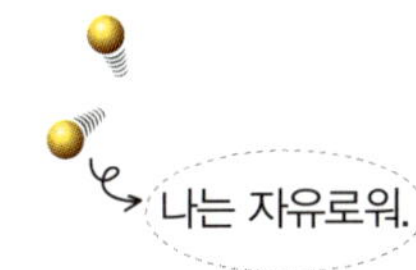

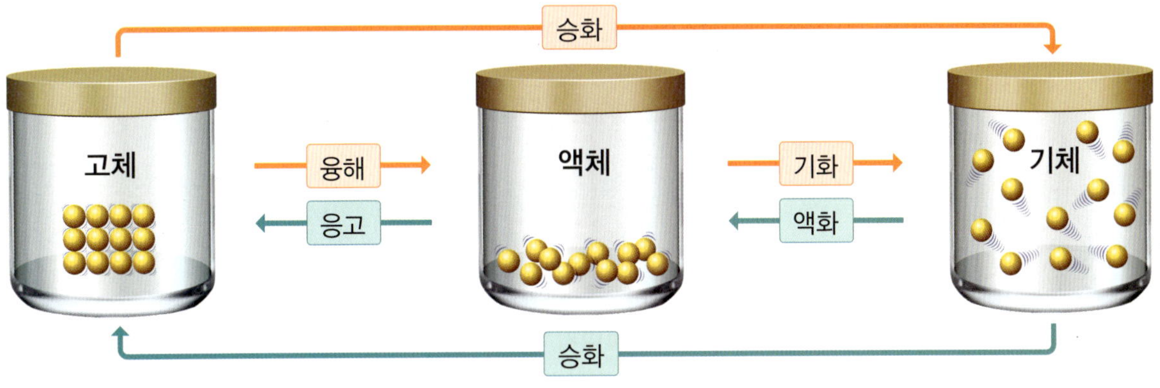

상태 변화가 일어날 때 물질을 이루는 입자의 배열이 달라지므로 물질의 부피가 변한다.

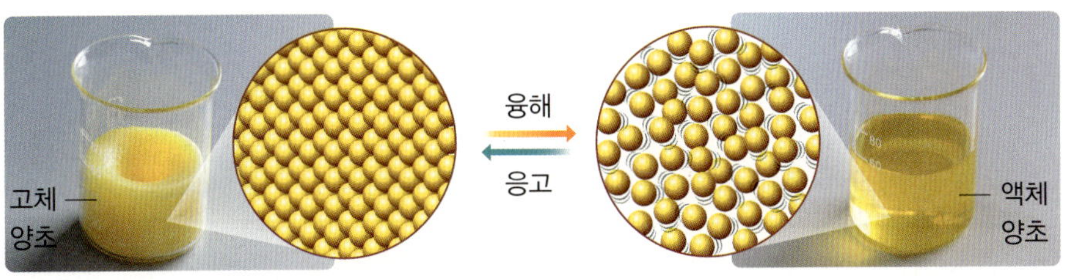

융해가 일어날 때는 입자의 배열이 고체보다 불규칙해지고, 입자 사이의 거리가 고체보다 멀어지므로 부피가 늘어나.
반대로 응고가 일어날 때는 입자의 배열이 액체보다 규칙적으로 변하고, 입자 사이의 거리가 액체보다 가까워지므로 부피가 줄어들지.

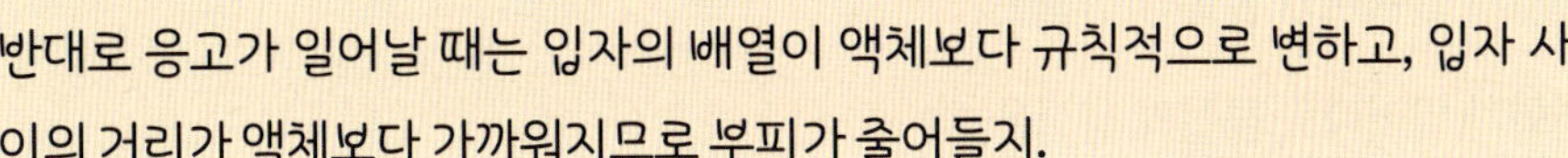

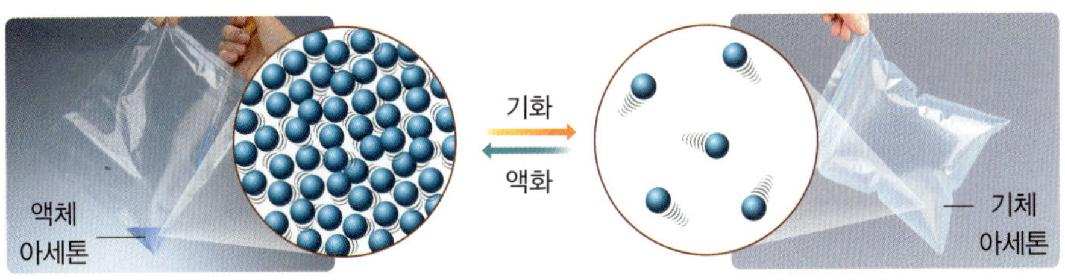

기화가 일어날 때는 입자의 배열이 액체보다 매우 불규칙해지고, 입자 사이의 거리가 액체보다 매우 멀어지므로 부피가 크게 늘어나.
반대로 액화가 일어날 때는 입자의 배열이 기체보다 비교적 규칙적으로 변하고, 입자 사이의 거리가 기체보다 비교적 가까워지므로 부피가 크게 줄어드는 거야.

다음 과학 개념을 읽고 A와 B 중 맞는 문장을 찾아 V 체크하세요.

1
- [ ] **A** 고체, 액체, 기체 상태의 물질을 이루는 입자의 배열은 각각 다르다.
- [ ] **B** 고체, 액체, 기체 상태의 물질을 이루는 입자의 배열은 모두 같다.

2
- [ ] **A** 고체 상태의 물질은 입자 사이의 거리가 매우 가깝다.
- [ ] **B** 기체 상태의 물질은 입자 사이의 거리가 매우 가깝다.

3
- [ ] **A** 물질의 상태는 주로 무게에 따라 변한다.
- [ ] **B** 물질의 상태는 주로 온도에 따라 변한다.

4
- [ ] **A** 흘러내리던 촛농이 굳는 것은 액체에서 고체로 상태가 변하는 융해의 예이다.
- [ ] **B** 흘러내리던 촛농이 굳는 것은 액체에서 고체로 상태가 변하는 응고의 예이다.

5
- [ ] **A** 상태 변화가 일어나면 물질의 성질은 변한다.
- [ ] **B** 상태 변화가 일어나도 물질의 성질은 변하지 않는다.

6
- [ ] **A** 상태 변화가 일어날 때 물질의 부피가 변한다.
- [ ] **B** 상태 변화가 일어날 때 물질의 무게가 변한다.

7
- [ ] **A** 기화가 일어날 때는 입자 사이의 거리가 매우 가까워진다.
- [ ] **B** 기화가 일어날 때는 입자 사이의 거리가 매우 멀어진다.

답 **1** A **2** A **3** B **4** B **5** B **6** A **7** B

3. 땅의 변화

지권의 변화

이번에 배운 내용

- **침식, 운반, 퇴적 작용**: 지표의 바위나 돌 등을 깎고, 깎인 돌이나 흙이 이동하며, 운반된 것이 쌓이는 작용임.
- **화성암**: 마그마가 식어 만들어진 암석임.
- **지진**: 땅이 지구 내부의 힘을 받아 끊어지며 흔들리는 것임.

앞으로 배울 내용

- **지구 내부 구조**: 지각, 맨틀, 외핵, 내핵으로 구분함.
- **화산대와 지진대**: 대체로 판의 경계와 일치함.
- **화성암의 분류**: 화산암과 심성암으로 분류함.
- **광물**: 암석을 이루는 지각 구성 물질의 기본 단위임.

초등에서는 침식, 운반, 퇴적 작용에 의한
땅의 변화와 화산 활동과 지진의
발생 원인, 화성암에 대해 배웠다.
중등에서는 암석을 이루는 광물,
암석이 모여 이루어진 지각,
지각을 포함한 지구의 내부 구조를 배우며,
지구 내부의 힘에 대해 학습한다.

중학교 개념 특강

1. 지구 내부는 어떤 특징이 있을까?

지구 내부의 구조와 상태를 알아내는 가장 효율적인 방법은 지진이 발생할 때 지진계에 감지되는 지진파를 이용하는 것이다. 지진파를 이용하여 알아낸 지구 내부는 지각, 맨틀, 외핵, 내핵으로 구분할 수 있다.

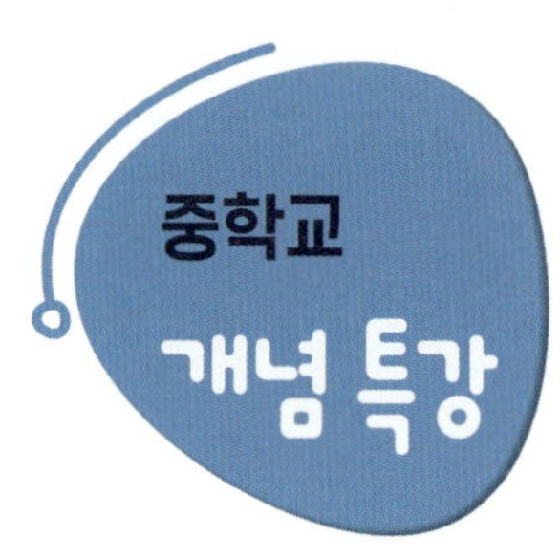

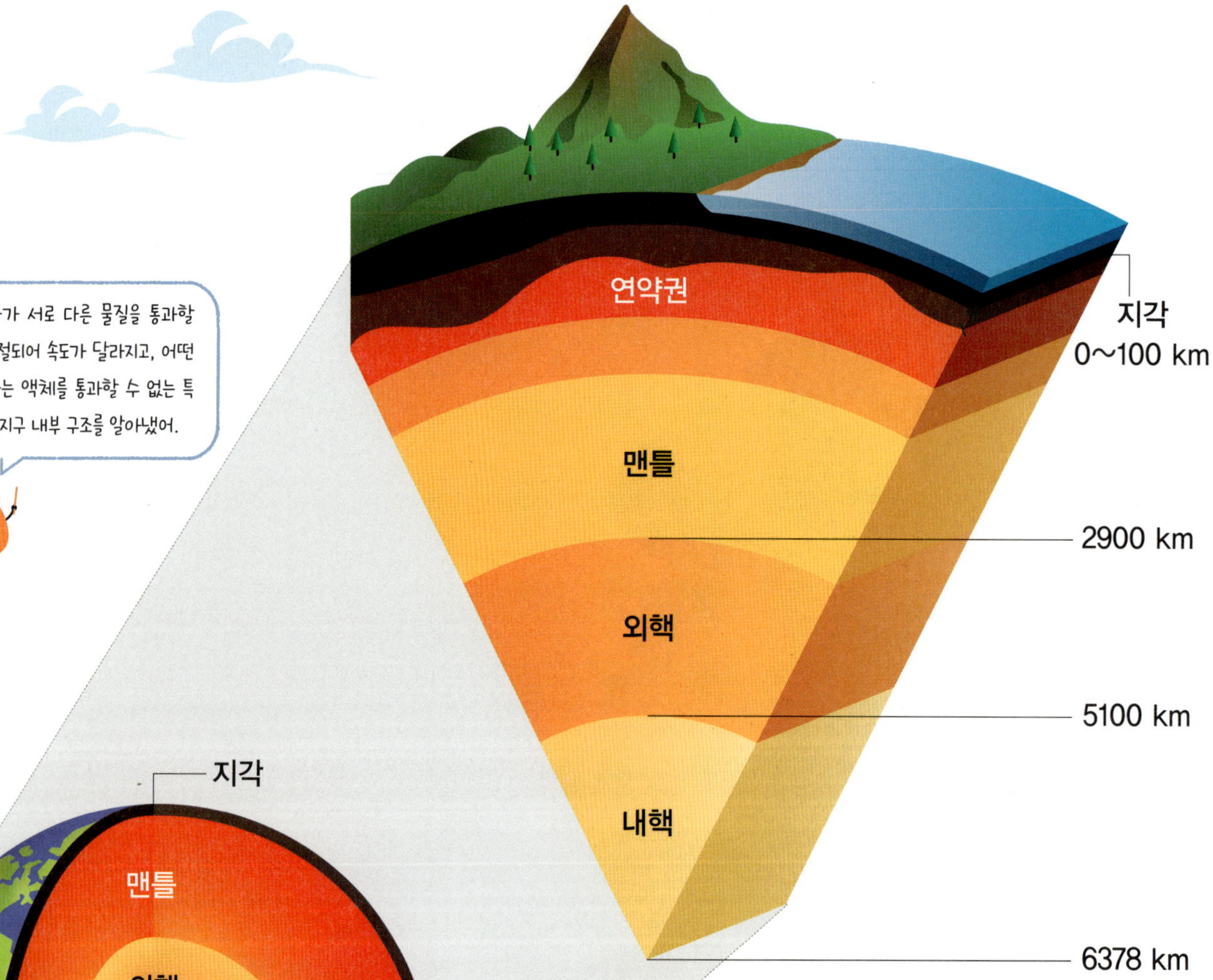

지진파가 서로 다른 물질을 통과할 때 굴절되어 속도가 달라지고, 어떤 지진파는 액체를 통과할 수 없는 특징으로 지구 내부 구조를 알아냈어.

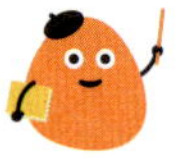

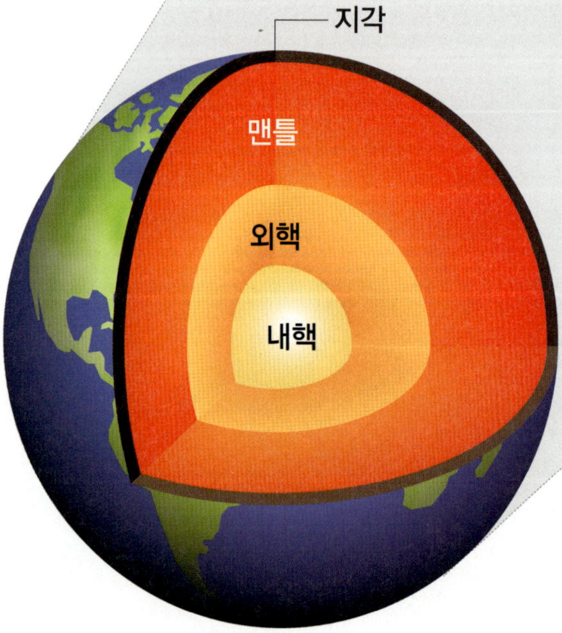

맨틀은 지각 아래로부터 지하 약 2900 km에 이르는 구간으로, 지구 내부 구조 중 가장 큰 부피를 차지하며 고체 상태의 암석으로 이루어져 있다. 지각을 이루는 암석과는 다른 종류의 암석으로 되어 있다.

외핵은 지하 약 2900 km ~ 5100 km의 구간으로, 액체 상태로 추정된다.

내핵은 지하 약 5100 km ~ 지구 중심까지의 구간으로, 고체 상태로 추정된다.

2. 화산과 지진이 일어나는 까닭은 무엇일까?

지각과 맨틀 위쪽 일부를 포함하여 평균 두께 약 100 km의 단단한 암석으로 이루어진 부분을 판이라고 한다. 지구의 표면은 크고 작은 여러 개의 판으로 이루어져 있다. 맨틀의 위쪽은 고체 상태이지만 유동성을 가지기 때문에 느린 속도로 대류가 일어나며, 위에 있는 판도 함께 움직인다.

판과 판의 경계에서는 이동 속도 차이에 따라 판이 서로 멀어지거나 부딪치고 어긋나면서 화산 활동이나 지진과 같은 지각 변동이 발생한다.

따라서 화산과 지진이 자주 발생하는 장소인 화산대와 지진대의 분포는 대체로 판의 경계와 일치한다.

▼ 화산대와 지진대의 분포

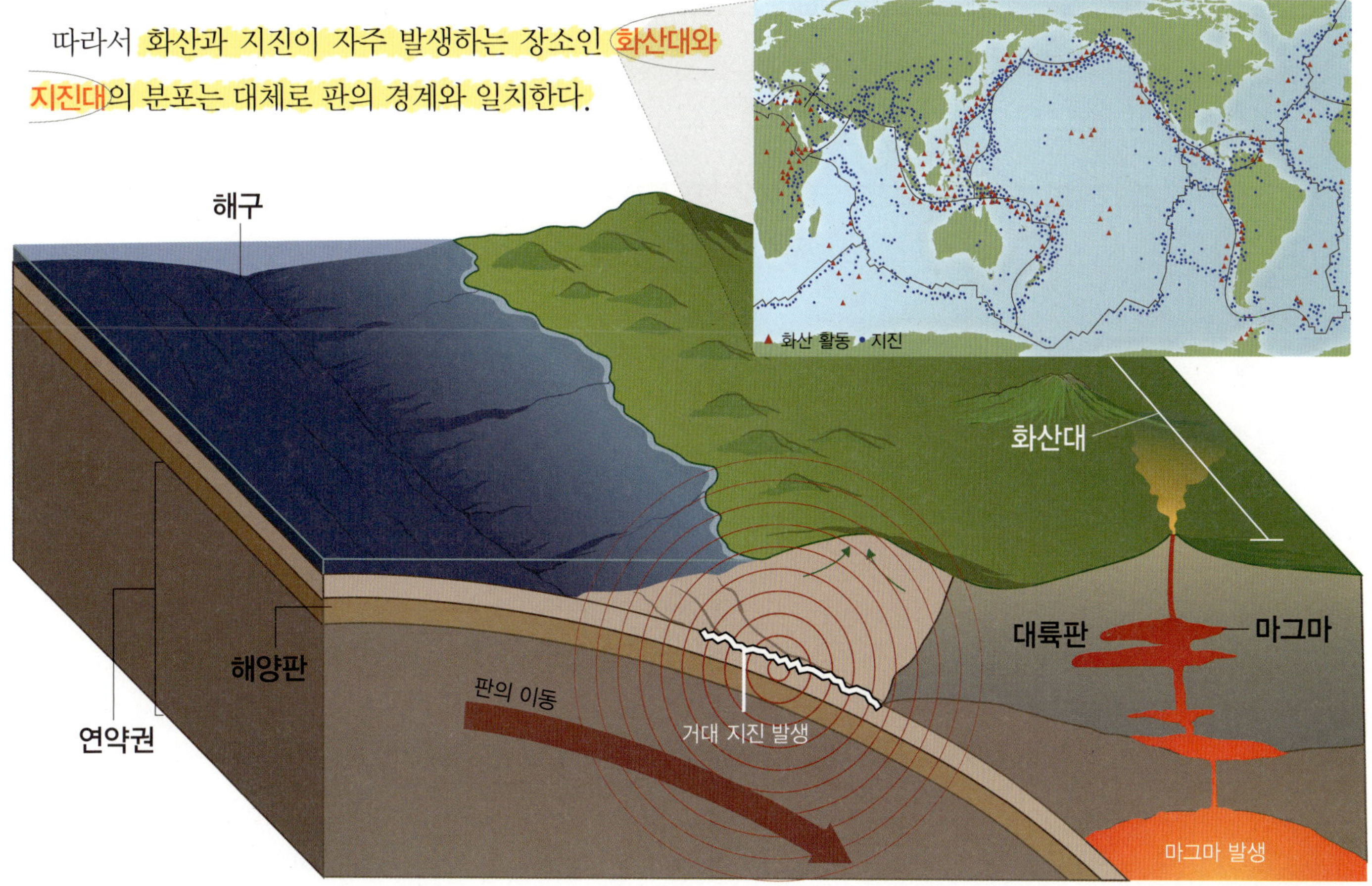

3. 화성암은 어떻게 만들어졌을까?

지하에서 암석의 일부가 녹아 생성된 마그마가 지하 깊은 곳이나 지표 부근에서 식어서 만들어진 암석을 화성암이라고 한다.

화성암은 암석을 이루는 알갱이의 결정 크기에 따라 화산암과 심성암으로 나눌 수 있고, 밝은색이나 어두운색을 띠는 암석으로 나눌 수 있다.

마그마가 지표로 분출되어 빠르게 식어서 굳은 암석인 화산암은 암석을 이루는 알갱이의 결정 크기가 작다.

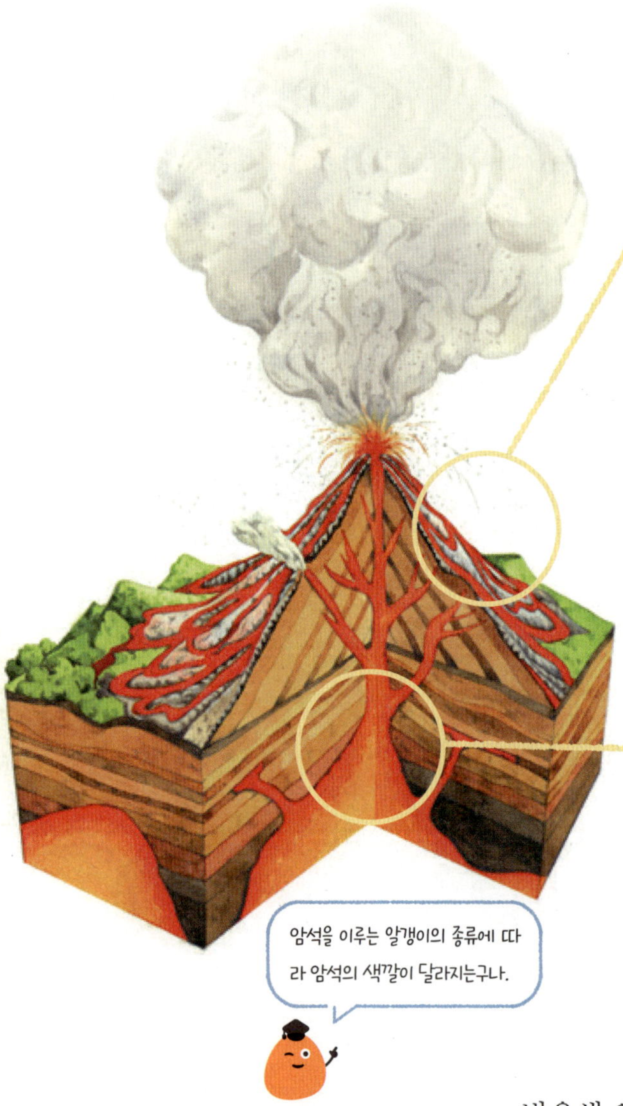

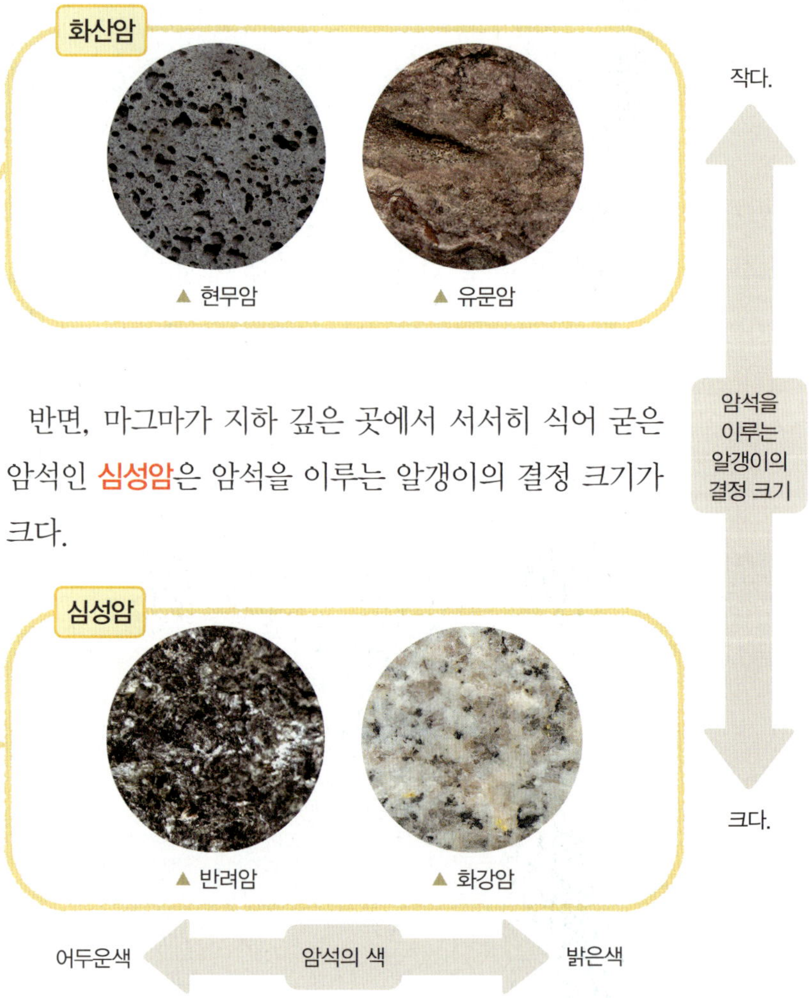

반면, 마그마가 지하 깊은 곳에서 서서히 식어 굳은 암석인 심성암은 암석을 이루는 알갱이의 결정 크기가 크다.

밝은색 암석은 암석을 이루는 알갱이가 장석, 석영 등으로 주로 밝은색을 띠고, 어두운색 암석은 휘석, 흑운모, 각섬석 등으로 주로 어두운색을 띤다.

4. 암석을 이루는 알갱이는 무엇일까?

  지각은 대부분 암석으로 이루어져 있고, 암석은 여러 종류의 알갱이로 이루어
진다. 암석을 이루는 알갱이를 광물이라고 한다.

  현재까지 지구상에서 발견된
광물의 종류는 4000 종이 넘지만
암석 속에서 흔히 볼 수 있는 광물을 종합해 보면
약 30여 종밖에 되지 않는다.

  이와 같이 암석을 이루는 주요 광물을 조암 광물이라고 한다.

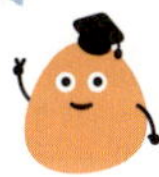

색에 따른 구분	밝은색 광물		어두운색 광물			
	장석	석영	휘석	흑운모	각섬석	감람석
광물						
색	흰색, 담황색	무색, 흰색	녹색, 검은색	검은색, 갈색	녹색, 검은색	황록색

  위와 같은 조암 광물의 색에 따른 특성으로 암석을 구분할 수 있다.

  화강암과 같이 장석과 석영 등의 광물이 많이 포함된 암석은 밝은색을 띠고,

▲ 화강암

반려암과 같이 휘석, 각섬석, 감람석이 많이 포함된 암석은 어두운색을 띤다.

▲ 반려암

다음 과학 개념을 읽고 A와 B 중 맞는 문장을 찾아 V 체크하세요.

1
- [ ] **A** 지구 내부는 지각, 맨틀, 외핵, 내핵으로 구분할 수 있다.
- [ ] **B** 지구 내부는 대륙 지각, 해양 지각, 외핵, 내핵으로 구분할 수 있다.

2
- [ ] **A** 지구의 외핵은 액체 상태로 추정된다.
- [ ] **B** 지구의 외핵은 고체 상태로 추정된다.

3
- [ ] **A** 화산대와 지진대의 분포는 대체로 육지와 바다의 경계에 일치한다.
- [ ] **B** 화산대와 지진대의 분포는 대체로 판의 경계와 일치한다.

4
- [ ] **A** 화성암은 이루는 알갱이의 결정 크기에 따라 화산암과 심성암으로 나눌 수 있다.
- [ ] **B** 화성암은 이루는 알갱이의 결정 크기에 따라 화산암과 변성암으로 나눌 수 있다.

5
- [ ] **A** 심성암은 암석을 이루는 알갱이의 결정 크기가 화산암보다 작다.
- [ ] **B** 심성암은 암석을 이루는 알갱이의 결정 크기가 화산암보다 크다.

6
- [ ] **A** 암석을 이루는 알갱이를 광물이라고 한다.
- [ ] **B** 물질을 이루는 알갱이를 광물이라고 한다.

7
- [ ] **A** 장석과 석영 등의 밝은색 광물을 많이 포함한 암석은 밝은색을 띤다.
- [ ] **B** 장석과 석영 등의 밝은색 광물을 많이 포함한 암석은 어두운색을 띤다.

답 ❶ A ❷ A ❸ B ❹ A ❺ B ❻ A ❼ A

4. 다양한 생물과 우리 생활

이번에 배운 내용

- **균류**: 버섯과 곰팡이와 같이 균사로 이루어져 있고, 포자로 번식하는 생물임.
- **원생생물**: 해캄과 짚신벌레처럼 생김새가 단순한 생물임.
- **세균**: 크기가 매우 작고 구조가 단순한 생물임.

생물의 구성과 다양성

앞으로 배울 내용

- **종**: 생물을 분류하는 기본 단위로 가장 작은 단계임.
- **생물의 5계**: 원핵생물계, 원생생물계, 식물계, 균계, 동물계임.
- **생물 다양성 감소**: 서식지 파괴 등이 주된 원인임.

초등에서는 균류, 원생생물,
세균이 동물이나 식물과 구분되는
특징에 대해 배웠다.
중등에서는 생물의 유기적 구성 단계와
다양성을 이해하고, 생물 종의
개념과 분류 체계, 생물 다양성의
보존 방법을 탐구한다.

1. 다양한 생물을 어떻게 분류할까?

다양한 생물을 분류하는 까닭은 생물 사이의 가깝고 먼 정도를 나타내는 관계를 알아내기 위해서이다.

생물의 분류 방법에는 사람이 정한 기준에 따라 생물을 분류하는 방법인 **인위 분류**와, 생물이 가진 고유한 특징을 기준으로 생물을 분류하는 방법인 **자연 분류**가 있다.

인위 분류

인위 분류와 같이 사람이 정한 기준에 따라 생물을 분류하면, 분류하는 사람에 따라 분류 결과가 달라질 수 있으므로 과학적인 분류라고 할 수 없어.

자연 분류

자연 분류는 생물의 겉모습이나 속 구조, 번식 방법, 유전적 특징 등 생물이 가진 고유한 특징을 기준으로 생물을 분류하는 방법으로, 과학적인 분류 방법이야.

생물의 고유한 특징을 기준으로 하여 생물을 분류하면 생물 사이의 가깝고 먼 정도를 나타내는 관계와 **진화**해 온 과정을 밝힐 수 있다.

2. 생물의 분류 단계에는 어떤 차이가 있을까?

예전에는 겉모습과 특징이 비슷한 각각의 생물체를 모아 같은 종으로 분류하였지만, 현대에는 자연 상태에서 짝짓기를 하여 번식 능력을 가진 자손을 낳을 수 있는 생물체들의 무리를 같은 종으로 본다.

 종에서 계로 갈수록 생물의 종류가 다양해진다.

종과 같이 낮은 단계의 같은 분류 단계에 속한 생물끼리는 가까운 관계로, 공통적인 특징이 있으며 진화 과정 중 같은 조상에서 분리되었다는 것을 뜻한다.

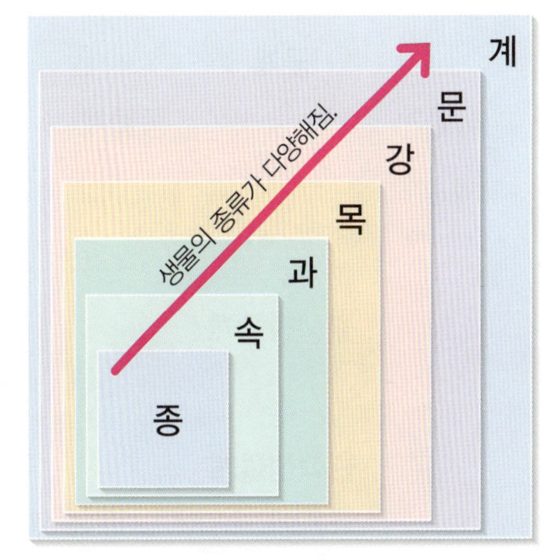

3. 생물의 5계를 구분하는 특징은 무엇일까?

생물을 계로 분류할 때는 몸을 구성하는 구조나 세포의 수, 광합성의 여부, 기관의 발달 정도 등에 따라 원핵생물계, 원생생물계, 식물계, 균계, 동물계의 5계로 분류한다.

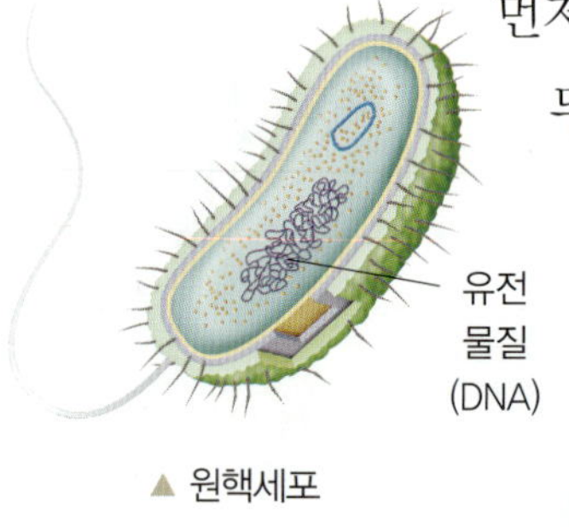

▲ 원핵세포

먼저 우리가 세균이라고 부르는 생물이 포함된 원핵생물계의 생물들은 몸에 뚜렷한 핵이 없는 원핵세포로 이루어져 있고, 몸이 한 개의 세포로 이루어진 단세포 생물이다.

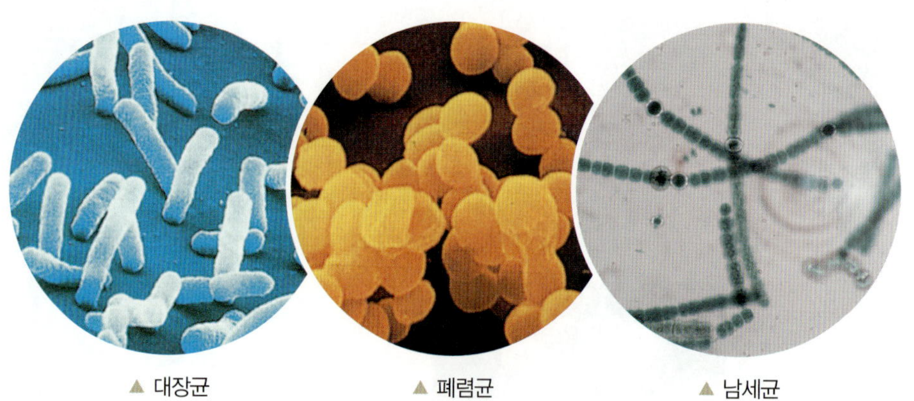
▲ 대장균   ▲ 폐렴균   ▲ 남세균

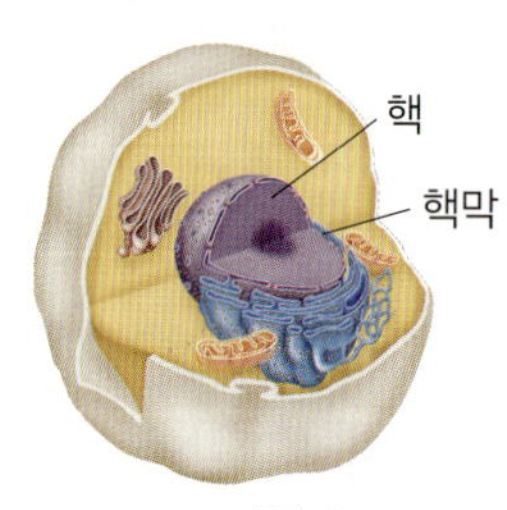

▲ 진핵세포

다음으로, 해캄과 아메바와 같은 생물이 포함된 원생생물계에 속한 생물들은 몸에 뚜렷한 핵이 있는 진핵세포로 이루어져 있고, 단세포 생물이 많지만 다세포 생물도 있다.

식물계의 생물들은 대부분 뿌리, 줄기, 잎과 같은 기관이 발달해 있으며, 엽록체가 있어서 광합성을 하여 스스로 양분을 만든다.

균계의 생물들은 대부분 몸이 균사로 이루어져 있으며, 엽록체가 없어서 광합성을 하지 못하고 대부분 죽은 생물을 분해하여 양분을 흡수한다.

동물계의 생물은 대부분 다양한 기관이 발달해 있으며, 운동성이 있고 다른 생물을 먹어 양분을 얻는다. 동물계에 속한 사람은 척추동물 중 포유류에 속한다.

4. 생물의 다양성이 감소하는 원인은 무엇일까?

생물의 다양성이 감소하면 생태계 평형이 쉽게 깨지고 생태계로부터 다양한
생물 자원을 얻어 살아가는 인간도 생존을 위협받게 된다.

생물의 서식지가 파괴되면 그곳에서 살아가는 생물의 종류가 급격하게 감소한
다. 도로나 땅의 개발 등으로 서식지가 나뉘고 이동이 제한된
생물 집단은 멸종으로 이어질 수도 있다.

외래종이 새로운 환경에 적응하여 대량으로 번식하면 옛날부터 우리나라에서
살고 있던 고유한 생물종의 생존을 위협하고 생태계 평형을 파괴할 수 있다.

따라서 생물 다양성이 감소하는
원인을 제거하거나 줄이는 노력을
기울여 생물의 다양성을 보전해야
한다.

다음 과학 개념을 읽고 A와 B 중 맞는 문장을 찾아 V 체크하세요.

1
A 생물이 가진 고유한 특징을 기준으로 생물을 분류하는 방법은 인위 분류이다.
B 생물이 가진 고유한 특징을 기준으로 생물을 분류하는 방법은 자연 분류이다.

2
A 생물을 분류하는 기본 단위는 목이다.
B 생물을 분류하는 기본 단위는 종이다.

3
A 종은 생물을 분류하는 가장 작은 단계이고, 계는 가장 큰 분류 단계이다.
B 계는 생물을 분류하는 가장 작은 단계이고, 종은 가장 큰 분류 단계이다.

4
A 생물의 5계는 원핵생물계, 원생생물계, 식물계, 곰팡이계, 인간계로 분류한다.
B 생물의 5계는 원핵생물계, 원생생물계, 식물계, 균계, 동물계로 분류한다.

5
A 균계의 생물들은 대부분 뿌리, 줄기, 잎과 같은 기관이 발달해 있다.
B 식물계의 생물들은 대부분 뿌리, 줄기, 잎과 같은 기관이 발달해 있다.

6
A 생물의 서식지가 파괴되면 그곳에서 살아가는 생물의 종류가 급격하게 감소한다.
B 생물의 서식지가 파괴되면 그곳에서 살아가는 생물의 종류가 급격하게 증가한다.

7
A 외래종이 대량으로 번식하면 생태계 평형을 파괴할 수 있다.
B 외래종이 대량으로 번식하면 생태계 평형을 더욱 잘 유지할 수 있다.

답 ❶ B ❷ B ❸ A ❹ B ❺ B ❻ A ❼ A

하이탑
HIGHTOP

초등 과학 4·1

2권 심화

HIGHTOP

하이탑
HIGHTOP

H I G H T O P

동아출판
믿고 보는 초등 과학 개념서
하이탑
HIGHTOP
초등
과학
4·1
3권 정답과 해설
빠른 정답으로 편리한 채점 | 자세한 해설과 보충자료
동아출판

차례

1 자석의 이용

12~13쪽

필수 탐구　**1** (1) ○　　**2** ㉣

개념 확인문제
1 자석　　**2** (1) ✕ (2) ✕ (3) ✕ (4) ○　　**3** ㉡
4 ㉡ ○ ㉢ ○　　**5** ㉠
6 색종이, 얇은 유리판

16~17쪽

필수 탐구　**1** N　　**2** ㉣

개념 확인문제
1 ②　　**2** 극　　**3** (1) ✕ (2) ✕ (3) ✕ (4) ○
4 ㉠ 같은 ㉡ 다른　　**5** ㉡, ㉣
6 (1) ㉡ (2) ㉢

18~19쪽　실력 강화문제

1 ㉡　　**2** ㉡　　**3** ㉢　　**4** ②
5 (2) ○　　**6** (1) ㉡, ㉢ (2) 슬기　　**7** 5개, 극, 극
8 ①　　**9** ㉠　　**10** 예 자석의 같은 극끼리
는 서로 밀어내는 힘, 다른 극끼리는 서로 끌어당기는 힘
이 작용합니다.

22~23쪽

필수 탐구　**1** ㉡　　**2** (2) ○ (3) ○

개념 확인문제
1 ㉠　　**2** 하온　　**3** (3) ○　　**4** (1) ㉠ N
㉡ S (2) ㉠ 빨간 ㉡ 파란　　**5** (1) 북쪽 (2) 남쪽
6 ㉢

26~27쪽

필수 탐구　**1** (1) ○ (2) ○　　**2** 북쪽(남쪽)
과 남쪽(북쪽)

개념 확인문제
1 ㉠, ㉡, ㉢　　**2** ①　　**3** (1) (다) (2) (가)
4 ②　　**5** ㉣　　**6** ⑤

28~29쪽　실력 강화문제

1 ㉢　　**2** ㉠　　　　㉡　　**3** ㉠, ㉢
4 ④　　**5** (1) ㉠ 북 ㉡ 남 (2) 북쪽: S, 남쪽: N
6 시원　　**7** (3) ○　　**8** ㉠ 자석 ㉡ 달라진다
9 (1) ㉣ (2) ㉡ (3) ㉠ (4) ㉢　　**10** 예 클립
통에 자석을 사용하면 철 클립을 붙여 쉽게 보관할 수 있
고, 통을 떨어뜨려도 철 클립이 쏟아지지 않아 사용이 편
리합니다.

30~33쪽　단원평가

1 (1) 철 머리핀, 철 옷핀 (2) 지우개, 유리컵, 고무풍선, 플
라스틱 블록 (3) 소화기　　**2** ㉠　　**3** ⑤
4 (2) ○　　**5** ④　　**6** ④　　**7** (2) ○
8 S　　**9** ㉣　　**10** ④　　**11** ㉠ 남
㉡ 북　　**12** ④　　**13** ㉤　　**14** ③, ⑤
15 철　　**16** (1) ㉠ (2) 예 철로 만들어진 캔은 자석
에 붙기 때문입니다.　　**17** 예 철로 된 물체를 동전
모양 자석에 붙였을 때 물체가 가장 많이 붙는 부분이 극
입니다.　　**18** (1) N (2) 예 자석은 다른 극끼리 서로
끌어당기므로 ㉠은 S극이고 ㉡은 N극이 됩니다.
19 (1) ㉣ (2) 예 자석이 항상 일정한 방향(북쪽과 남쪽)을
가리키는 성질을 이용한 것입니다.　　**20** (1) 예 철
클립이 철 머리핀에 붙습니다. (2) 예 막대자석에 붙여 놓
았던 철 머리핀이 일시적으로 자석의 성질을 띠게 되어 철
로 된 물체인 철 클립을 끌어당기기 때문입니다.

34~35쪽　단원 핵심 정리

1 철　　**2** 철　　**3** 두(2)　　**4** S
5 N　　**6** 북　　**7** 철　　**8** 같은

2 물의 상태 변화

42~43쪽

필수 탐구 1 ㉢ 2 하은

개념 확인문제
1 물 2 ②, ④ 3 ㉠ 고체 ㉡ 액체 ㉢ 기체
4 ㉣ 5 ③ 6 ㉠

46~47쪽

필수 탐구 1 (1) ○ 2 =

개념 확인문제
1 은석 2 늘어난다 3 부피 4 ㉢
5 (1) × (2) × (3) ○ 6 ⑤

48~49쪽 실력 강화문제

1 (1) ㉠, ㉢ (2) ㉡, ㉣ 2 (1) 수증기에 ○ (2) 기체
3 ⑤ 4 상태 변화 5 ③ 6 13
7 ㉢ 8 ④ 9 ③ 10 (1) 대광
(2) ㉹ 얼음과자의 내용물이 얼면서 늘어났던 부피만큼 녹으면서 부피가 줄어들기 때문에 용기 안에 빈 공간이 생깁니다.

52~53쪽

필수 탐구 1 ㉠ 2 ㉡

개념 확인문제
1 ㉠ 수증기 ㉡ 증발 2 (3) ○ 3 ㉠, ㉢
4 ⑤ 5 기주 6 ②

56~57쪽

필수 탐구 1 (1) ㉡ (2) ㉠ 2 수증기

개념 확인문제
1 ㉢ 2 (1) ○ 3 응결 4 ㈏
5 얼음 6 ㉡

58~59쪽 실력 강화문제

1 우석 2 ㉡ 3 (1) ○ 4 ㉢
5 (1) 끓음 (2) ㉹ 라면 국물 속 물이 수증기로 변하여 공기 중으로 날아갔기 때문입니다. 6 ④
7 ㉢ 8 ③, ⑤ 9 ㉠ 기체 ㉡ 수증기
10 ㉠ 증발 ㉡ 응결 / ㉹ 증발은 액체인 물이 표면에서 기체인 수증기로 상태가 변하여 공기 중으로 날아가는 현상이고, 응결은 기체인 수증기가 액체인 물로 상태가 변하는 현상입니다.

60~63쪽 단원평가

1 ㉠ 고체 ㉡ 수증기 2 (1) ㉠ (2) ㉢ (3) ㉡
3 ㈏ 4 31.8 5 ㉢ 6 ①
7 (1) ㉡ (2) 끓음 8 ㈎ 9 ㉠
10 (3) ○ 11 응결 12 ㉣ 13 희원
14 ㉠ 물 ㉡ 수증기 15 하민, 도윤, 현준
16 (1) 최대리 (2) ㉹ 튜브형 용기 속에 재료를 가득 채우고 얼리면 얼음과자가 얼면서 부피가 늘어나 터질 수 있기 때문입니다. 17 (1) 염전 (2) ㉹ 시간이 지남에 따라 염전에 모아 놓은 바닷물에서 액체인 물이 기체인 수증기로 상태가 변하여 공기 중으로 날아가는 증발 현상이 일어나면, 바닷물에 녹아 있던 소금만 남게 됩니다. 18 ㉹ 공기 중의 수증기가 얼음물이 들어 있는 차가운 컵 표면에 닿아 응결하여 물방울로 맺히고, 점점 커진 물방울이 흘러내려 휴지가 젖은 것입니다. 19 ㉹ 공기 중에 있던 기체인 수증기가 차가운 물체(풀잎, 안경알)의 표면에 닿아 액체인 물로 상태가 변하는 응결과 관련된 모습입니다.
20 ㉹ 얼음과자를 만듭니다. 인공 눈을 만듭니다. 얼음 작품을 만듭니다.

64~65쪽 단원 핵심 정리

1 기체 2 고체 3 늘어남 4 줄어듦
5 증발 6 끓음 7 응결 8 수증기

3 땅의 변화

필수 탐구   **1** (1) ㉠ (2) ㉡   **2** ㈎ 침식 작용 ㈏ 퇴적 작용

개념 확인문제

1 ㉣   **2** ①   **3** 흥민   **4** ㉡
5 (1) ㉠ (2) ㉢   **6** ⑤

1 ㉣   **2** ㉠ 물 ㉡ 지표   **3** ⑳ 흐르는 물에 의해 돌과 흙 등이 물과 함께 이동하는 것을 운반 작용이라고 합니다.   **4** ②   **5** (1) ㉢ (2) ⑳ 실험 결과, 경사가 완만한 흙 언덕에서 흙이 깎이는 양보다 경사가 급한 흙 언덕에서 흙이 깎이는 양이 더 많습니다.   **6** ③   **7** 중류   **8** ①
9 (1) 하류 (2) 상류   **10** (1) 하류 (2) ⑳ 강의 하류는 경사가 완만하고 강폭이 넓어서 물이 천천히 흐르기 때문에 물놀이를 하기에 좋고, 모래나 흙이 많아 모래성 쌓기 등의 모래 놀이를 하기에 알맞기 때문입니다.

필수 탐구   **1** ㉠   **2** 윤정

개념 확인문제

1 화산   **2** 마그마   **3** (1) × (2) × (3) ○ (4) ×
4 ㉢   **5** (1) ㉡ (2) ㉢ (3) ㉠   **6** ④

필수 탐구   **1** (1) ㉡ (2) ㉢   **2** ⑤

개념 확인문제

1 화성암   **2** ㈎ 화강암 ㈏ 현무암   **3** ③
4 ㉡, ㉢   **5** ⑤   **6** ㉡

필수 탐구   **1** ㉢   **2** ③, ⑤

개념 확인문제

1 지진   **2** 지구 내부의 힘에 의한 땅의 떨림
3 ㉡   **4** 페루   **5** ㉠   **6** (3) ○

1 ⑤   **2** ⑳ 고체 상태의 화산 분출물에는 화산재와 화산 암석 조각이 있으며 크기에 따라 구분합니다. 액체 상태의 화산 분출물은 용암으로 마그마가 지표 밖으로 나오면서 가스가 빠져나간 것입니다. 기체 상태의 화산 분출물은 화산 가스로 대부분이 수증기로 이루어져 있습니다.   **3** 현무암   **4** ㉠   **5** ㉠, ㉢
6 ㉠ 용암 ㉡ 화산재   **7** 지열 발전소
8 ③   **9** ④   **10** (1) ㉢ (2) ⑳ 가장 가까운 층에 내려서 계단을 이용하여 신속하게 대피합니다.

1 ㉠ 침식 ㉡ 퇴적   **2** ③   **3** ㉣
4 ③   **5** (1) 액체 (2) 고체   **6** 화산 가스
7 ③   **8** ㉡   **9** ⑤   **10** ㉣
11 지진   **12** ㉢   **13** 규모   **14** ④
15 태경   **16** ⑳ 강의 위치에 따라 활발하게 일어나는 작용이 다르기 때문입니다.   **17** (1) ⑳ 대체로 밝은 바탕에 검은색 알갱이가 보이고, 여러 가지 색이 포함되어 있습니다. (2) ⑳ 알갱이의 크기가 커서 눈으로 구분할 수 있을 정도입니다.   **18** (1) ⑳ 비행기 엔진을 망가뜨려 운항을 어렵게 합니다. 태양 빛을 가려서 날씨에 영향을 미칩니다. 호흡기 질병이 생길 수도 있습니다. (2) ⑳ 주변의 토양을 비옥하게 합니다.
19 (1) 지진 (2) ⑳ 땅이 지구 내부에서 작용하는 힘을 오랫동안 받으면 휘어지거나 끊어지기도 하는데, 이때 땅이 흔들리는 지진이 발생합니다.   **20** ⑳ 지진에 대비한 정도, 지진 경보 시기, 도시화 정도 등 여러 가지 요인에 따라 피해 정도가 다를 수 있습니다.

1 운반   **2** 침식   **3** 분화구   **4** 용암
5 화강암   **6** 화산재   **7** 규모   **8** 계단

4 다양한 생물과 우리 생활

102~103쪽

필수 탐구　**1** ㉠ 주름　㉡ 거미줄　**2** (1) 눈　(2) 돋　(3) 현

개념 확인문제
1 (실체) 현미경　　**2** ㉡　　**3** ④
4 혜빈　**5** (1) 포자　(2) 여름철　(3) 없다　(4) 보이지 않는다　**6** ㉢

104~105쪽　실력 강화문제

1 ㉠ 접안렌즈　㉡ 초점 조절 나사　㉢ 대물렌즈　㉣ 재물대
2 ㉣　　**3** ㈑　　**4** ㉢, 대물렌즈
5 ②　　**6** ②　　**7** ㉣　　**8** 예 곰팡이는 주로 습기가 많고 그늘지며 따뜻한 곳에서 잘 자랍니다.
9 (1) ○　(2) ○　(3) ○　　**10** (1) 균류　(2) ㉢

108~109쪽

필수 탐구　**1** ㉡　　**2** ㉠

개념 확인문제
1 (1) 짚신벌레　(2) 해캄　**2** (1) 해　(2) 짚　(3) 짚　(4) 해
3 원생생물　**4** ①, ④　**5** 별, 하트, 세모
6 ㉣

112~113쪽

필수 탐구　**1** ㉡　　**2** ③, ⑤

개념 확인문제
1 ㉡　**2** (1) 해　(2) 이　(3) 해　**3** 원생생물
4 ㉠　**5** (1) ㉡　(2) ㉠　(3) ㉢　**6** ㉡

114~115쪽　실력 강화문제

1 ⑤　　**2** ㉣　　**3** ①, ②　　**4** ㉠
5 (1) 결핵균　(2) ㉢　　**6** ⑤　　**7** (2) ○
8 예 일부 곰팡이(누룩곰팡이)는 된장, 치즈, 김치, 요구르트 등의 발효 식품을 만드는 데 이용됩니다.
9 ㉢　　**10** (1) ㉥　(2) 인공 눈

116~119쪽　단원평가

1 ㉠ 배율　㉡ 재물대　　**2** (1) ○　　**3** ㉠, ㉣
4 (1) ㉢　(2) ㉠　　**5** 포자　　**6** ㉡
7 (1) ㉢, ㉣, ㉤, ㉥　(2) ㉠, ㉡　　**8** ⑤
9 혜린　　**10** ㉡　　**11** (1) ㉡　(2) ㉠, ㉣　(3) ㉢
12 (1) ×　(2) ○　(3) ×　(4) ×　　**13** ②
14 (1) ㉣　(2) ㉡　(3) ㉠　(4) ㉢　　**15** (3) ○
16 (1) 40　(2) 예 접안렌즈는 눈으로 보는 렌즈이고, 대물렌즈는 물체의 상을 확대하는 렌즈입니다.　**17** (1) 예 실과 같이 가느다란 줄무늬가 거미줄처럼 뻗어 있습니다. (2) 예 가는 실 모양의 끝부분에 둥근 알갱이가 붙어 있고, 서로 엉켜 있습니다.　**18** 예 원생생물입니다. 동물이나 식물과 비교할 때 생김새가 단순합니다. 주로 물에서 삽니다.　**19** 아니야에 ○ / 예 젖산균(유산균)과 같이 우리 몸에 유익한 세균은 해로운 세균으로부터 우리 몸의 건강을 지켜 주기 때문입니다.　**20** 예 ㉠은 질병을 치료하는 항생제를 만드는 데 이용되고, ㉡은 건강 식품을 만들거나 우주인을 위한 우주 식량에 이용됩니다.

120~121쪽　단원 핵심 정리

1 대물렌즈　**2** 포자　**3** 물　**4** 세균
5 분해　**6** 생명과학

1 자석의 이용

① 자석의 힘 (1)

+ 개념 분석

필수 개념 01 철로 된 물체는 자석에 붙는다.

- 자석: 철을 끌어당기는 성질이 있는 물체로 다양한 색깔과 모양을 가짐.
- 자석에 붙는 물체: 철로 된 물체임.
- 자석에 붙지 않는 물체: 유리, 나무, 플라스틱, 고무, 종이 등 철이 아닌 물질로 이루어진 물체임.

필수 개념 02 자석과 철로 된 물체는 사이가 조금 떨어져 있어도 서로 끌어당긴다.

- 자석과 철로 된 물체 사이의 힘: 자석과 철로 된 물체는 조금 떨어져 있어도 서로 끌어당기는 힘이 작용함.
- 자석과 철로 된 물체 사이에 작용하는 힘의 특징: 자석과 철로 된 물체 사이에 얇은 플라스틱판, 얇은 유리판, 종이 등이 있어도 서로 끌어당기는 힘이 작용함.

+ 탐구 분석

자석과 자석에 붙는 물체 사이에 작용하는 힘의 특징 관찰하기

- 막대자석과 철 클립 사이가 조금 떨어져 있어도 서로 끌어당기는 힘이 작용함.
- 막대자석과 철 클립 사이에 색종이나 얇은 플라스틱판이 있어도 서로 끌어당기는 힘이 작용함.

 **탐구** ▶12쪽

1 (1) ○　　　　　**2** ㉣

1 막대자석을 철 클립에서 점점 멀리했을 때 철 클립은 공중에 떠 있게 됩니다. 하지만 막대자석이 너무 멀어지면 철 클립은 아래로 떨어집니다.

2 자석과 철 클립 사이에 색종이를 넣어도 자석과 철 클립은 서로 끌어당기므로, 철 클립이 그대로 공중에 떠 있습니다.

개념 확인문제 ▶13쪽

1 자석　　**2** (1) × (2) × (3) × (4) ○
3 ㉡　　**4** ㉡ ○ ㉢ ○　　　　**5** ㉠
6 색종이, 얇은 유리판

1 자석의 성질

자석은 철을 끌어당기는 성질이 있으며, 자석과 자석에 붙는 물체 사이에 종이, 플라스틱, 유리 등의 물체가 있어도 서로 끌어당기는 힘이 작용합니다.

2 여러 가지 자석

자석은 종류에 따라 색깔, 모양, 크기가 다양합니다.

3 자석에 붙는 물체와 붙지 않는 물체

철 클립, 소화기, 철 못은 자석에 붙는 물체이고, 유리구슬, 풍선, 지우개, 연필은 자석에 붙지 않는 물체입니다.

왜 답이 아닐까?

㉠ 무거운 물체와 무겁지 않은 물체 (×)
→ 일반적으로 소화기는 무거운 물체이고, 철 클립, 철 못, 유리구슬, 풍선, 지우개, 연필은 비교적 무겁지 않은 물체이지만 사람마다 다르게 생각할 수 있는 것은 분류 기준으로 알맞지 않습니다.

㉢ 철로 만들어진 물체와 고무로 만들어진 물체 (×)
→ 고무로 만들어진 것으로 분류된 물체 중, 풍선과 지우개는 고무로 만들어졌지만, 유리구슬과 연필은 고무로 만들어진 물체가 아니므로 분류 기준이 아닙니다.

㉣ 손으로 잡을 수 있는 물체와 잡을 수 없는 물체 (×)
→ 소화기, 철 클립, 철 못, 유리구슬, 지우개, 풍선, 연필은 모두 손으로 잡을 수 있는 물체이므로 분류 기준이 될 수 없습니다.

4 자석에 붙는 부분과 붙지 않는 부분

종류에 따라 만들어진 물질이 다를 수 있지만, 사진에서 볼 수 있는 책상은 책을 올려놓는 부분이 나무로, 다리 부분이 철로 이루어져 있습니다. 따라서 책상의 다리 부분과 발을 올려놓을 수 있는 부분만 자석에 붙습니다.

5 자석과 자석에 붙는 물체 사이의 힘

자석에 붙는 철 집게와 자석은 사이가 떨어져 있어도 서로 끌어당기는 힘이 작용합니다.

6 자석과 자석에 붙는 물체 사이의 힘의 특징

자석과 철 클립 사이에 자석에 붙지 않는 색종이, 얇은 유리판 등을 넣어도 자석은 철 클립을 끌어당깁니다.

1 자석의 힘 (2)

+ 개념 분석

필수 개념 03 자석의 극은 항상 두 개이다.

- 철로 된 물체가 많이 붙는 부분: 자석에서 철로 된 물체가 많이 붙는 부분은 두 군데임.
- 자석의 극: 자석에서 철로 된 물체가 많이 붙는 부분으로, 항상 두 개이며 N극과 S극으로 나타냄.

필수 개념 04 자석의 같은 극끼리는 밀어내고, 다른 극끼리는 끌어당긴다.

- 자석의 같은 극끼리 작용하는 힘: N극을 N극에 가까이 하면 서로 밀어내고, S극을 S극에 가까이 할 때에도 서로 밀어냄.
- 자석의 다른 극끼리 작용하는 힘: N극을 S극에 가까이 가져가면 자석끼리 서로 끌어당김.

+ 탐구 분석

자석과 자석의 극을 가까이 했을 때의 특징 비교하기

[막대자석의 N극을 가까이 할 때] 자석이 서로 밀어내면, 막대자석 쪽의 고리 자석 면은 N극이고 자석이 서로 끌어당기면, 막대자석 쪽의 고리 자석 면은 S극임.

[막대자석의 S극을 가까이 할 때] 자석이 서로 밀어내면, 막대자석 쪽의 고리 자석 면은 S극이고 자석이 서로 끌어당기면, 막대자석 쪽의 고리 자석 면은 N극임.

[고리 자석의 극 추리하기] 자석의 같은 극끼리는 서로 밀어내는 힘이 작용하고, 다른 극끼리는 서로 끌어당기는 힘이 작용하는 것을 이용하여, 극 표시가 없는 고리 자석의 극을 추리할 수 있음.

필수 탐구 ▶16쪽

1 N	2 ㉣

1 막대자석의 N극을 고리 자석의 아랫면에 가까이 했을 때 고리 자석이 멀어졌으므로, 고리 자석의 아랫면은 N극임을 알 수 있습니다.

2 앞 **1**번 실험의 고리 자석 아랫면이 N극이므로, 윗면은 S극입니다. 따라서 막대자석의 N극을 고리 자석의 S극에 가까이 하면 고리 자석이 막대자석에 가까이 끌려 옵니다.

개념 확인문제 ▶17쪽

1 ②	2 극	3 (1) × (2) × (3) × (4) ○
4 ㉠ 같은 ㉡ 다른	5 ㉡, ㉣	6 (1) ㉡ (2) ㉢

1 자석에서 철로 된 물체가 많이 붙는 부분
막대자석의 양쪽 끝부분에 철 클립이 많이 붙습니다.

2 자석의 극
자석에서 철 클립이 많이 붙는 부분을 자석의 극이라고 합니다. 자석의 극은 다른 부분보다 철로 된 물체를 더 세게 끌어당깁니다.

3 자석의 극이 가진 특징
일반적으로 동전 모양 자석은 윗면과 아랫면이 극인 경우가 많습니다. 그러나 종류에 따라서는 동전 모양 자석의 가운데를 중심으로 양쪽 끝이 극인 경우도 있습니다. 다양한 모양과 상관없이 모든 자석의 극은 두 개입니다.

4 자석을 다른 자석에 가까이 할 때 나타나는 현상
자석은 같은 극끼리는 서로 밀고, 다른 극끼리는 서로 끌어당깁니다.

5 자석과 자석 사이에 작용하는 힘
자석은 같은 극인 N극과 N극, S극과 S극 사이에서는 미는 힘이 작용하고, 다른 극인 N극과 S극 사이에서는 끌어당기는 힘이 작용합니다.

| 추가자료 |

자석과 자석 사이의 힘 눈으로 관찰하기

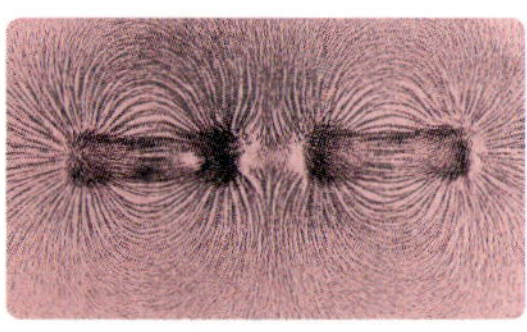 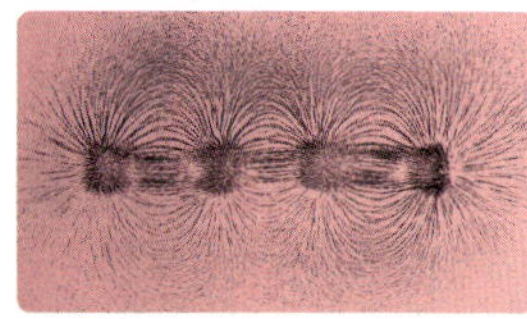

- 같은 극끼리 마주 보게 놓은 자석 사이에서는 철 가루가 배열된 모습이 서로 밀어내는 모양입니다.
- 다른 극끼리 마주 보게 놓은 자석 사이에서는 철 가루가 서로 연결되는 모양을 띱니다.

6 자석과 자석 사이에 작용하는 힘 이용하기
고리 자석을 서로 같은 극끼리 마주 보게 쌓으면 극과 극 사이에서 미는 힘이 작용하므로 가장 높은 탑이 되고, 서로 다른 극끼리 마주 보게 쌓으면 극과 극 사이에서 끌어당기는 힘이 작용하여 가장 낮은 탑이 됩니다.

1 ㉡	**2** ㉡	**3** ㉢	**4** ②
5 (2) ○	**6** (1) ㉡, ㉢ (2) 슬기		**7** 5개, 극, 극
8 ①	**9** ㉠		**10 예** 자석의 같은 극끼리는

서로 밀어내는 힘, 다른 극끼리는 서로 끌어당기는 힘이 작용합니다.

1 자석에 붙는 물체

100원짜리 동전은 구리와 니켈을 섞어 만듭니다. 유리구슬은 유리, 고무지우개는 고무를 재료로 만든 물체입니다. 구리, 니켈, 유리, 고무는 자석에 붙지 않습니다.

2 자석에 붙는 부분과 붙지 않는 부분

일반적인 가위의 손잡이와 가윗날 고정 부분은 플라스틱, 가윗날은 철로 만들지만, 문제의 '나만의 가위를 만든 재료'에서는 가윗날과 가윗날 고정 부분은 플라스틱, 가위 손잡이는 철이라고 제시되어 있습니다. 따라서 가위 손잡이만 자석 낚싯대의 자석에 붙습니다.

왜 답일까? ㉡ 나만의 가위를 만든 재료로 가위 손잡이는 철이라 하였으므로, 자석에 붙습니다.

왜 답이 아닐까?

㉠ 가윗날만 자석에 붙는다. (×)

→ 나만의 가위를 만든 재료로 가윗날은 플라스틱이라 하였으므로, 자석에 붙지 않습니다.

㉢ 가윗날 고정 부분만 자석에 붙는다. (×)

→ 나만의 가위를 만든 재료로 가윗날 고정 부분은 플라스틱이라 하였으므로, 자석에 붙지 않습니다.

㉣ 가위의 모든 부분이 자석에 붙는다. (×)

→ 나만의 가위를 만든 재료 중 철로 만들어진 부분만 자석에 붙습니다.

㉤ 가위의 모든 부분이 자석에 붙지 않는다. (×)

→ 나만의 가위를 만든 재료 중 철로 만들어진 가위 손잡이는 자석에 붙습니다.

㉥ 가윗날과 가윗날 고정 부분만 자석에 붙는다. (×)

→ 나만의 가위를 만든 재료로 가윗날과 가윗날 고정 부분은 플라스틱이라 하였으므로, 두 부분 모두 자석에 붙지 않습니다.

3 자석과 자석에 붙는 물체 사이의 힘

자석과 자석에 붙는 물체는 조금 떨어져 있어도 서로 끌어당기는 힘이 작용합니다. 하지만 많이 떨어져 있으면 서로 끌어당기는 힘이 작용하지 않습니다.

4 자석의 힘이 통과하는 물질

자석과 자석에 붙는 물체 사이에 얇은 플라스틱, 얇은 유리가 있어도 서로 끌어당기는 힘이 작용합니다.

왜 답이 아닐까?

① 철 클립이 바닥에 떨어진다. (×)

→ 막대자석과 철 클립 사이에 얇은 플라스틱판을 넣어도 서로 끌어당기는 힘이 작용하기 때문에 철 클립은 그대로 공중에 떠 있습니다.

③ 철 클립이 플라스틱판에 달라붙는다. (×)

→ 철 클립은 자석에 붙는 물체이며, 플라스틱에는 달라붙지 않습니다.

④ 막대자석이 플라스틱판에 달라붙는다. (×)

→ 막대자석은 철을 끌어당기는 성질이 있으며, 플라스틱은 끌어당기지 않습니다.

⑤ 막대자석이 철 클립에서 먼 쪽으로 밀려난다. (×)

→ 막대자석과 철 클립 사이에는 서로 끌어당기는 힘이 작용하므로, 먼 쪽으로 밀려나지 않습니다.

5 자석과 자석에 붙는 물체 사이의 힘의 특징

자석이 자석에 붙는 물체를 끌어당기는 힘은 자석과 물체가 서로 맞닿지 않은 상태에서도 작용하며, 자석과 자석에 붙는 물체 사이에 자석에 붙지 않는 물체인 플라스틱, 유리, 종이, 비닐, 알루미늄판 등을 넣어도 서로 끌어당기는 힘이 작용합니다.

| 추가자료 |

자석과 자석에 붙는 물체 사이에 작용하는 힘

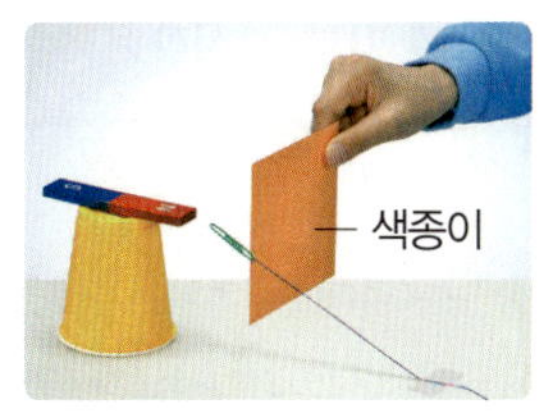

▲ 색종이를 넣었을 때

▲ 얇은 플라스틱판을 넣었을 때

막대자석과 철 클립 사이가 조금 떨어져 있어도 서로 끌어당기는 힘이 작용하며, 막대자석과 철 클립 사이에 색종이나 얇은 플라스틱판이 있어도 서로 끌어당기는 힘이 작용합니다.

6 자석에서 철로 된 물체가 많이 붙는 부분

자석에서 철로 된 물체가 가장 많이 붙는 부분을 자석의 극이라고 하며, 말굽자석의 극은 양쪽 끝부분입니다. 파란색이나 빨간색 부분에 말굽자석의 양쪽 극이 포함되기는 하지만 모든 파란색 부분과 모든 빨간색 부분이 아닙니다. 자석의 색깔과 자석의 힘은 아무런 관련이 없습니다.

7 **자석의 극**

막대자석의 양쪽 끝부분에 철 클립이 가장 많이 붙으며, 이곳을 자석의 극이라고 합니다. 자석의 극은 자석의 종류와 크기에 상관없이 두 개입니다. 문제에서 ㉣에 붙은 철 클립의 개수로 가장 알맞은 것은 ㉣의 반대쪽 극인 ㉠ 부분에 붙은 철 클립의 개수인 6개와 가장 비슷하면서 가장 큰 수인 5개입니다.

8 **자석을 같은 극끼리 가까이 했을 때의 특징**

자석의 같은 극(N극과 N극, S극과 S극)끼리 가까이 하면 서로 밀어냅니다.

9 **자석을 다른 자석에 가까이 할 때 나타나는 현상**

막대자석을 서로 다른 극끼리 마주 보게 하여 가까이 두면 서로 끌어당겨 달라붙습니다.

왜 답이 아닐까?

㉡ 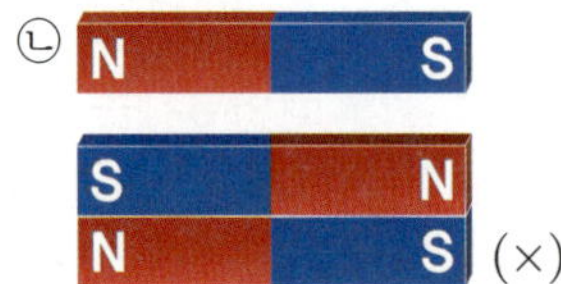

→ 맨 위쪽 막대자석의 N극과 중간에 위치한 막대자석의 S극을 가까이 두었을 때 서로 끌어당기는 힘이 작용하므로, 붙어있는 모습이어야 합니다.

㉢ 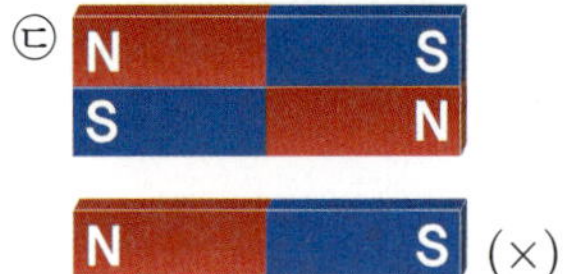

→ 중간에 위치한 막대자석의 S극과 맨 아래쪽 막대자석의 N극을 가까이 두었을 때 서로 끌어당기는 힘이 작용하므로, 붙어 있는 모습이어야 합니다.

㉣ 

→ 맨 위쪽 막대자석과 맨 아래쪽 막대자석의 N극과 중간에 위치한 막대자석의 S극을 가까이 두었을 때 양쪽 모두 서로 끌어당기는 힘이 작용하므로, 위와 아래, 중간의 막대자석이 모두 붙어 있는 모습이어야 합니다.

10 **자석과 자석 사이에 작용하는 힘**

N극과 N극, S극과 S극 사이에서는 밀어내는 힘이 작용하고, N극과 S극 사이에서는 끌어당기는 힘이 작용합니다.

채점 TIP 자석의 같은 극끼리는 서로 밀어내고, 다른 극끼리는 서로 끌어당기는 힘이 작용한다는 내용으로 제시된 4개의 낱말을 모두 포함하여 옳게 쓰면 정답으로 합니다.

---

2 **자석의 성질 (1)**

+ 개념 분석

필수 개념 05 나침반 바늘의 빨간색 부분은 자석의 S극을 가리킨다.

- 나침반: 방향을 찾는 데 이용하는 도구임.
- 나침반 바늘: 나침반 바늘의 빨간색 부분은 자석의 S극을, 빨간색 부분의 반대편은 N극을 가리킴.

필수 개념 06 자석의 N극은 북쪽, S극은 남쪽을 가리킨다.

- 자석이 가리키는 방향: 자석의 N극은 항상 북쪽을 가리키고, S극은 항상 남쪽을 가리킴.
- 지구의 북쪽은 자석의 S극, 지구의 남쪽은 자석의 N극이라고 할 수 있기 때문임.

+ 탐구 분석

나침반과 자석을 가까이 했을 때 나타나는 현상 관찰하기
[막대자석의 N극을 나침반 주변에서 움직일 때]

- 나침반 바늘의 빨간색 부분이 막대자석의 N극에서 멀어지는 방향으로 움직임.
- N극이 나침반에서 멀어지면 나침반 바늘의 빨간색 부분은 원래 가리키던 방향으로 되돌아감.

[막대자석의 S극을 나침반 주변에서 움직일 때]

- 나침반 바늘의 빨간색 부분이 막대자석의 S극에 가까워지는 방향으로 움직임.
- S극이 나침반에서 멀어지면 나침반 바늘의 빨간색 부분은 원래 가리키던 방향으로 되돌아감.

필수 탐구  ▶22쪽

1 ㉡   **2** (2) ○ (3) ○

1 나침반 바늘은 자석의 성질을 가지므로 자석을 가까이 했을 때 나침반 바늘의 움직임이 달라집니다. 나침반 바늘의 빨간색 부분은 자석의 S극을 가리킵니다.

2 (1) 나침반 바늘의 빨간색 부분은 막대자석의 S극을 가리키며, (4) 막대자석의 N극을 나침반에서 멀어지게 하면, 나침반 바늘은 원래 가리키던 방향을 가리킵니다.

1 ㉠   **2** 하온   **3** (3) ○   **4** (1) ㉠ N ㉡ S
(2) ㉠ 빨간 ㉡ 파란   **5** (1) 북쪽 (2) 남쪽
6 ㉢

1 나침반과 자석을 가까이 했을 때 나타나는 현상
나침반을 막대자석의 N극에 가까이 가져가면 나침반 바늘의 빨간색 부분 반대편이 막대자석의 N극을 가리킵니다. 나침반 바늘의 빨간색 부분은 막대자석의 N극에서 먼 ㉠ 방향으로 움직여 가리키는 것을 볼 수 있습니다.

2 나침반과 자석을 원래대로 했을 때 나타나는 현상
나침반을 막대자석에서 멀리 떨어뜨리면 나침반 바늘은 원래 가리키던 방향(북쪽과 남쪽)을 가리킵니다.

3 나침반 바늘의 성질
나침반 바늘은 자석이기 때문에 자석이나 철로 된 물체가 가까이 있으면 영향을 받아 정확한 방향을 가리킬 수 없습니다. (1) 나침반 바늘은 자석의 성질을 띠므로, 철로 된 물체를 끌어당깁니다. (2) 나침반 주변에 자석이나 철로 된 물체가 있으면 영향을 받아 정확한 방향을 가리킬 수 없지만, 그렇지 않은 물체에는 영향이 없습니다.

4 자석의 N극과 S극
자석을 자유롭게 움직이도록 했을 때 북쪽을 가리키는 부분을 N극이라고 하고, 남쪽을 가리키는 부분을 S극이라고 합니다. 막대자석이나 말굽자석은 N극을 주로 빨간색, S극을 주로 파란색으로 칠하여 자석의 극을 색깔로 구분하지만, 동전 모양 자석이나 고리 자석은 보통 자석의 극을 색깔로 구분하지 않습니다.

5 물에 띄운 자석이 가리키는 방향
물에 띄운 막대자석이 멈췄을 때 막대자석의 N극은 항상 북쪽을 가리키고, S극은 항상 남쪽을 가리킵니다.

6 자석이 가리키는 방향
제시된 방위표의 방향을 보고 막대자석이 가리키는 방향을 고릅니다. 위쪽이 북쪽, 아래쪽이 남쪽입니다. 물에 띄운 접시를 돌려 막대자석이 가리키는 방향을 다르게 해도, 흔들림이 완전히 멈춘 후 물에 띄운 막대자석의 N극은 북쪽, S극은 남쪽을 가리킵니다. 자석을 물에 띄우거나 공중에 매달아 자유롭게 움직이도록 하고, 다른 힘이 가해지지 않았을 때 자석은 항상 일정한 방향을 가리킵니다.

2 자석의 성질 (2)

+ 개념 분석

필수 개념 07 철로 된 물체는 자석의 성질을 띠게 할 수 있다.

- 철로 된 물체를 자석에 붙여 놓거나 자석으로 문지르면 물체가 일시적으로 자석의 성질을 띠게 되며, 이를 자화라고 함.
- 자화된 물체의 특징: 철로 된 물체를 끌어당기며, 일정한 방향을 가리킴.

필수 개념 08 자석을 이용한 생활용품은 우리 생활을 편리하게 한다.

- 생활용품에 이용할 수 있는 자석의 성질: 철로 된 물체가 붙는 성질, 자석의 같은 극끼리 밀고 다른 극끼리 끌어당기는 성질, 일정한 방향을 가리키는 성질 등
- 편리한 점 ⑩: 자석 팔목 밴드는 작은 철 나사나 철 못 등을 잃어버리지 않게 붙여 놓을 수 있어 작업을 도움.

+ 탐구 분석

철로 된 물체와 자석으로 나침반 만들기
[막대자석에 5분 이상 붙여 놓았던 철 클립의 변화]
- 철 클립에 빵 끈이 붙음.
- 물에 띄워 자유롭게 움직이도록 했을 때 북쪽과 남쪽 방향을 가리킴.
[알 수 있는 사실] 철로 된 물체를 자석에 붙여 놓으면 일시적으로 자석의 성질을 띠게 되어 일정한 방향을 가리키며, 이를 이용하여 나침반을 만들 수 있음.

필수 탐구   ▶26쪽

1 (1) ○ (2) ○   **2** 북쪽(남쪽)과 남쪽(북쪽)

1 철로 된 물체는 자화되지만 플라스틱으로 된 물체는 자화되지 않습니다. 자화된 물체는 자석의 성질을 띠므로 빵 끈과 같이 철로 된 다른 물체가 붙고, 물에 띄우거나 공중에 매달았을 때 일정한 방향을 가리킵니다.

2 자석의 성질을 띠게 된 철 클립을 물에 띄워 자유롭게 움직이도록 하면 철 클립이 북쪽(남쪽)과 남쪽(북쪽)을 가리키며 움직임을 멈춥니다.

개념 확인문제 ▶27쪽

1 ㉠, ㉡, ㉢ **2** ① **3** (1) (다) (2) (가)
4 ② **5** ㉣ **6** ⑤

1 자석의 성질
자석은 철로 된 물체가 붙고 일정한 방향(북쪽과 남쪽)을 가리키며, 같은 극끼리는 밀고 다른 극끼리는 끌어당기는 성질이 있습니다.

왜 답이 아닐까?
㉣ 같은 극끼리 서로 밀거나 끌어당긴다. (×)
→ 자석의 같은 극끼리는 서로 미는 힘만 작용합니다.

2 자화시킬 수 있는 물체
철로 된 물체를 자석에 붙여 놓거나 자석으로 문지르면 일시적으로 자석의 성질을 띠게 되는데 이를 자화라고 합니다. 유리, 나무, 종이, 플라스틱으로 된 물체는 자화되지 않습니다.

3 자화된 물체의 특징
막대자석에 철 머리핀을 5분 이상 붙여 놓기 전의 (가) 과정에서는 (2)와 같이 철 머리핀에 철 클립이 붙지 않지만, 막대자석에 붙여 놓은 후의 (다) 철 머리핀에는 (1)과 같이 철 클립이 붙습니다.

4 철로 된 물체를 자화시키는 과정
철 머리핀, 철 못 등과 같이 철로 된 물체를 자석에 붙여 놓거나 자석으로 문지르면 물체가 일시적으로 자석의 성질을 띠게 되어 철로 된 물체가 붙습니다.

5 생활용품에 자석을 이용하여 편리한 점
자석 단추가 달린 가방은 단추가 자석으로 되어 있어 가방을 열고 닫기가 쉽고 편리합니다. ㉠ 냉장고 자석은 냉장고에 쪽지나 사진 등을 쉽게 붙였다 뗄 수 있습니다. ㉡ 자석 클립 통은 뚜껑에 자석이 있어 철 클립을 붙여 보관할 수 있고, 통을 떨어뜨려도 철 클립이 쏟아지지 않습니다. ㉢ 자석 커튼 끈은 끈의 양쪽 끝에 자석이 있어 매듭을 묶지 않고 커튼을 고정할 수 있습니다.

6 생활용품을 만드는 데 이용할 수 있는 자석의 성질
⑤ 나침반이 있는 등산용 컵은 자석이 일정한 방향을 가리키는 성질을 이용한 생활용품입니다. ①~④는 자석에 철로 된 물체(또는 자석의 다른 극)가 붙는 성질을 이용한 것입니다.

실력 강화문제 ▶28~29쪽

1 ㉢ **2** ㉠ 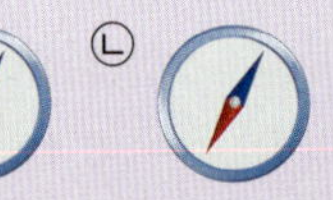 ㉡ **3** ㉠, ㉢
4 ④ **5** (1) ㉠ 북 ㉡ 남 (2) 북쪽: S, 남쪽: N
6 시원 **7** (3) ○ **8** ㉠ 자석 ㉡ 달라진다
9 (1) ㉣ (2) ㉡ (3) ㉠ (4) ㉢ **10** 예 클립 통에 자석을 사용하면 철 클립을 붙여 쉽게 보관할 수 있고, 통을 떨어뜨려도 철 클립이 쏟아지지 않아 사용이 편리합니다.

1 나침반과 자석을 가까이 했을 때 나타나는 현상
나침반을 막대자석의 N극에 가까이 가져가면 나침반 바늘이 움직여 나침반 바늘의 빨간색 부분 반대편이 막대자석의 N극을 가리킵니다.

2 막대자석 주위에 놓은 나침반 바늘이 가리키는 방향
나침반 바늘의 빨간색 부분은 막대자석의 S극을, 빨간색 부분의 반대편은 막대자석의 N극을 가리킵니다.

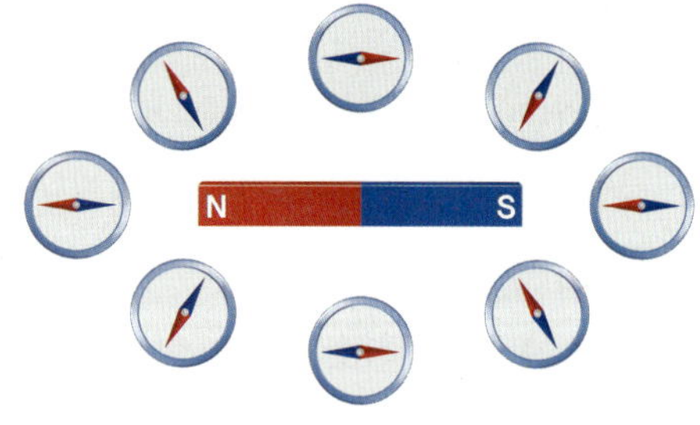

3 나침반 바늘의 성질
나침반 바늘은 자석이므로 자석의 성질을 띠고, 극에 따라 다른 자석과 밀거나 끌어당깁니다. 나침반 바늘의 빨간색 부분은 N극이고 빨간색 부분의 반대편은 S극이므로, 나침반 바늘의 빨간색 부분은 자석의 S극을 가리킵니다.

추가자료

나침반 바늘
나침반 바늘을 자석에 가까이 했을 때의 움직임을 통해 나침반 바늘이 자석에 붙는 물질인 철이라고 생각할 수 있습니다. 하지만 철 가루가 나침반 바늘에 붙는 것과 자석의 N극과 S극에 따라 나침반 바늘의 빨간색 부분과 빨간색 부분의 반대편이 가리키는 방향이 달라지는 것을 통해 나침반 바늘이 자석인 것을 증명할 수 있습니다.

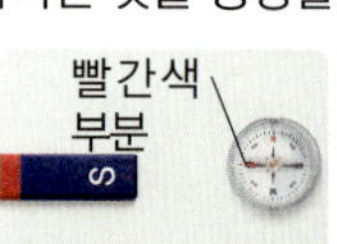

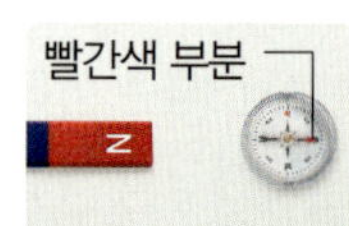

4 **물에 띄운 자석이 가리키는 방향**

물에 띄운 막대자석과 나침반 바늘의 S극(나침반 바늘 빨간색 부분의 반대편)은 항상 남쪽을 가리킵니다.

> | 추가자료 |
>
> **자석이 가리키는 방향**
>
> 자석을 물에 띄우거나 공중에 매달아 자유롭게 움직이도록 하면 자석은 항상 일정한 방향을 가리킵니다. 자석의 N극은 항상 북쪽을 가리키고, 자석의 S극은 항상 남쪽을 가리킵니다. 이러한 자석의 성질을 이용하면 방향을 찾을 수 있습니다.
>
> 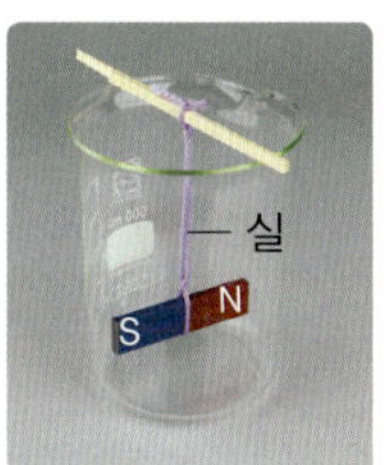
>

5 **지구는 커다란 자석**

지구 자기장의 방향은 북쪽이 S극이고 남쪽이 N극이기 때문에, 자석으로 만들어진 나침반 바늘의 N극이 북쪽을 가리키고 S극은 남쪽을 가리키는 것입니다.

> | 추가자료 |
>
> **나침반 바늘의 N극이 북쪽을 향하는 까닭**
>
> 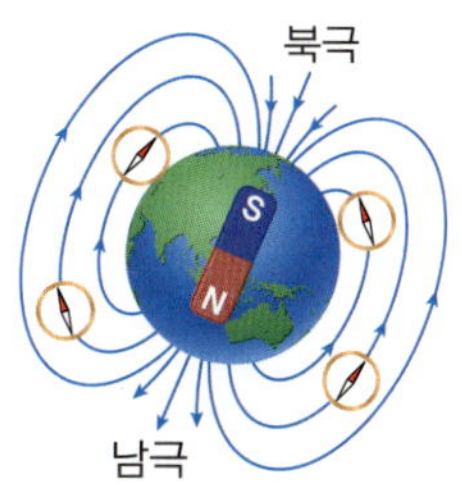
>
>
> 나침반 바늘이 항상 북쪽과 남쪽을 가리키는 까닭은 지구가 하나의 커다란 자석이기 때문입니다. 지구는 지구 주위에 자기장을 만드는데, 지구의 자기장 방향은 남극 쪽이 N극이고 북극 쪽이 S극입니다. 따라서 나침반 바늘의 N극(빨간색 부분)은 북극을 가리키고, S극(빨간색 부분의 반대쪽)은 남쪽을 가리킵니다.

6 **철로 된 물체를 자화시키는 과정**

막대자석에 5분 이상 붙여 놓았던 철 클립은 자석의 성질을 띠게 됩니다. 따라서 철이 든 빵 끈이 붙는 것을 볼 수 있습니다.

> | 추가자료 |
>
> **철로 된 물체를 자화시키는 방법**
>
> 철로 된 물체를 문질러 자화시킬 때에는 반드시 한쪽 극으로만 문질러야 합니다. N극으로 문지르다가 S극으로 문지르면 자화된 물체가 띠는 자석의 성질이 약해지기 때문입니다.

7 **자화시킬 수 있는 물체**

철로 된 물체를 자석에 붙여 놓거나 자석으로 문지르면 물체가 일시적으로 자석의 성질을 띠며 이를 자화라고 합니다.

왜 답이 아닐까?

(1) 철 클립은 원래 자석의 성질을 띤다. (×)

→ 철 클립은 철로 만들어진 물체로, 자석에 붙여 놓거나 자석으로 문지르는 등 따로 자화시키지 않은 경우에는 자석의 성질을 띠지 않습니다.

(2) 빵 끈은 철 클립을 밀어낸다. (×)

→ 빵 끈은 가느다란 철사가 들어있어 자석에 붙는 물체입니다. 막대자석에 5분 이상 붙여 놓은 철 클립은 자석의 성질을 띠게 된 상태이므로, 빵 끈과 자화된 철 클립은 서로 끌어당기는 힘이 작용합니다.

8 **자화된 물체의 특징**

자화되어 자석의 성질을 띠는 물체는 시간이 지나면 다시 자석의 성질을 잃어버립니다. 만약 물에 띄운 철 머리핀에 자석의 성질이 남아 있었다면 1~3회 모두 일정한 방향(북쪽과 남쪽)을 가리켰을 것입니다.

9 **생활용품에 자석을 이용하여 편리한 점**

자석을 이용한 생활용품은 우리 생활을 편리하게 합니다. 자석 팔목 밴드, 냉장고 자석, 자석 스마트 기기 덮개, 자석 커튼 끈은 모두 자석에 철(또는 다른 자석)로 된 물체가 붙는 성질을 이용한 생활용품입니다.

> | 추가자료 |
>
> **자석을 이용한 생활용품**
>
> 가방의 단추에 자석을 이용하면 가방을 열고 닫기가 쉽고 편리하게 만들 수 있고, 자석을 이용한 창문 닦이는 자석의 다른 극끼리 서로 끌어당기는 성질을 이용하여 유리창 안쪽과 바깥쪽을 동시에 닦을 수 있습니다.
>
> 
>
> ▲ 자석 단추가 달린 가방
>
> 
>
> ▲ 자석 창문 닦이

10 **생활용품을 만드는 데 이용할 수 있는 자석의 성질**

자석 클립 통은 뚜껑에 자석이 있어 철 클립을 붙여 쉽게 보관할 수 있고, 통을 떨어뜨려도 뚜껑에 철 클립이 붙기 때문에 쏟아지지 않아 사용이 편리합니다.

채점 TIP 자석과 철 클립이 서로 끌어당기는 성질을 포함한 장점을 들어 옳게 쓰면 정답으로 합니다.

단원평가　　　　　　　　　▶30~33쪽

1 (1) 철 머리핀, 철 옷핀　(2) 지우개, 유리컵, 고무풍선, 플라스틱 블록　(3) 소화기　　**2** ㉠　　**3** ⑤
4 (2) ○　　**5** ④　　**6** ④　　**7** (2) ○
8 S　　**9** ㉣　　**10** ④　　**11** ㉠ 남 ㉡ 북
12 ④　　**13** ㉤　　**14** ③, ⑤　　**15** 철
16 (1) ㉠　(2) 예 철로 만들어진 캔은 자석에 붙기 때문입니다.　　**17** 예 철로 된 물체를 동전 모양 자석에 붙였을 때 물체가 가장 많이 붙는 부분이 극입니다.
18 (1) N　(2) 예 자석은 다른 극끼리 서로 끌어당기므로 ㉠은 S극이고 ㉡은 N극이 됩니다.　　**19** (1) ㉣　(2) 예 자석이 항상 일정한 방향(북쪽과 남쪽)을 가리키는 성질을 이용한 것입니다.　　**20** (1) 예 철 클립이 철 머리핀에 붙습니다.　(2) 예 막대자석에 붙여 놓았던 철 머리핀이 일시적으로 자석의 성질을 띠게 되어 철로 된 물체인 철 클립을 끌어당기기 때문입니다.

1 철로 만들어진 물체는 자석에 붙고, 고무, 유리, 플라스틱 등으로 만들어진 물체는 자석에 붙지 않습니다. 소화기의 몸통 부분은 철로 되어 있어 자석에 붙지만 소화기의 호스 부분은 고무로 되어 있어 자석에 붙지 않습니다.

2 자석에 붙는 물체는 모두 철로 만들어졌다는 공통점이 있습니다.

3 철 클립과 같이 자석에 붙는 물체는 사이가 조금 떨어져 있어도 서로 끌어당기는 힘이 작용합니다.

4 자석이 철 클립을 끌어당기는 힘은 공기, 종이, 플라스틱, 유리 등을 통과하여서도 작용합니다.

5 철 클립은 막대자석의 양쪽 끝부분에 가장 많이 붙습니다.

왜 답이 아닐까?
① 막대자석에 철 클립이 붙어 있지 않다. (×)
→ 철 클립은 막대자석에 붙는 물체입니다.
② 막대자석을 잡은 손에 철 클립이 붙어 있다. (×)
→ 자석에는 철로 된 물체가 붙습니다.
③ 막대자석 전체에 철 클립이 골고루 붙어 있다. (×)
→ 철 클립이 더 많이 붙는 부분이 있습니다.
⑤ 막대자석의 가운데 부분에만 철 클립이 많이 붙어 있다. (×)
→ 막대자석의 양쪽 끝에 철 클립이 많이 붙습니다.

6 자석의 극은 자석에서 철로 된 물체가 가장 많이 붙는 부분으로, 철 집게가 가장 많이 붙습니다.

7 표시한 부분이 S극인 경우를 찾는 문제이므로, 막대자석을 잡은 손에 끌어당기는 힘이 느껴지려면 S극과 다른 극인 N극을 가까이 한 것이어야 합니다.

왜 답이 아닐까?
(1) 

(×)
→ 자석을 서로 가까이 가져갔을 때 막대자석을 잡은 손에 끌어당기는 힘이 느껴졌다고 했으므로, 왼쪽 손에 잡은 자석의 S극과 ★ 표시한 부분의 극은 다른 극이어야 합니다. 따라서 ★ 표시한 부분의 극은 N극이 되어 답이 아닙니다.

8 고리 자석을 서로 다른 극끼리 마주 보게 쌓으면 고리 자석끼리 서로 끌어당겨 붙기 때문에 탑이 낮게 쌓입니다. ㉠ 고리 자석의 윗면이 N극이면 ㉠ 고리 자석의 아랫면은 S극이고, 따라서 S극과 맞닿아 있는 ㉡ 고리 자석의 윗면은 N극, 아랫면은 S극이 됩니다.

9 나침반을 막대자석의 중간 부분에 가까이 가져가면 나침반 바늘의 빨간색 부분은 막대자석의 S극을, 나침반 바늘의 빨간색 부분 반대편은 막대자석의 N극을 가리킵니다.

10 나침반 바늘의 빨간색 부분인 N극은 항상 북쪽을 가리키고, 나침반 바늘 빨간색 부분의 반대편인 S극은 항상 남쪽을 가리킵니다.

11 자석을 자유롭게 움직이도록 하면 자석은 항상 일정한 방향을 가리킵니다. 자석의 N극은 항상 북쪽을 가리키고 S극은 항상 남쪽을 가리킵니다.

12 물에 띄워 자유롭게 움직이도록 한 막대자석과 나침반 바늘이 가리키는 방향은 모두 일정하게 북쪽과 남쪽을 가리킵니다. 따라서 문제에서 방위표나 동서남북의 방향을 알려주지 않아도 문제에서 방위표나 동서남북의 방향을 알려주지 않아도 막대자석의 N극과 나침반 바늘의 빨간색 부분(N극)이 같은 방향을 가리키는 것이 정답입니다.

13 자석으로 철 못을 여러 번 문지르면 철 못이 일시적으로 자석의 성질을 띠게 됩니다. 자석처럼 철로 된 물체가 붙고 N극과 S극의 두 극이 생깁니다.

14 자석의 성질을 가진 물체를 이용하면 나침반을 만들 수 있습니다. 철로 만들어진 옷핀은 자석에 붙여 놓거나 자석으로 문지르면 일시적으로 자석의 성질을 띠므로, 이를 이용하여 나침반을 만들 수 있습니다. 크기가 작고 얇은 막대자석 또한 그 자체가 자석이므로 물에 띄우거나 공중에 매달아 자유롭게 움직이게 하면 나침반 역할을 합니다.

① 유리구슬 (×)

→ 유리구슬은 유리로 만들어진 물체로 자석의 성질을 띨 수 없어 나침반으로 만들 수 없습니다.

② 플라스틱 빨대 (×)

→ 플라스틱 빨대는 플라스틱으로 만들어진 물체로 자석의 성질을 띨 수 없어 나침반으로 만들 수 없습니다.

④ 녹말로 만든 이쑤시개 (×)

→ 녹말로 만든 이쑤시개는 녹말로 만들어진 물체로 자석의 성질을 띨 수 없어 나침반으로 만들 수 없습니다.

| 추가자료 |

나침반 만들기

자화시켜 자석의 성질을 띠게 된 물체를 이용하여 나침반을 만들 수 있습니다.

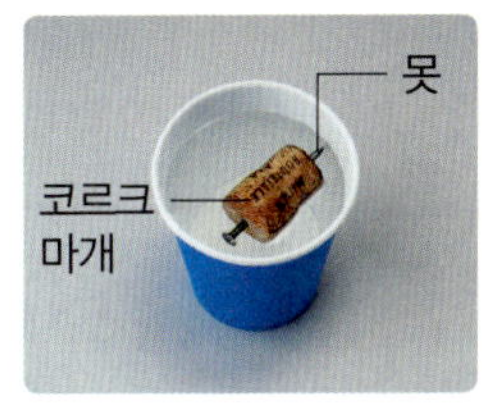

▲ 자화된 물체를 물에 띄워 만든 다양한 나침반

---

15 자석 바둑판은 바둑돌이 자석이고 바둑판이 철로 만들어져 바둑돌과 바둑판이 잘 붙기 때문에 바둑판이 움직여도 계속 바둑을 둘 수 있어 편리합니다. 바둑판 또한 자석으로 만들어도 되지만 바둑돌의 극에 따라 서로 밀어낼 수 있습니다.

| 추가자료 |

생활용품을 만드는 데 이용할 수 있는 자석의 성질

• 자석에 철로 된 물체가 붙는 성질을 이용하여 자석 클립 통, 자석 팔목 밴드, 냉장고 자석을 만들었습니다.

• 자석의 같은 극끼리는 밀고 다른 극끼리는 끌어당기는 성질을 이용하여 자석 창문 닦이를 만들었습니다.

• 자석을 자유롭게 움직이도록 두었을 때 일정한 방향을 가리키는 성질을 이용하여 나침반이 있는 등산용 컵을 만들 수 있습니다.

16 음료수 캔 중에서는 철 캔과 같이 자석에 붙는 캔도 있고, 알루미늄 캔 등과 같이 자석에 붙지 않는 캔도 있습니다. 자석에 붙은 모습으로 보아 ㉠이 철 캔입니다.

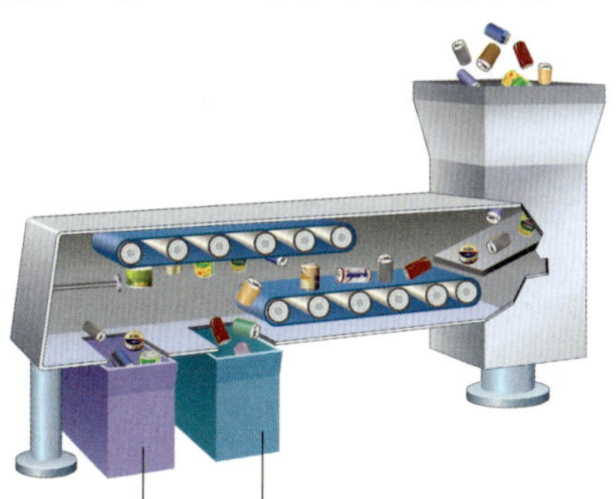

이러한 자석의 성질을 이용한 캔 분리 기계가 있습니다. 철 캔과 알루미늄 캔을 분리하는 기계의 아래쪽 이동판에는 자석이 들어있지 않지만 위쪽 이동판에는 자석이 들어 있습니다. 철 캔과 알루미늄 캔의 혼합물이 아래쪽 이동판에 놓여 이동하다가 알루미늄 캔은 바로 아래쪽으로 떨어지고, 철 캔은 자석이 들어있는 위쪽 이동판에 달라붙어 이동한 뒤 분리됩니다.

채점 기준

상	(1)에 ㉠을 고르고, (2)에 철로 만들어진 캔은 자석에 붙는다는 내용을 포함하여 모두 옳게 쓴 경우
중	(1)에 ㉠을 고르고, (2)에 캔이 자석에 붙었기 때문이라는 내용으로만 쓴 경우
하	(1)에 ㉠만 옳게 고른 경우

17 동전 모양 자석도 극이 두 개이며, 철로 된 물체가 많이 붙는 부분이 바로 자석의 극입니다. 동전 모양 자석은 보통 윗면과 아랫면이 극인 경우가 많지만 가운데를 중심으로 양쪽 끝이 극인 경우도 있습니다.

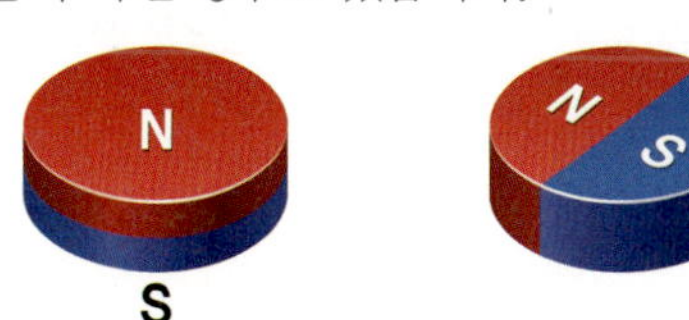

▲ 동전 모양 자석의 극

채점 기준

상	철로 된 물체를 붙였을 때 물체가 가장 많이 붙는 부분이 극이라는 내용으로 옳게 쓴 경우
중	'철'로 된 물체라는 정확한 제시 없이, 자석에 물체가 가장 많이 붙는 부분을 찾는다는 내용으로만 쓴 경우
하	극을 찾을 수 있는 방법을 쓰지 않고, 동전 모양 자석의 윗면과 아랫면이 극이라거나 가운데를 중심으로 양쪽 끝이 극이라는 내용으로만 쓴 경우

18 자석은 같은 극(N극과 N극, S극과 S극)끼리는 서로 밀어내고, 다른 극(N극과 S극)끼리는 서로 끌어당기는 힘이 작용합니다.

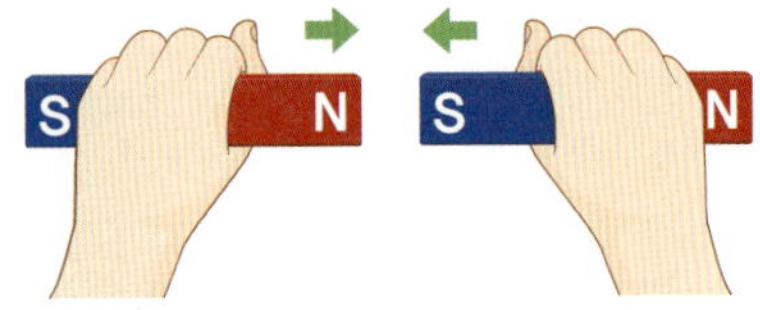

채점 기준

상	(1)에 N극을 쓰고, (2)에 자석은 다른 극끼리 서로 끌어당기기 때문에 ㉠은 S극이고 따라서 반대편인 ㉡이 N극이라는 내용으로 모두 옳게 쓴 경우
중	(1)에 N극을 쓰고, (2)에 자석은 다른 극끼리 끌어당기기 때문이라는 내용으로만 쓴 경우
하	(1)에 N극만 옳게 쓴 경우

19 나침반은 자석이 항상 일정한 방향을 가리키는 성질을 이용하여 방향을 찾을 수 있도록 만든 도구입니다.

채점 기준

상	(1)에 ㉣을 고르고, (2)에 자석이 일정한 방향(북쪽과 남쪽)을 가리키는 성질을 이용한 것이라는 내용으로 모두 옳게 쓴 경우
중	(1)에 ㉣을 고르고, (2)에 나침반 바늘이 자석의 성질을 가졌기 때문이라는 내용으로 쓴 경우
하	(1)에 ㉣만 옳게 고른 경우

20 자석에 철로 된 물체를 붙여 놓거나 문지르면 물체가 일시적으로 자석의 성질을 띠게 됩니다. 이렇게 자석의 성질을 띠게 된 물체는 일정한 방향을 가리키므로 나침반을 만들 수 있습니다.

채점 기준

상	(1)에 철 클립이 붙는다는 내용으로 쓰고, (2)에 철 머리핀이 일시적으로 자석의 성질을 띠게 되었기 때문에 철로 된 물체인 철 클립을 끌어당긴다는 내용으로 모두 옳게 쓴 경우
중	(1)에 철 클립이 붙는다는 내용으로 쓰고, (2)에 철 머리핀이 자석의 성질을 띠게 되었기 때문이라고만 쓴 경우
하	(1)에 철 클립이 붙는다는 내용만 옳게 쓴 경우

단원 핵심 정리 ▶34~35쪽

1 철	**2** 철	**3** 두(2)	**4** S
5 N	**6** 북	**7** 철	**8** 같은

2 물의 상태 변화

1 물의 세 가지 상태

+ 개념 분석

필수 개념 09 물은 고체, 액체, 기체의 세 가지 상태가 있다.

• 고체 상태(얼음): 모양이 일정하며, 차갑고 단단함.
• 액체 상태(물): 모양이 일정하지 않고, 손으로 잡을 수 없으며 흘러내림.
• 기체 상태(수증기): 우리 눈에 보이지 않고 손으로 잡을 수 없지만, 공기 중에 존재함.

필수 개념 10 물의 상태가 다른 상태로 변하는 것을 물의 상태 변화라고 한다.

• 물의 상태 변화: 물이 서로 다른 상태로 변하는 것임.
• 액체인 물은 얼어서 고체인 얼음으로 변함.
• 고체인 얼음이 녹아서 액체인 물로 변함.
• 액체인 물이 기체인 수증기로 변함.
• 기체인 수증기가 액체인 물로 변함.

+ 탐구 분석

물의 상태 변화 관찰하기
[페트리 접시에 담긴 얼음의 변화]
• 얼음의 크기는 점점 작아지고 물의 양이 많아짐.
• 얼음이 고체 상태에서 액체 상태로 변함.
[손에 묻은 물의 변화]
• 시간이 지나면 손에 묻은 물이 말라서 보이지 않음.
• 손에 묻은 물이 수증기가 되어 공기 중으로 사라짐.

필수 탐구 ▶42쪽

1 ㉢	**2** 하은

1 얼음은 물의 고체 상태입니다. 얼음은 차갑고 단단하며, 일정한 모양이 있어 손으로 잡을 수 있습니다.

2 손에 묻은 물은 시간이 지나면서 수증기로 변해 공기 중으로 사라집니다. 그에 따라 손에 묻은 물의 양이 점점 줄어드는 것을 볼 수 있습니다.

| 1 물 | 2 ②, ④ | 3 ㉠ 고체 ㉡ 액체 ㉢ 기체 |
| 4 ㉣ | 5 ③ | 6 ㉠ |

1 얼음과 물의 특징
얼음은 투명하거나 하얗게 보이기도 하고, 모양이 일정하여 손으로 잡을 수 있습니다.

2 수증기의 특징
물의 기체 상태인 수증기는 우리 눈에 보이지 않고 손으로 잡을 수 없지만, 공기 중에 존재합니다. 수증기는 모양이 일정하지 않으며, 얼음이나 물과 같이 공간을 차지합니다.

왜 답이 아닐까?

① 단단하다. (×)
→ 단단한 성질이 있는 것은 물의 고체 상태인 얼음에 해당합니다.
③ 모양과 부피가 일정하다. (×)
→ 모양과 부피가 일정한 성질이 있는 것은 물의 고체 상태인 얼음입니다.
⑤ 담는 그릇에 따라 모양이 변하지만, 부피는 일정하다. (×)
→ 담는 그릇에 따라 모양이 변하지만, 부피는 일정한 성질이 있는 것은 액체 상태인 물에 해당합니다.

3 물의 세 가지 상태
고체 상태의 얼음인 고드름이 햇볕을 받아 녹으면 액체 상태의 물이 되고, 땅에 떨어진 물은 기체 상태의 수증기가 되어 공기 중으로 날아갑니다.

4 물의 상태 변화의 정의
물은 액체, 고체, 기체의 서로 다른 상태로 변할 수 있으며, 이를 물의 상태 변화라고 합니다.

5 손바닥에 올려 놓은 얼음의 상태 변화
얼음을 손바닥 위에 올려놓으면 시간이 지나면서 얼음이 녹아 물이 됩니다. 손에 묻은 물은 시간이 지나면서 수증기로 변해 공기 중으로 날아가므로 눈에 보이지 않게 되는 상태 변화가 일어납니다.

6 물의 상태 변화
고체 상태의 얼음을 손바닥에 올려놓으면 녹아서 액체 상태의 물이 됩니다. 시간이 지나면 액체 상태의 물이 기체 상태의 수증기로 변합니다.

2 물의 상태 변화 (1)

+ 개념 분석

필수 개념 11 물이 얼 때 부피는 늘어나고 무게는 변하지 않는다.

• 물이 얼 때의 변화: 부피가 늘어나고 무게에는 변화가 없음.
• 물이 얼 때 부피가 늘어나는 현상: 물을 가득 넣어 얼린 유리병이 깨지거나 한겨울에 수도관에 설치된 계량기가 터지는 모습을 볼 수 있음.

필수 개념 12 얼음이 녹을 때 부피는 줄어들고 무게는 변하지 않는다.

• 얼음이 녹을 때의 변화: 부피가 줄어들고 무게에는 변화가 없음.
• 얼음이 녹을 때 부피가 줄어드는 현상: 꽁꽁 언 튜브형 얼음과자가 녹으면 용기 안에 빈 공간이 생김.

+ 탐구 분석

물이 얼 때와 얼음이 녹을 때의 부피와 무게 변화 관찰하기
[물이 얼 때의 부피와 무게 변화 관찰하기]
• 처음 물의 높이보다 물이 완전히 언 후의 높이가 더 높음.
• 처음 물의 무게와 물이 완전히 언 후의 무게가 같음.
[얼음이 녹을 때의 부피와 무게 변화 관찰하기]
• 얼음일 때의 높이보다 물이 완전히 녹은 후의 높이가 낮고, 물을 얼리기 전 처음 물의 높이와 같아짐.
• 얼음의 무게와 물이 완전히 녹은 후의 무게가 같음.

필수 탐구 ▶46쪽

| 1 (1) ○ | 2 = |

1 물이 얼기 전과 언 후의 부피 변화는 측정하기 어려우므로 시험관 속 물의 높이로 측정합니다. 물이 얼면 부피가 늘어나므로 시험관 속 물의 높이가 얼기 전보다 높아지는 것을 관찰할 수 있습니다.

2 얼음이 녹으면 부피는 줄어들지만 무게는 변하지 않으므로, 얼음이 녹기 전 측정한 무게와 얼음이 완전히 녹은 후 측정한 무게는 같습니다.

개념 확인문제 ▶47쪽

1 은석 **2** 늘어난다 **3** 부피 **4** ㉢
5 (1) ✕ (2) ✕ (3) ◯ **6** ⑤

1 물이 얼 때의 변화를 알아보는 실험
물이 얼 때의 무게와 부피 변화를 알아보기 위한 실험입니다. 물이 얼기 전에 표시했던 물의 높이와 물이 완전히 언 후 얼음의 높이를 비교하면 물이 얼 때의 부피 변화를 알아볼 수 있습니다.

2 물이 얼 때의 부피 변화
물이 얼기 전 물의 높이보다 완전히 얼고 난 후 물의 높이가 높아진 것을 통해 물이 얼면 부피가 늘어난다는 것을 알 수 있습니다. 또한 물이 얼기 전 시험관의 무게와 물이 완전히 언 후 시험관의 무게가 같은 것을 통해 물이 얼어도 무게에는 변화가 없음을 알 수 있습니다.

3 물이 얼 때의 부피 변화를 이용한 예
우리 조상들은 바위를 쪼개어 이용하기 위해 추운 겨울철에 바위에 구멍을 여러 개 뚫고 그 안에 물을 부어 얼렸습니다. 물이 얼면서 부피가 늘어나면 그 힘을 못 이겨 바위가 쪼개지는 것을 이용하여, 쪼개진 바위로 건축물이나 예술품을 만들었습니다.

4 얼음이 녹을 때의 부피 변화
얼음이 녹기 전과 완전히 녹은 후 물의 높이를 비교하면 얼음이 녹아 물이 될 때의 물의 부피 변화를 알 수 있습니다. 얼음이 완전히 녹은 후의 물의 높이가 녹기 전 얼음의 높이보다 낮아지는 것을 통해 얼음이 녹으면 물의 부피가 줄어든다는 것을 알 수 있습니다.

5 얼음이 녹을 때의 변화
얼음이 녹아 물이 될 때 무게는 변하지 않습니다. 하지만 얼음이 녹으면 녹기 전보다 부피가 줄어듭니다. 이때 줄어든 부피는 물이 얼 때 늘어난 부피와 같습니다.

6 얼음이 녹을 때의 부피 변화를 관찰할 수 있는 현상
①~④는 물이 얼음으로 변하는 상태 변화가 일어날 때 부피가 늘어나는 성질로 나타나는 현상입니다. ⑤는 얼음이 녹아서 물로 변하는 상태 변화가 일어날 때 부피가 줄어드는 성질로 나타나는 현상입니다. 꽁꽁 언 튜브형 얼음과자가 녹으면 튜브 안에 가득 차 있던 얼음과자의 부피가 줄어들어 빈 공간이 생기게 됩니다.

실력 강화문제 ▶48~49쪽

1 (1) ㉠, ㉢ (2) ㉡, ㉣ **2** (1) 수증기에 ◯ (2) 기체
3 ⑤ **4** 상태 변화 **5** ③ **6** 13
7 ㉢ **8** ④ **9** ③ **10** (1) 대광
(2) 예 얼음과자의 내용물이 얼면서 늘어났던 부피만큼 녹으면서 부피가 줄어들기 때문에 용기 안에 빈 공간이 생깁니다.

1 얼음과 물의 특징
얼음은 일정한 모양이 있어 손으로 잡을 수 있고, 차가우며 단단합니다. 물은 일정한 모양이 없어 손으로 잡을 수 없으며 흘러내리는 특징이 있습니다.

2 물의 세 가지 상태의 특징
수증기는 부피와 모양이 일정하지 않고, 우리 눈에 보이지 않지만 공기 중에 존재하는 기체 상태의 물입니다.

왜 답이 아닐까?

(1)

→ 얼음은 부피가 일정하고 눈에 보이며, 일정한 모양이 있는 물의 고체 상태이므로 얼음은 답이 아닙니다.

(2)

→ 물은 부피가 일정하고 눈에 보이며, 담는 그릇에 따라 모양이 변하는 액체 상태의 물질입니다. 묻고 답하기에서 일정한 모양이 없다고 한 것은 물에 해당하지만, 부피가 일정하지 않고 눈에 보이지 않는다고 했으므로 액체 상태의 물은 답이 될 수 없습니다.

3 물의 세 가지 상태
물은 액체, 얼음은 고체, 수증기는 기체 상태의 물입니다.

추가자료

고체, 액체, 기체의 성질
- 고체는 담는 그릇이 바뀌어도 모양과 부피가 일정한 성질을 가집니다.
- 액체는 담는 그릇에 따라 모양은 변하지만, 부피가 일정한 성질을 가집니다.
- 기체는 담는 그릇에 따라 모양이 변하고, 담긴 그릇을 항상 가득 채우려는 성질을 가집니다.

4 물의 상태 변화의 정의

고체인 얼음이 액체인 물로, 액체인 물이 기체인 수증기로 변하는 것과 같이 물이 서로 다른 상태로 변하는 것을 물의 상태 변화라고 합니다.

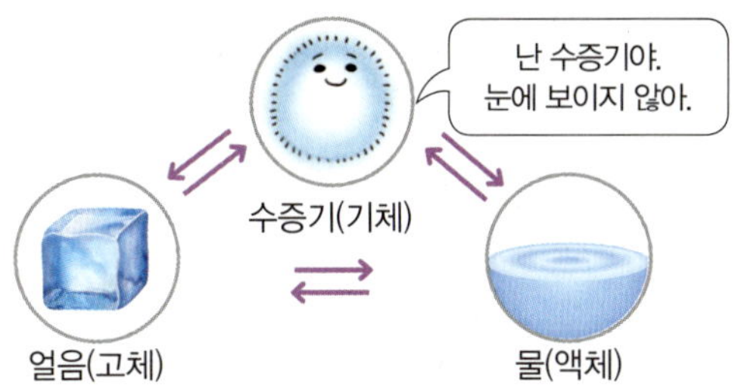

5 물의 상태 변화

고드름은 물이 얼어서 생긴 것으로, 고드름이 녹을 때는 고체인 얼음에서 액체인 물로 상태가 변합니다.

6 물이 얼 때의 무게 변화

물이 얼기 전과 완전히 언 후의 무게는 변하지 않습니다.

7 물이 얼 때의 부피 변화

물이 완전히 언 후 얼음의 높이는 물이 얼기 전 물의 높이보다 높아집니다. 물이 얼기 전과 물이 완전히 언 후의 부피 변화는 정량적으로 측정하기 어려우므로 시험관 속 물의 높이 변화로 측정합니다.

| 추가자료 |

액체에서 고체로 상태가 변할 때의 부피 변화

물이 얼어서 얼음이 될 때 부피가 늘어납니다. 물이 액체에서 고체로 상태가 변할 때 물의 입자 사이의 거리가 가까워지면서 고체 상태의 얼음이 되는데, 이때 물의 입자들이 육각형 모양의 결정을 이루어 안에 빈 공간이 생깁니다. 그리고 이 빈 공간으로 인해 부피가 늘어나게 됩니다.

그러나 물을 제외한 대부분의 물질은 액체에서 고체로 상태가 변할 때 부피가 줄어듭니다. 그 예로 액체 상태의 초콜릿이나 양초가 굳을 때 부피가 줄어들어 가운데 부분이 오목해지고, 다시 녹으면 원래대로 돌아오는 현상을 관찰할 수 있습니다. 이는 액체에서 고체로 상태가 변할 때 입자 사이의 거리가 가까워졌다가 고체에서 액체로 다시 상태가 변하면서 입자 사이의 거리가 처음과 같이 멀어지기 때문입니다.

8 물이 얼 때의 변화

음료수가 얼면 부피가 늘어나 음료수를 담은 유리병이 깨질 수 있습니다.

| 추가자료 |

물이 얼 때 부피가 늘어나는 것을 관찰할 수 있는 현상

- 페트병에 물을 가득 넣어 얼리면 물이 얼면서 부피가 늘어나 페트병이 부풉니다.
- 물이 가득 담긴 유리병을 냉동실에 넣어 두면 유리병이 깨질 수 있습니다.
- 한겨울에 물이 얼면서 부피가 늘어나 수도관에 설치된 계량기가 터지는 경우도 있습니다.

9 얼음이 녹을 때의 변화

얼음이 녹아 물이 되면 부피는 줄어들지만 무게에는 변화가 없습니다.

왜 답이 아닐까?

① 얼음이 녹으면 무게가 줄어든다. (×)

→ 측정 결과를 나타낸 표에서 얼음이 녹기 전 무게가 22 g이고, 얼음이 녹은 후 무게가 22 g이므로 무게가 변하지 않은 것을 알 수 있습니다.

② 얼음이 녹으면 무게가 늘어난다. (×)

→ 얼음이 녹기 전 무게와 얼음이 녹은 후 무게가 같으므로 정답이 아닙니다.

④ 얼음이 녹으면 부피가 늘어난다. (×)

→ 얼음이 녹기 전 물의 높이가 얼음이 녹은 후 물의 높이보다 높으므로, 부피가 줄어든 것을 알 수 있습니다.

⑤ 얼음이 녹아도 부피와 무게에는 변화가 없다. (×)

→ 얼음이 녹기 전과 얼음이 녹은 후를 비교하였을 때 부피는 줄어들고 무게는 변하지 않았습니다.

10 얼음이 녹을 때의 부피 변화를 관찰할 수 있는 현상

얼음과자의 내용물이 얼면서 늘어났던 부피만큼 얼음과자가 녹으면서 부피가 줄어들어 용기에 빈 공간이 생깁니다. 얼음과자의 내용물이 녹을 때에는 부피가 줄어들기 때문에 얼음과자 용기가 터지지 않지만, 만약 얼음과자의 내용물을 용기에 넣을 때 가득 넣어서 완전히 얼린다면 얼음과자 용기가 터질 수도 있습니다.

채점 TIP (1)에 대광을 쓰고, (2)에 얼음과자가 녹으면서 부피가 줄어든다는 내용을 포함하여 모두 옳게 쓰면 정답으로 합니다.

2 물의 상태 변화 (2)

+ 개념 분석

필수 개념 13 증발은 물이 표면에서 수증기로 상태가 변하는 현상이다.

- 증발: 액체인 물이 표면에서 기체인 수증기로 상태가 변하여 공기 중으로 날아가는 현상임.
- 증발을 이용하는 모습: 음식의 재료를 말리거나 염전에서 소금을 얻을 때, 운동을 한 뒤 그늘이나 바람이 부는 곳에서 땀을 말리는 모습 등이 있음.

필수 개념 14 끓음은 물의 표면뿐만 아니라 물속에서도 물이 수증기로 변한다.

- 끓음: 물의 표면뿐만 아니라 물속에서도 물이 수증기로 변하는 현상임.
- 끓음을 이용하는 모습: 끓는 물에 음식 재료를 익히고, 찌개를 끓이는 모습 등이 있음.

+ 탐구 분석

물이 증발할 때와 끓을 때의 특징 관찰하기
[물이 증발할 때 나타나는 현상]]
- 물의 높이가 점점 낮아짐.
- 물이 수증기가 되어 공기 중으로 날아갔기 때문임.

[물이 끓을 때 나타나는 현상]
- 물의 높이가 빨리 낮아지며, 물 전체에 크고 작은 기포가 계속해서 생기고 물 표면이 출렁임.
- 물이 수증기가 되어 공기 중으로 날아갔기 때문임.

필수 탐구 ▶52쪽

1 ㉠	2 ㉡

1 햇빛이 잘 비치는 곳에 둔 물이 든 비커에서는 물 표면에서 물이 수증기로 상태가 변하는 증발 현상이 일어납니다. 물이 수증기가 되어 공기 중으로 날아가기 때문에 물의 높이가 점점 낮아집니다.

2 물이 끓으면 물의 표면과 물속에서 모두 액체 상태의 물이 기체 상태의 수증기로 변해 공기 중으로 날아가기 때문에 물의 양이 줄어듭니다. 따라서 끓기 전 물의 높이보다 끓은 후 물의 높이가 더 낮습니다.

개념 확인문제 ▶53쪽

1 ㉠ 수증기 ㉡ 증발	2 ⑶ ◯	3 ㉠, ㉢
4 ⑤	5 기주	6 ②

1 증발의 정의
액체인 물이 표면에서 기체 상태인 수증기로 상태가 변하는 현상을 증발이라고 합니다.

2 젖은 길이 마르는 까닭
젖은 땅에 있던 액체 상태의 물이 기체 상태의 수증기로 변하여 공기 중으로 날아가므로 젖은 길이 마릅니다. 증발할 때 물은 사라진 것이 아니라 수증기로 변하여 공기 중으로 날아간 것입니다.

3 증발과 관련된 예
젖은 빨래가 마르거나 염전에서 바닷물을 이용하여 소금을 얻는 것은 물의 증발과 관련된 모습입니다. 운동을 한 뒤 그늘이나 바람이 부는 곳에서 땀을 말리는 모습이나 과일이나 오징어 등 음식의 재료를 말리는 모습도 우리 주변에서 볼 수 있는 증발을 이용하는 예입니다. ㉡ 물을 가득 넣어 얼린 유리병이 깨지는 것과 ㉣ 추운 겨울철 수도 계량기가 깨지는 현상은 물이 얼면서 부피가 늘어나기 때문에 볼 수 있는 모습입니다.

4 물이 끓을 때의 변화
물이 끓기 전보다 물이 끓고 난 후 물의 높이가 낮아집니다. 물의 표면과 물속에서 물이 수증기가 되어 공기 중으로 날아갔기 때문입니다.

5 증발과 끓음 비교하기
증발과 끓음은 모두 액체인 물이 기체인 수증기로 상태가 변하는 현상입니다. 증발은 물 표면에서만 물이 수증기로 상태가 변하지만, 끓음은 물 표면뿐만 아니라 물속에서도 물이 수증기로 상태가 변합니다. 또 증발은 물의 양이 매우 천천히 줄어들지만, 끓음은 증발에 비해 물의 양이 빠르게 줄어듭니다.

6 수증기와 김
㉠ 부분은 물이 끓을 때 보이는 하얀 연기 부분으로, '김'이라고 합니다. 김은 액체 상태인 물방울이기 때문에 눈으로 볼 수 있습니다. 반면, ㉡ 부분은 기체 상태인 수증기이기 때문에 눈에 보이지 않습니다. 김은 공기 중에 있는 수증기가 응결하여 작은 물방울로 변한 것입니다.

3 물의 상태 변화와 이용

＋개념 분석

필수 개념 15 수증기가 물로 상태가 변하는 현상을 응결이라고 한다.

- 응결: 기체인 수증기가 액체인 물로 상태가 변하는 현상임.
- 응결과 관련된 모습: 맑은 날 아침 거미줄이나 풀잎에 물방울이 맺히는 이슬, 추운 겨울날 실내의 유리창 안쪽에 물방울이 맺히는 것, 물이 끓고 있는 냄비 뚜껑 안쪽에 맺히는 물방울 등이 있음.

필수 개념 16 우리 생활에서 물의 상태 변화는 다양하게 이용된다.

- 물이 얼음으로 변하는 상태 변화를 이용한 예: 얼음과자를 만들 때, 인공 눈을 만들 때, 이글루를 만들 때 등의 경우가 있음.
- 물이 수증기로 변하는 상태 변화를 이용한 예: 가습기로 실내 습도를 조절할 때, 스팀다리미로 다림질을 할 때, 음식을 찔 때 등의 경우가 있음.

＋탐구 분석

얼음이 든 비커의 바깥면 관찰하기

- 얼음을 넣지 않은 비커에서는 아무 변화가 없지만, 얼음을 넣은 비커의 바깥면에는 물방울이 맺히고 물방울이 점점 커지면서 흘러내려 페트리 접시에 물이 고임.
- 얼음을 넣지 않은 비커의 바깥면을 닦은 휴지는 아무 변화가 없지만, 얼음을 넣은 비커의 바깥면을 닦은 휴지는 젖어 있음.

 **탐구** ▶56쪽

1 (1) ㉡ (2) ㉠ **2** 수증기

1 얼음과 주스를 넣은 비커는 바깥면이 차가워지면서 공기 중의 수증기가 비커의 차가운 바깥면에 닿아 물방울로 변하는 현상이 나타납니다. 커진 물방울은 흘러내려 아래쪽 페트리 접시에 고입니다.

2 얼음과 주스를 함께 넣은 비커의 바깥면에 맺힌 물방울은 공기 중에 있던 수증기가 변한 것입니다. 기체인 수증기가 액체인 물로 상태가 변하는 현상을 응결이라고 합니다.

개념 확인문제 ▶57쪽

1 ㉢　　**2** (1) ○　　**3** 응결　　**4** (나)

5 얼음　　**6** ㉡

1 차가운 컵 표면에서 일어나는 변화 관찰하기

주스와 얼음을 넣은 플라스틱 컵 표면에는 시간이 지남에 따라 물방울이 맺히고, 맺힌 물방울이 커져 흘러내리는 모습을 볼 수 있습니다. 컵 표면에 맺힌 물방울은 컵 안의 액체가 밖으로 새어 나온 것이 아니라 공기 중의 수증기가 차가운 컵 표면에 닿아 응결하여 물방울로 맺힌 것입니다.

2 차가운 컵 표면에서 일어나는 변화

(2) 컵의 얼음이 녹아도 컵 속 내용물의 양이나 무게는 변하지 않습니다. 이 실험에서 시간이 지남에 따라 컵의 무게가 변한 까닭은 컵의 바깥면에 응결하여 맺힌 물방울 때문입니다. (3) 플라스틱 컵의 뚜껑을 덮었으므로 컵 속 주스가 증발한다고 해도 수증기가 바깥으로 날아갈 수 없습니다. 컵 속 공기 중에 있던 수증기는 온도의 변화에 따라 컵 뚜껑의 밑면 등에 물방울로 맺힐 수 있습니다. 따라서 컵 속 내용물의 무게는 변하지 않습니다.

3 응결과 관련된 예

이슬, 안개, 구름은 모두 공기 중의 수증기가 응결하여 나타나는 기상 현상입니다. 기체인 수증기가 차가워진 거미줄을 만나 액체인 물로 상태가 변해 맺힌 이슬이 됩니다.

4 물의 상태 변화를 이용하는 예

(가), (다), (라)는 물이 얼음으로 변하는 상태 변화를 이용한 예입니다. (나)는 물이 수증기로 변하는 상태 변화를 이용한 예입니다. 가습기는 물을 수증기로 변화시켜 공기 중으로 내보냄으로써 실내의 건조함을 줄여 주는 등 습도 조절을 위해 사용합니다.

5 물이 얼음으로 변하는 상태 변화의 예

얼음 작품을 만들 때에는 얼음과 얼음 사이에 물을 뿌리면 얼어붙는 현상을 이용해서 얼음 조각을 붙입니다.

6 물이 수증기로 변하는 상태 변화의 예

얼음과 물을 이용하여 만든 이누이트 족의 집인 이글루를 만들 때 안쪽에서 불을 지펴 얼음 벽을 살짝 녹인 뒤 문을 열어서 외부의 차가운 공기를 들어오게 하여 다시 얼립니다. 이 과정으로 더욱 단단한 얼음 벽이 되며, 이는 물이 얼음으로 변하는 상태 변화를 이용한 예입니다.

실력 강화문제 ▶58~59쪽

1 우석 **2** ㉡ **3** (1) ○ **4** ㉢

5 (1) 끓음 (2) 예 라면 국물 속 물이 수증기로 변하여 공기 중으로 날아갔기 때문입니다. **6** ④

7 ㉢ **8** ③, ⑤ **9** ㉠ 기체 ㉡ 수증기

10 ㉠ 증발 ㉡ 응결 / 예 증발은 액체인 물이 표면에서 기체인 수증기로 상태가 변하여 공기 중으로 날아가는 현상이고, 응결은 기체인 수증기가 액체인 물로 상태가 변하는 현상입니다.

1 물이 증발할 때의 변화를 관찰하는 실험

증발을 알아보는 실험으로, ㈎ 도화지의 표면에서는 증발이 잘 일어나 물이 모두 마르지만, ㈏ 도화지의 표면에서는 물이 일부만 증발하며 지퍼 백 안쪽에 물방울이 맺히는 것을 볼 수 있습니다.

┌─ | 추가자료 | ─────────────────

물이 증발할 때의 변화 관찰하기

❶ 붓에 물을 묻혀 같은 그림을 그린 두 장의 색 도화지를 하나는 그대로, 다른 하나는 지퍼 백 안에 넣어 입구를 닫아 놓아둡니다.

❷ 시간이 지남에 따라 각 도화지에서 나타나는 현상을 관찰해 봅니다.

[실험 결과]

지퍼 백에 넣지 않은 것	지퍼 백에 넣은 것
물이 모두 사라져 보이지 않음.	물기가 남아 있고, 지퍼 백 안쪽에 작은 물방울이 맺혀 있음.

지퍼 백에 넣지 않은 색 도화지의 표면에서는 물이 증발하여 공기 중으로 날아가고, 지퍼 백에 넣은 색 도화지의 표면에서는 증발한 물이 공기 중으로 날아가지 못합니다.

└─────────────────────────────

2 증발과 관련된 예

꽁꽁 언 과일을 먹거나 음식의 재료로 쓰기 위해 녹이는 것은 얼음이 물로 변하는 상태 변화를 이용하는 예입니다. 머리카락에 있던 물이 증발하여 공기 중으로 날아가면서 마르는 것과 고추 등 음식의 재료를 말리는 것, 운동 후 몸에 난 땀을 말리는 것은 모두 우리 주변에서 볼 수 있는 증발과 관련된 예입니다.

3 물이 끓을 때 물의 높이 변화

물이 끓은 후와 물이 끓기 전을 비교하면 물이 끓은 후 물의 높이가 더 낮아진 것을 볼 수 있습니다. 물이 끓을 때에는 물이 수증기가 되어 공기 중으로 날아가기 때문에 물의 양이 줄어듭니다.

▲ 물이 끓기 전   ▲ 물이 끓고 난 후

4 물이 끓을 때의 상태 변화

물이 끓을 때에는 액체 상태의 물이 물의 표면뿐만 아니라 물속에서도 기체 상태로 변합니다.

왜 답이 아닐까?

㉠ 증발할 때보다 천천히 물이 수증기로 변한다. (×)

→ 물이 끓을 때는 물이 증발할 때보다 빠르게 물이 수증기로 변합니다.

㉡ 액체 상태의 물이 물 표면에서만 기체 상태로 변한다. (×)

→ 액체 상태의 물이 물 표면에서만 기체 상태인 수증기로 변하는 것은 물이 증발할 때의 상태 변화 모습이므로 답이 될 수 없습니다.

5 물이 끓을 때의 변화

물의 표면뿐만 아니라 물속에서도 물이 수증기로 변하는 끓음과 관련이 있는 일을 쓴 일기입니다.

채점 TIP (1)에 끓음을 고르고, (2)에 라면 국물 속 물이 수증기로 변하여 공기 중으로 날아갔기 때문이라는 내용으로 모두 옳게 쓰면 정답으로 합니다.

┌─ | 추가자료 | ─────────────────

우리 주변에서 볼 수 있는 끓음의 예

• 찌개를 끓입니다.

• 끓는 물에 달걀을 삶습니다.

• 물을 끓여 채소를 데칩니다.

└─────────────────────────────

6 차가운 컵 표면에서 일어나는 변화 관찰하기

플라스틱 컵 표면과 페트리 접시에서 볼 수 있는 물은 공기 중의 수증기가 차가운 컵 표면에 닿아 물로 변한 것입니다. 차가운 컵의 표면에 맺힌 물방울을 닦았을 때 휴지 색깔의 변화가 없는 것을 통해 컵 속 액체가 새어 나온 것이 아님을 알 수 있습니다.

7 차가운 컵 표면에서 일어나는 변화

공기 중의 수증기가 차가운 플라스틱 컵 표면에 닿아 물로 변해 물방울로 맺히므로, 플라스틱 컵의 무게는 시간이 지남에 따라 조금씩 늘어날 것입니다.

8 응결과 관련된 예

응결은 기체인 수증기가 액체인 물로 상태가 변하는 현상입니다.

왜 답이 아닐까?

① 물이 얼어서 생긴 것이다. (×)

→ 액체 상태의 물이 얼어서 고체 상태의 얼음으로 변하는 현상이 아닙니다.

② 얼음이 녹으면서 생긴 것이다. (×)

→ 고체 상태의 얼음이 녹아서 액체 상태의 물이 되는 것과는 관련이 없습니다.

④ 액체에서 고체로 상태가 변한 것이다. (×)

→ 제시된 두 현상은 모두 응결과 관련된 것으로, 물이 기체에서 액체로 상태가 변한 것입니다.

9 물이 수증기로 변하는 상태 변화의 예

스팀다리미와 가습기는 물이 수증기로 변하는 상태 변화를 이용하는 예입니다.

추가자료

물과 수증기의 상태 변화를 이용한 생활용품

- 가습기: 물을 수증기로 변화시키는 생활용품입니다. 가열식 가습기는 물을 끓여 수증기로 내뿜고 초음파식 가습기는 초음파를 발생시켜 물을 작은 물방울로 쪼개 내뿜으며, 복합식 가습기는 가열식 가습기와 초음파식 가습기의 장점을 더한 것으로 물의 온도를 높여 가열한 뒤 초음파를 이용하여 분사하는 방식입니다.
- 제습기: 공기 중의 수증기를 액체 상태의 물로 모아 습기를 제거하는 생활용품입니다. 실내에 습기가 많으면 곰팡이가 생기기 쉽고, 불쾌해질 수 있으므로 제습기를 사용해 습기를 제거합니다.

10 물의 상태 변화를 이용하는 예

워터콘은 증발과 응결 등 물의 상태 변화를 이용하여 물을 얻을 수 있는 장치입니다. 식수가 부족한 곳에서나 재난 상황 시 사용할 수 있도록 개발되었습니다.

채점 TIP ㉠에 증발, ㉡에 응결을 고르고, 증발은 액체인 물이 표면에서 기체인 수증기로 상태가 변하는 현상, 응결은 기체인 수증기가 액체인 물로 상태가 변하는 현상이라는 내용으로 모두 옳게 쓰면 정답으로 합니다.

1 ㉠고체 ㉡ 수증기		**2** (1) ㉠ (2) ㉢ (3) ㉡	
3 ㈏	**4** 31.8	**5** ㉢	**6** ①
7 (1) ㉡ (2) 끓음		**8** ㈎	**9** ㉠
10 (3) ○	**11** 응결	**12** ㉣	**13** 희원
14 ㉠ 물 ㉡ 수증기		**15** 하민, 도윤, 현준	

16 (1) 최대리 (2) ⑩ 튜브형 용기 속에 재료를 가득 채우고 얼리면 얼음과자가 얼면서 부피가 늘어나 터질 수 있기 때문입니다. **17** (1) 염전 (2) ⑩ 시간이 지남에 따라 염전에 모아 놓은 바닷물에서 액체인 물이 기체인 수증기로 상태가 변하여 공기 중으로 날아가는 증발 현상이 일어나면, 바닷물에 녹아 있던 소금만 남게 됩니다. **18** ⑩ 공기 중의 수증기가 얼음물이 들어 있는 차가운 컵 표면에 닿아 응결하여 물방울로 맺히고, 점점 커진 물방울이 흘러내려 휴지가 젖은 것입니다. **19** ⑩ 공기 중에 있던 기체인 수증기가 차가운 물체(풀잎, 안경알)의 표면에 닿아 액체인 물로 상태가 변하는 응결과 관련된 모습입니다. **20** ⑩ 얼음과자를 만듭니다. 인공 눈을 만듭니다. 얼음 작품을 만듭니다.

1 물은 고체인 얼음, 액체인 물, 기체인 수증기의 세 가지 상태로 있고, 서로 다른 상태로 변할 수 있습니다. 얼음이 녹으면 액체인 물이 되고, 액체인 물은 기체인 수증기가 되는 등 물은 상태 변화를 할 수 있습니다.

2 고체인 얼음은 일정한 모양이 있고 차가우며 단단합니다. 액체인 물은 일정한 모양이 없이 흘러내리며, 손으로 잡을 수 없습니다. 기체인 수증기는 일정한 모양이 없고, 눈에 보이지 않지만 공기 중에 존재하는 특징을 가집니다.

3 액체인 물이 얼어 고체인 얼음으로 변하면 부피가 늘어납니다. 따라서 유리병에 물을 가득 넣어 얼리면 유리병이 깨지게 됩니다. 이와 같이 물이 얼면서 부피가 늘어나는 예로 페트병에 물을 가득 넣어 얼리면 페트병이 부푸는 것, 겨울철 장독에 물을 가득 넣어 두면 장독의 물이 얼면서 장독이 깨지는 것, 겨울철에 바위틈에 스며든 물이 얼어 바위틈이 벌어지거나 바위가 쪼개지는 것, 얼음 틀에 물을 가득 부어 얼렸을 때 얼음이 얼음 틀 위로 볼록 튀어나오는 것 등이 있습니다. 문제의 주어진 그림에서 물이 얼어서 얼음으로 변하는 현상이 나타나는 상태 변화 과정을 고르면 화살표의 방향으로 볼 때 ㈏인 것을 알 수 있습니다.

4 얼음이 녹으면 부피는 줄어들지만 무게는 변하지 않습니다. 얼음이 녹기 전인 ❶ 과정에서 잰 무게가 31.8 g이므로, 얼음이 완전히 녹은 후인 ❸ 과정에서 잰 무게 또한 31.8 g일 것입니다.

5 물이 얼 때와 얼음이 녹을 때의 부피 변화는 시험관에 담긴 물의 높이와 얼음의 높이 비교를 통해 알 수 있습니다. 높이가 높아지면 부피가 늘어난 것이고, 높이가 낮아지면 부피가 줄어든 것입니다. 얼음이 녹아 물이 되면서 물의 높이가 낮아진 것을 통해 얼음이 물로 변하는 상태 변화에서 부피가 줄어드는 것을 알 수 있으며, 이때 높이의 차이는 얼음이 녹을 때 줄어든 부피를 의미합니다.

6 액체인 물이 표면에서 기체인 수증기로 상태가 변하는 현상을 증발이라고 합니다. 비에 젖은 길이 시간이 지나면서 점점 마르는 것은 물이 증발하기 때문입니다.

> **| 추가자료 |**
>
> **증발이 잘 일어나는 조건**
> - 온도가 높을수록 증발이 잘 일어납니다.
> - 바람이 강할수록 증발이 잘 일어납니다.
> - 공기 중에 포함된 수증기의 양이 적을수록 증발이 잘 일어납니다.
> - 액체의 표면적이 넓을수록 증발이 잘 일어납니다.

7 증발은 물이 표면에서 수증기로 상태가 변하는 현상이고, 끓음은 물의 표면뿐만 아니라 물속에서도 물이 수증기로 상태가 변하는 현상입니다. ㉠에서는 증발이 일어나고, ㉡에서는 끓음이 발생합니다. 증발은 물의 양이 천천히 줄어들고 끓음은 증발할 때보다 물의 양이 빠르게 줄어듭니다. 따라서 같은 시간이 지난 뒤 물의 높이가 더 낮은 비커는 끓음이 발생한 ㉡입니다.

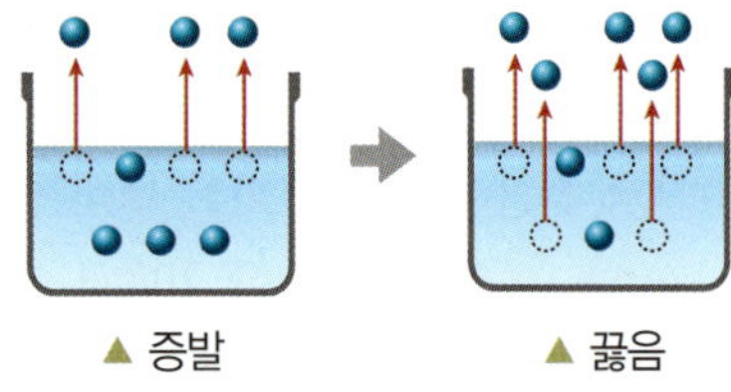

8 물이 얼어서 얼음으로 변할 때 무게는 변하지 않습니다. 하지만 물이 증발하거나 끓으면 물이 수증기 상태로 변하여 공기 중으로 날아가기 때문에 물의 양이 줄어들고, 무게도 줄어듭니다. (내)는 물이 든 비커를 5분 동안 가열했으므로 끓음과 관련이 있고, (대)는 물이 든 비커를 햇볕이 잘 드는 곳에 3일 동안 놓아 둔 것으로 증발과 관련이 있습니다. 따라서 (내)와 (대) 모두 처음 물의 무게보다 나중에 측정한 물의 무게가 더 가볍습니다.

9 물이 끓을 때 물 전체에 크고 작은 기포가 계속해서 생기고, 위로 올라와 터지면서 물 표면이 출렁이는 모습을 볼 수 있습니다. 물이 끓으면 물의 표면뿐만 아니라 물속에서도 물이 수증기로 변하는데, 수증기는 우리 눈에 보이지 않습니다. 하지만 수증기가 공기 중에서 냉각되면 작은 물방울로 상태가 변해 하얗게 보이는데, 이것이 우리 눈에 보이는 김입니다. 따라서 김은 물의 액체 상태입니다.

10 물을 가열하면 처음에는 표면의 물이 천천히 증발하다가 계속 가열하면 물속에서 기포가 생기는데, 이 기포는 물이 수증기로 변한 것입니다. 이처럼 물의 표면뿐만 아니라 물속에서도 물이 수증기로 변하는 현상을 끓음이라고 합니다. (1), (2)는 물의 표면에서만 액체인 물이 기체인 수증기로 변하는 모습이므로 끓음보다는 증발 현상을 나타낸 것에 알맞습니다.

11 집기병 안에 있던 수증기가 페트리 접시에 담긴 조각 얼음 때문에 차가워지면 액체인 물로 상태가 변하는 응결 현상이 일어납니다. 집기병 속 수증기가 작은 물방울로 변해 떠 있게 되어 집기병 안이 뿌옇게 흐려지는 것입니다. 이것은 지표면 근처의 공기가 차가워지면 공기 중의 수증기가 응결하여 작은 물방울로 변해 떠 있는 안개가 만들어지는 원리와 비슷합니다.

> **| 추가자료 |**
>
> **구름**
>
> 
>
> 구름은 공기 중의 수증기가 높은 하늘에서 응결하여 생성됩니다. 수증기를 포함하고 있는 공기 덩어리가 지표면에서 하늘로 올라가면 온도가 점점 낮아지는데, 이때 공기 중의 수증기가 응결하여 물방울이 되거나 더 낮은 온도에서는 얼음 알갱이로 변하여 하늘에 떠 있는 것이 구름입니다.

12 물이 끓고 있는 냄비 뚜껑 안쪽에 맺힌 물방울은 냄비 안에 담긴 물이 끓어 수증기로 변했다가 상대적으로 차가운 냄비 뚜껑 안쪽에 닿아 응결해 물로 변한 것입니다. 가뭄이 들어 땅이 갈라지거나 염전에서 바닷물을 가두어 소금을 얻는 것은 액체인 물이 기체인 수증기로 증발하여 나타나는 현상이고, 겨울철 처마 밑에 고드름이 생기는 것은 액체인 물이 고체인 얼음으로 상태가 변하여 볼 수 있는 것입니다.

13 스팀다리미로 옷의 주름을 펼 때는 물이 수증기로 변하는 상태 변화를 이용합니다.

14 가습기는 액체 상태의 물을 기체 상태인 수증기로 변화시켜 공기 중에 내보냄으로써 건조한 실내 습도를 올리는 데 이용합니다.

15 얼음 작품을 만들 때, 인공 눈을 만들 때, 얼음과자를 만들 때는 모두 액체 상태인 물이 고체 상태인 얼음으로 변하는 상태 변화를 이용한 예입니다.

왜 답이 아닐까?

- 희원: 수증기를 얼음으로 변화시켜 스팀다리미로 옷의 주름을 편다. (×)
- → 스팀다리미로 옷의 주름을 펼 때에는 물이 수증기로 변하는 상태 변화를 이용하므로 희원이가 조사한 내용은 잘못된 것이며, 액체에서 고체로 변하는 상태 변화에도 해당하지 않습니다.
- 민형: 가습기를 이용하여 실내 습도를 조절한다. (×)
- → 가습기는 액체 상태의 물이 기체 상태인 수증기로 변하는 물의 상태 변화를 이용합니다.
- 지안: 물이 수증기로 변하는 것을 이용해 음식을 찐다. (×)
- → 음식을 찔 때는 액체 상태의 물이 기체 상태의 수증기로 변하는 물의 상태 변화를 이용합니다.

16 튜브형 용기에 담긴 얼음과자가 녹으면 용기 속에 빈 공간이 생긴 것을 볼 수 있습니다. 얼음과자가 얼면 부피가 늘어나기 때문에 얼기 전 용기에 빈 공간이 있어야 얼면서 용기가 터지지 않습니다.

채점 기준

상	(1)에 최대리를 쓰고, (2)에 용기 속에 재료를 가득 채우고 얼리면 얼음과자가 얼면서 부피가 늘어나 터질 수 있기 때문이라는 내용으로 모두 옳게 쓴 경우
중	(1)에 최대리를 쓰고, (2)에 용기 속에 재료를 가득 채우고 얼리면 용기가 터질 수 있기 때문이라고만 쓴 경우
하	(1)에 최대리만 옳게 쓴 경우

17 소금을 만들기 위하여 바닷물을 끌어 들여 논처럼 만든 곳을 염전이라고 합니다. 염전에 바닷물을 모아 놓으면 햇빛과 바람 등에 의해 바닷물에 있는 물이 증발하면서 소금이 남습니다.

채점 기준

상	(1)에 염전이라고 쓰고, (2)에 바닷물에서 물이 증발하여 소금이 남는다는 내용으로 모두 옳게 쓴 경우
중	(1)에 염전이라고 쓰고, (2)에 증발 현상을 통해 얻을 수 있다고만 쓴 경우
하	(1)에 염전만 옳게 쓴 경우

18 공기 중의 수증기가 차가운 컵 표면에 닿아 응결하여 물방울로 맺히고, 맺힌 물방울이 점점 커지면서 아래로 흘러내려 휴지가 젖은 것입니다. 우리 생활에서 이와 같은 현상을 종종 겪을 수 있습니다.

채점 기준

상	공기 중의 수증기가 응결하여 물방울로 맺히고, 그 물방울이 흘러내려 휴지가 젖었다는 내용으로 옳게 쓴 경우
중	공기 중의 수증기가 응결했기 때문이라는 내용으로 조금 부족하게 쓴 경우
하	컵 표면에 물방울이 맺히기 때문이라는 내용으로 쓴 경우

19 맑은 날 아침 풀잎에 맺힌 물방울, 겨울에 따뜻한 실내로 들어왔을 때 안경알 표면에 맺힌 물방울은 모두 응결 현상과 관련된 모습입니다.

채점 기준

상	기체인 수증기가 차가운 물체(풀잎, 안경알)의 표면에 닿아 액체인 물로 상태가 변하는 응결과 관련된 모습이라는 내용으로 옳게 쓴 경우
중	응결과 관련된 예라고 간단하게 쓴 경우
하	수증기가 물로 상태가 변한 예라고만 쓴 경우

20 (가)는 액체인 물이 얼어 고체인 얼음으로 상태가 변하는 과정(응고)입니다. 우리 생활에서 물이 얼음으로 변하는 상태 변화를 이용한 예를 찾아봅니다.

채점 기준

상	우리 생활에서 물이 얼음으로 변하는 상태 변화를 이용한 예를 세 가지 모두 옳게 쓴 경우
중	우리 생활에서 물이 얼음으로 변하는 상태 변화를 이용한 예를 두 가지 옳게 쓴 경우
하	우리 생활에서 물이 얼음으로 변하는 상태 변화를 이용한 예를 한 가지 옳게 쓴 경우

단원 핵심 정리 ▶64~65쪽

1 기체	**2** 고체	**3** 늘어남	**4** 줄어듦
5 증발	**6** 끓음	**7** 응결	**8** 수증기

3 땅의 변화

① 흐르는 물에 의한 땅의 변화

＋개념 분석

필수 개념 17 흐르는 물은 침식, 운반, 퇴적 작용으로 땅의 모습을 변화시킨다.

- 침식 작용: 흐르는 물이 지표의 바위나 돌 등을 깎아 내는 작용임.
- 운반 작용: 침식된 돌이나 흙 등이 흐르는 물과 함께 이동하는 작용임.
- 퇴적 작용: 운반된 돌이나 흙 등이 쌓이는 작용임.

필수 개념 18 강 상류에서는 침식, 하류에서는 퇴적 작용이 활발하게 일어난다.

- 강 상류는 강폭이 좁고 경사가 급하여 물이 빠르게 흐르기 때문에 침식 작용이 퇴적 작용보다 활발하게 일어남.
- 강 하류는 강 상류에 비해 강폭이 넓고 경사가 완만하여 물이 천천히 흐르기 때문에 퇴적 작용이 침식 작용보다 활발하게 일어남.

＋탐구 분석

흐르는 물의 작용 알아보기

- 윗부분에 있던 흙과 색 모래가 물과 함께 아래쪽으로 이동하여 흙이 깎이는 곳과 쌓이는 곳이 생김.
- 흙 언덕의 윗부분에서는 흙이 깎이는 침식 작용이 주로 일어나고, 흙 언덕의 아랫부분에서는 흙이 쌓이는 퇴적 작용이 주로 일어남.

필수 탐구  ▶72쪽

1 (1) ㉠ (2) ㉡   **2** (가) 침식 작용 (나) 퇴적 작용

1 흐르는 물은 흙 언덕 위쪽의 흙을 깎고, 깎은 흙을 아래쪽으로 운반하여 쌓습니다.

2 흙 언덕의 윗부분인 (가)에서는 흙이 깎이는 침식 작용이 주로 일어나고, 흙 언덕의 아랫부분인 (나)에서는 흙이 쌓이는 퇴적 작용이 주로 일어납니다.

개념 확인문제 ▶73쪽

1 ㉣   **2** ㉠   **3** 흥민   **4** ㉡
5 (1) ㉠ (2) ㉢   **6** ⑤

1 흐르는 물이 하는 일

흐르는 물은 땅의 모습을 변화시킵니다. 비가 내리면 운동장과 같이 평평하던 곳에 물길이 생기거나 작은 웅덩이가 생긴 것을 볼 수 있으며, 경사진 곳에서는 흙이 깎여 돌이 드러나기도 하고 흙이 흘러내려 쌓이기도 합니다.

▲ 운동장

▲ 경사진 곳

2 침식, 운반, 퇴적 작용

흐르는 물에 의해 지표의 바위나 돌 등이 깎이는 것을 침식 작용이라고 하고, 침식 작용으로 만들어진 돌이나 흙 등이 물과 함께 이동하는 것을 운반 작용, 운반된 돌이나 흙 등이 쌓이는 것을 퇴적 작용이라고 합니다.

3 흐르는 물의 작용

경사가 가파른 곳에서는 경사가 완만한 곳에 비해 흐르는 물의 침식 작용이 더 활발하게 일어납니다. 오랜 시간 동안 계속 흐르는 물은 지표의 모습을 서서히 변화시킵니다. 상황에 따라 다른 작용에 비해 더 활발하게 일어나는 작용이 있지만 흐르는 물의 침식 작용, 운반 작용, 퇴적 작용은 보통 동시에 일어납니다.

4 강 주변의 모습

큰 바위나 모난 돌을 많이 볼 수 있는 곳은 강의 상류이며, 강 상류에서는 강폭이 좁고 경사가 급하여 물이 빠르게 흐릅니다.

5 강 상류와 강 하류에서 주로 일어나는 작용

강의 상류에서는 흐르는 물의 침식 작용이 퇴적 작용보다 활발하게 일어나고, 강의 하류에서는 퇴적 작용이 침식 작용보다 활발하게 일어납니다.

6 강 상류와 강 하류의 특징

㉠은 강의 상류, ㉡은 강의 중류, ㉢은 강의 하류로 강의 상류에서 하류로 갈수록 강폭이 넓어지고, 경사가 완만해져 물이 천천히 흐릅니다.

1 ㉣　　**2** ㉠ 물　㉡ 지표　　**3** 예 흐르는 물에 의해 돌과 흙 등이 물과 함께 이동하는 것을 운반 작용이라고 합니다.　　**4** ②　　**5** (1) ㉢ (2) 예 실험 결과, 경사가 완만한 흙 언덕에서 흙이 깎이는 양보다 경사가 급한 흙 언덕에서 흙이 깎이는 양이 더 많습니다.　　**6** ③　　**7** 중류　　**8** ①　　**9** (1) 하류 (2) 상류　　**10** (1) 하류 (2) 예 강의 하류는 경사가 완만하고 강폭이 넓어서 물이 천천히 흐르기 때문에 물놀이를 하기에 좋고, 모래나 흙이 많아 모래성 쌓기 등의 모래놀이를 하기에 알맞기 때문입니다.

1 흐르는 물에 의한 땅의 변화

대화의 내용으로 보아 세호가 생각하는 축구를 하지 못하는 까닭은 비가 와서 운동장을 이용하기 어렵기 때문입니다. 비가 와서 운동장과 같이 평평한 곳에 물이 흐르면 물길이 생기거나 물이 흐른 자국, 작은 웅덩이가 생겨 축구를 하기 어렵습니다.

2 흐르는 물이 하는 일

흐르는 물은 땅의 겉면인 지표의 바위나 돌 등을 깎아 내는 침식 작용을 하며, 침식 작용으로 만들어진 돌이나 흙 등을 운반하는 운반 작용을 거쳐 운반된 돌이나 흙 등을 쌓는 퇴적 작용을 합니다.

3 물의 운반 작용

흐르는 물에 의해 지표의 바위나 돌, 흙 등이 깎이는 것을 침식 작용이라고 하고, 침식된 돌과 흙 등이 물과 함께 이동하는 것을 운반 작용이라고 합니다. 운반된 돌과 흙 등이 쌓이는 것을 퇴적 작용이라고 합니다.

채점 TIP　흐르는 물에 의해 돌이나 흙 등이 이동하는 것이라는 내용으로 옳게 쓰면 정답으로 합니다.

| 추가자료 |

흐르는 물에 의해 운반되는 물질

흐르는 물에 의해 운반되는 물질은 위치에 따라 윗부분에서 떠서 가면 뜬짐, 아랫부분에서 움직여 가면 밑짐, 흐르는 물에 녹아서 운반이 되면 녹은짐이라고 합니다. 대부분의 퇴적물이 뜬짐으로 이동하는데 뜬짐이 많으면 강물이 탁해 보이기도 합니다. 녹은짐으로 운반되는 물질은 칼슘 이온, 마그네슘 이온 등이 있습니다. 모래와 같은 밑짐은 물살이 매우 셀 때 뜬짐의 형태로 운반되기도 합니다.

4 흐르는 물에 의한 흙 언덕의 모습 변화

흙 언덕의 가장 윗부분인 ㉮에서 흙이 가장 많이 깎이고, 중간 부분인 ㉯에서는 주로 깎인 흙이 운반되는 과정이 일어납니다. 흙 언덕의 가장 아랫부분인 ㉰에서는 윗부분에서 깎이고 운반된 흙이 가장 많이 쌓이게 됩니다.

5 경사에 따른 흐르는 물의 작용

물을 흘려보냈을 때, 흙 언덕의 경사가 완만한 것보다 경사가 급할수록 많은 양의 흙이 깎입니다. 깎인 흙의 양이 많을수록 아래쪽에 쌓이는 흙의 양도 많아집니다.

채점 TIP　(1)에 ㉢을 쓰고, (2)에서 경사가 완만한 흙 언덕에서보다 경사가 급한 흙 언덕에서 흙이 깎이는 양이 더 많다는 내용으로 모두 옳게 쓰면 정답으로 합니다.

| 추가자료 |

흙 언덕에 흘려보내는 물의 양에 따른 흐르는 물의 작용

흙 언덕에 흘려보내는 물의 양이 많을수록 흙 언덕의 모습이 많이 변합니다. 흙 언덕의 위쪽은 더 많이 파이거나 깎이고, 흙 언덕의 아래쪽에는 흙과 색 모래가 더 많이 쌓입니다.

6 강 주변의 모습과 특징

강의 상류에서는 침식 작용이 보다 활발하게 일어나고, 강의 하류에서는 퇴적 작용이 보다 활발하게 일어나지만 강의 상류, 중류, 하류에서 모두 침식 작용과 퇴적 작용이 일어납니다.

왜 답이 아닐까?

① ㉠ 부분의 강폭은 넓다. (×)

→ ㉠ 부분은 강 상류로 강폭이 좁습니다.

② ㉡ 부분에서는 침식 작용이 일어나지 않는다. (×)

→ ㉡ 부분은 강 하류로 강 상류보다 퇴적 작용이 더 활발하게 일어나지만 침식 작용이나 운반 작용도 함께 일어납니다.

④ ㉠에서 흐르는 물의 양이 ㉡에서 흐르는 물의 양보다 많다. (×)

→ 강 하류인 ㉡에서 흐르는 물의 양이 강 상류인 ㉠에서 흐르는 물의 양보다 많습니다.

⑤ ㉠에서 ㉡으로 갈수록 큰 바위나 모난 돌을 많이 볼 수 있다. (×)

→ 큰 바위나 모난 돌은 강 상류에서 많이 볼 수 있습니다. 따라서 강 하류인 ㉡에서 강 상류인 ㉠으로 갈수록 큰 바위나 모난 돌을 많이 볼 수 있다고 해야 옳은 문장입니다.

7 강 중류의 특징

강의 중류는 상류보다 경사가 급하지 않고 강이 구불구불합니다. 또 강의 상류보다는 작고 강의 하류보다는 큰 둥근 모양의 자갈을 많이 볼 수 있습니다.

| 추가자료 |

강이 구불구불해지는 까닭

경사가 급한 강의 상류를 지나 경사가 완만해지는 강의 중류에 이르면 강의 안쪽과 바깥쪽에서 물이 흐르는 속도 차이에 의해 강의 옆면을 깎아 내는 침식 작용이 활발하게 일어납니다. 강은 점차 구불구불한 모습으로 변하면서 강폭이 넓어집니다. 이때 강의 바깥쪽은 물의 흐름이 빨라 침식 작용이 주로 일어나면서 수심이 깊어지고, 강의 안쪽은 물의 흐름이 느려 퇴적 작용이 주로 일어나면서 수심이 얕아집니다. 따라서 시간이 지날수록 강의 모양은 점점 더 구불구불해집니다.

8 강 상류의 특징

강의 상류에서는 침식 작용이 활발하게 일어나므로 ㉠과 같이 큰 바위나 모난 돌을 많이 볼 수 있습니다.

9 강 상류와 강 하류

강의 하류는 강폭이 넓고 경사가 완만한 모습을 띠고, 강의 상류는 강폭이 좁고 경사가 급한 모습을 띱니다.

| 추가자료 |

강 하류의 모습

경사가 완만하여 물이 느리게 흐르며, 넓은 모래사장이나 평탄한 지형을 볼 수 있습니다. 강과 바다가 만나는 부분에는 삼각주와 같은 퇴적 지형이 만들어집니다. 삼각주는 주변에 물이 계속해서 흐르고 땅이 평평하기 때문에 예로부터 농사를 짓는 데 많이 이용되었습니다. 우리나라에서 삼각주를 이용한 농지는 낙동강의 김해평야가 대표적입니다.

10 강 하류의 특징

강의 상류에서는 강폭이 좁고 경사가 급하여 물이 매우 빠르게 흐르고, 큰 바위나 모난 돌이 많아 물놀이를 하기에 알맞지 않습니다. 강의 중류는 상류보다는 경사가 급하지 않고 물의 양도 많지만, 강의 하류에 비해서는 물의 양이 적고 모래나 고운 흙보다는 둥근 자갈이 많습니다.

채점 TIP (1)에 하류를 쓰고, (2)에 강의 하류는 경사가 완만하고 강폭이 넓어 물이 천천히 흐르기 때문에 물놀이를 하거나 튜브를 타고 떠 있는 데 알맞으며, 알갱이의 크기가 작은 모래나 흙을 많이 볼 수 있어 모래성 쌓기와 두꺼비집 만들기 등을 하기에 좋기 때문이라는 내용으로 모두 옳게 쓰면 정답으로 합니다.

---

2 화산 (1)

+ 개념 분석

필수 개념 19 화산은 마그마가 지표 밖으로 분출하여 만들어진 지형이다.

- 화산은 땅속 깊은 곳에서 암석이 녹은 마그마가 지표 밖으로 분출하여 만들어짐.
- 화산의 생김새: 대부분 꼭대기에 분화구가 있고, 어떤 화산은 분화구에 물이 고여 호수가 만들어지기도 함.

필수 개념 20 화산 분출물에는 화산 가스, 용암, 화산재, 화산 암석 조각 등이 있다.

- 화산 가스: 기체 상태의 화산 분출물로 여러 가지 기체가 섞여 있으며, 대부분은 수증기임.
- 용암: 액체 상태의 화산 분출물로 마그마에서 가스가 빠져나간 것임.
- 화산재, 화산 암석 조각: 고체 상태의 화산 분출물로 크기에 따라 구분함.

+ 탐구 분석

화산 활동 모형실험 하기

- 모형 입구에서 연기가 나며, 녹은 마시멜로가 알루미늄 포일을 타고 흘러내림.
- 시간이 지나면 흘러나온 마시멜로가 식으면서 굳음.
- 화산 활동 모형과 실제 화산은 모두 연기가 나고 빨간색 액체가 나오며, 시간이 지나면 액체가 식으면서 굳음.

필수 탐구 ▶ 78쪽

1 ㉠	2 윤정

1 가열되어 녹은 마시멜로가 산 모양으로 만든 알루미늄 포일 밖으로 흘러나올 수 있게 함으로써 실제 화산이 활동하는 모습과 비교해 볼 수 있는 실험입니다. 실험에서 마시멜로에 빨간색 식용 색소를 넣는 것은 용암의 색깔을 표현하기 위한 것입니다.

2 화산 활동 모형실험의 연기는 기체인 화산 가스, 흐르는 마시멜로는 액체인 용암, 흘러나와서 굳은 마시멜로는 고체인 화산 암석 조각에 비교할 수 있습니다.

| 1 화산 | 2 마그마 | 3 (1) × (2) × (3) ○ (4) × |
| 4 ㉢ | 5 (1) ㉡ (2) ㉢ (3) ㉠ | 6 ④ |

1 화산의 생김새

세계 여러 곳에는 다양한 크기와 모양의 화산이 있습니다. 한라산, 베수비오산, 후지산, 마욘산은 모두 땅속 깊은 곳에서 암석이 높은 열에 의하여 녹은 마그마가 지표 밖으로 분출하여 만들어진 지형인 화산입니다. 화산 꼭대기에는 대부분 움푹 파여 있는 분화구가 있습니다.

2 화산의 정의

마그마는 땅속 깊은 곳에서 암석이 높은 열에 의하여 녹은 것으로, 화산은 마그마가 지표 밖으로 분출하여 만들어진 지형입니다.

3 화산의 특징

화산의 생김새는 매우 다양합니다. 경사가 가파른 화산도 있고 경사가 완만한 화산도 있습니다. 이와 같은 화산의 형태는 용암의 끈적한 정도에 따라 달라지기도 합니다. 화산의 분화구에 물이 고여 생긴 호수가 있는 것도 있으며, 세계 여러 곳에 있는 화산 중에는 연기가 나거나 용암이 흘러나오는 등 현재에도 활동 중인 화산이 있습니다.

4 용암의 특징

용암은 액체 상태의 화산 분출물입니다. 마그마가 지표 밖으로 나오면 포함하고 있던 화산 가스가 빠져나가면서 용암이 됩니다.

5 화산 분출물의 상태

화산이 분출할 때 나오는 물질을 화산 분출물이라고 하며, 화산 분출물에는 고체 상태의 화산 암석 조각, 액체 상태의 용암, 기체 상태의 화산 가스가 있습니다.

6 화산 가스의 특징

화산이 분출할 때 나오는 기체 상태의 화산 분출물은 화산 가스입니다. 화산 가스에는 이산화 탄소, 이산화 황, 황화 수소, 질소, 수소 등 여러 가지 기체가 섞여 있으며, 대부분은 수증기입니다. ③ 마그마는 지구 내부의 땅속 깊은 곳에서 암석이 녹아서 생긴 물질로, 온도가 약 800~1400 ℃로 매우 뜨거우며 가스가 녹아 있습니다. 마그마에서 가스 성분이 빠져나간 ① 용암은 액체 상태의 화산 분출물입니다. ② 화산재와 ⑤ 화산 암석 조각은 고체 상태의 화산 분출물입니다.

2 화산 (2)

+ 개념 분석

필수 개념 21 현무암과 화강암은 화산 활동으로 만들어진 암석이다.

- 화성암: 마그마가 식어서 만들어진 암석임.
- 현무암은 마그마가 지표 가까이에서 빠르게 식어서 만들어진 암석으로, 어두운 색이고 암석을 이루는 알갱이의 크기가 작음.
- 화강암은 마그마가 땅속 깊은 곳에서 서서히 식어서 만들어진 암석으로, 밝은색이고 암석을 이루는 알갱이의 크기가 큼.

필수 개념 22 화산 활동은 우리 생활에 피해를 주지만 이로운 점도 있다.

- 화산 활동으로 인한 피해: 용암은 산불을 발생시키고, 화산재나 화산 가스 때문에 호흡기 질병이 생기기도 함.
- 화산 활동이 주는 이로움: 땅속의 높은 열을 지열 발전에 이용하며, 화산재는 땅을 비옥하게 함.

+ 탐구 분석

현무암과 화강암 관찰하고 분류하기

[현무암의 특징]
- 색깔이 어둡고, 암석을 이루는 알갱이의 크기가 작음.
- 표면에 군데군데 구멍이 있는 것도 있음.

[화강암의 특징]
- 색깔이 밝고, 암석을 이루는 알갱이의 크기가 큼.
- 반짝이는 알갱이 등 여러 가지 알갱이가 섞여 있음.

[알 수 있는 사실] 현무암과 화강암은 모두 화성암이지만 만들어지는 장소에 따라 특징이 다름.

| 1 (1) ㉡ (2) ㉢ | 2 ⑤ |

1 화강암은 암석의 색깔이 밝고 여러 가지 알갱이가 섞여 있는 모습입니다. 현무암은 암석의 색깔이 어둡고 표면에 군데군데 구멍이 있습니다.

2 현무암은 마그마가 지표 부근에서 빠르게 식어 굳어져 만들어집니다.

개념 확인문제 ▶83쪽

1 화성암 **2** (가) 화강암 (나) 현무암 **3** ③
4 ㉡, ㉢ **5** ⑤ **6** ㉡

1 화산 활동으로 만들어진 암석
화산 활동으로 마그마가 식어 만들어진 암석을 화성암이라고 합니다.

2 현무암과 화강암의 모습
화산 활동으로 만들어진 화성암의 대표적인 암석에는 화강암과 현무암이 있으며, 이 둘을 구분할 수 있는 특징으로 화강암은 대체로 밝은 바탕에 검은색 알갱이가 보이고 여러 가지 색이 포함되어 있다는 점을 들 수 있고, 현무암은 색깔이 어둡고 군데군데 구멍이 있는 것이 있다는 점을 기억합니다.

3 현무암과 화강암의 특징
㉠은 지표로 흘러나온 마그마에서 화산 가스가 빠져나간 용암이 빠르게 식으면서 굳어져 현무암이 만들어지는 부분이고, ㉡은 땅속 깊은 곳의 마그마가 서서히 식으면서 굳어져 화강암이 만들어지는 부분을 나타냅니다.

4 화산 활동이 우리 생활에 주는 피해
화산 활동으로 인해 생성된 온천이나 독특한 화산 지형 등은 관광 자원으로 활용할 수 있어 화산 활동이 우리 생활에 주는 이로운 점에 해당합니다.

5 화산 활동이 우리 생활에 주는 이로운 점
①~④는 화산 활동이 우리 생활에 주는 피해에 해당합니다. 액체 상태인 용암은 흐르기 때문에 넓은 곳에 산불을 발생시키고 논이나 밭, 집을 덮어 재산 피해를 발생시킵니다. 화산재는 알갱이의 크기가 매우 작아 코와 폐로 숨을 쉬는 생물에게 호흡기 질병을 일으키고 비행기 엔진을 망가뜨려 운항을 어렵게 하는 등 우리 생활에 피해를 줍니다.

6 화산재가 미치는 영향
화산재는 태양 빛을 가려서 날씨에 영향을 미치며 기온을 낮춰 생물에게 피해를 주지만, 화산재가 쌓인 주변의 토양은 비옥해져 농작물이 자라는 데 도움이 됩니다. 공기를 품은 화산재는 토양에 공간을 만들어 날씨 변화에 대한 적응력을 높이고 물을 가두어 놓을 수 있게 하며, 식물의 생장에 필요한 토양 박테리아를 키워 씨가 싹 트는 데 도움을 줍니다.

3 지진

+ 개념 분석

필수 개념 23 지진은 지구 내부의 힘에 의해 땅이 끊어지면서 흔들리는 것이다.

- 지진은 땅이 지구 내부에서 작용하는 힘을 오랫동안 받아 끊어지면서 흔들리는 것임.
- 지진의 세기는 지진이 일어날 때 발생하는 힘의 크기를 재어 규모로 나타냄.

필수 개념 24 지진은 정확한 예측이 어려우므로 대비하는 자세가 필요하다.

- 같은 규모의 지진이어도 지진에 대비한 정도, 지진 경보 시기 등 다양한 요인에 따라 피해 정도가 달라짐.
- 지진이 발생하면 머리를 보호하며 승강기 대신 계단으로 대피해야 함.

+ 탐구 분석

우드록으로 지진 발생 모형실험 하기
- 우드록의 가운데 부분이 볼록하게 올라오며 휘어지다가 소리를 내며 끊어지고, 손에 떨림(진동)이 느껴짐.
- 지진 발생 모형과 실제 지진 모두 힘을 받아 우드록이나 땅이 끊어지고, 이로 인한 떨림이 발생함.
- 지진 발생 모형실험에서는 작은 힘이 짧은 시간 동안 작용하여 우드록이 끊어지지만, 실제 지진은 지구 내부에서 작용하는 힘이 오랜 시간 동안 작용하여 발생함.

필수 탐구 ▶86쪽

1 ㉢ **2** ③, ⑤

1 실험에서 양손으로 우드록을 잡고 중심 쪽 수평 방향으로 계속 밀면 우드록이 휘어지다가 끊어집니다. 우드록이 끊어질 때 느껴지는 손의 떨림은 지진에 비교할 수 있습니다.

2 우드록을 이용한 지진 발생 모형실험에서 우드록은 땅(지층), 우드록을 양손으로 미는 힘은 지구 내부에서 작용하는 힘, 우드록이 끊어질 때 손에 전달되는 떨림은 땅이 끊어지면서 흔들리는 떨림인 지진과 비교할 수 있습니다.

1 지진	2 지구 내부의 힘에 의한 땅의 떨림		
3 ㉡	4 페루	5 ㉠	6 (3) ○

1 지진의 정의

땅은 지구 내부에서 작용하는 힘을 오랫동안 받으면 휘어지거나 끊어지기도 합니다. 이렇게 땅이 끊어지면서 흔들리는 것을 지진이라고 합니다. 지진은 화산 활동이나 지표의 약한 부분, 지하 동굴의 함몰 등에 의해 발생하기도 합니다.

2 지진 발생 모형실험과 실제 지진 비교하기

흔들림 지진판의 흔들림으로 인해 흔들림 지진판 위의 블록 건물이 무너진 것처럼 지구 내부의 힘에 의한 땅(지층)의 떨림으로 인해 땅 위의 건물 등이 무너집니다.

3 지진의 세기

지진이 발생하면 땅이 갈라지고 건물과 도로가 무너지는 등 큰 피해를 입을 수 있습니다. 지진의 세기는 규모로 나타내고, 규모의 숫자가 클수록 강한 지진입니다. 지진이 발생하면 약한 흔들림을 느끼는 정도로 그칠 수도 있지만 인명과 재산에 큰 피해를 주기도 합니다.

4 지진의 규모

지진의 세기는 규모로 나타내고, 규모의 숫자가 클수록 강한 지진입니다. 표를 보면 페루에서 발생한 지진이 규모 8.0으로 가장 강한 지진임을 알 수 있습니다.

5 지진 피해 정도

표에서 우리나라에서도 지진이 발생한 것으로 나와 있고, 실제로도 지진이 발생하고 있으므로 우리나라도 지진의 안전지대가 아닙니다. 일반적으로 지진의 규모가 클수록 피해 정도도 커지지만 지진에 대비한 정도, 지진 경보 시기, 도시화 정도 등 여러 가지 요인에 따라 피해 정도가 달라집니다.

6 지진에 대처하는 방법

교실에 있을 때 지진이 발생하면, 지진으로 흔들리는 동안은 책상 밑으로 들어가 책상 다리를 꼭 잡고 머리와 몸을 보호합니다. 집 안에 있을 때는 가스 밸브를 잠그고 전등을 모두 꺼서 화재를 예방하고, 문을 열어 출구를 확보합니다. 지진으로 인한 흔들림이 멈추면 승강기 대신 계단을 이용하여 신속하게 대피하도록 합니다.

1 ⑤ **2** ⑩ 고체 상태의 화산 분출물에는 화산재와 화산 암석 조각이 있으며 크기에 따라 구분합니다. 액체 상태의 화산 분출물은 용암으로 마그마가 지표 밖으로 나오면서 가스가 빠져나간 것입니다. 기체 상태의 화산 분출물은 화산 가스로 대부분이 수증기로 이루어져 있습니다. **3** 현무암 **4** ㉠ **5** ㉠, ㉢ **6** ㉠ 용암 ㉡ 화산재 **7** 지열 발전소 **8** ③ **9** ④ **10** (1) ㉢ (2) ⑩ 가장 가까운 층에 내려서 계단을 이용하여 신속하게 대피합니다.

1 화산의 특징

화산의 꼭대기에는 대부분 움푹 파여 있는 분화구가 있으며, 분화구에 물이 고여 호수가 만들어진 것도 있지만 그렇지 않은 화산도 있습니다. 우리나라의 한라산이나 울릉도는 옛날에 활동한 적이 있는 화산이지만 현재 분화구에서 연기가 나오지는 않습니다. 또한 모든 화산의 꼭대기 부분이 눈으로 덮여 있는 것은 아닙니다.

| 추가자료 |

세계 여러 곳의 화산

세계 여러 곳에는 크기와 모양이 다양한 화산이 있습니다. 한라산은 산꼭대기에 분화구가 있고, 킬라우에아산은 완만한 경사를 이루며 분화구가 여러 개입니다. 후지산은 높이가 높고 뾰족한 형태입니다.

▲ 한라산　　▲ 킬라우에아산　　▲ 후지산

2 화산 분출물의 상태

화산 분출물은 고체, 액체, 기체 상태의 물질로 분류할 수 있으며 고체 상태에는 화산재와 화산 암석 조각, 액체 상태에는 용암, 기체 상태에는 화산 가스가 있습니다. 화산에 따라 여러 가지 물질이 나오는 경우도 있고 한 가지 물질이 주로 나오는 경우도 있습니다.

 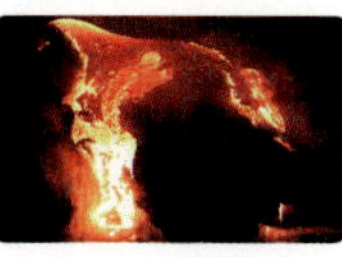 

▲ 화산 암석 조각　　▲ 용암　　▲ 화산 가스

채점 TIP 고체, 액체, 기체 상태의 화산 분출물의 예를 모두 옳게 쓰면 정답으로 합니다.

3 현무암의 특징

현무암은 제주특별자치도에서 흔히 볼 수 있으며 돌하르방, 돌담, 맷돌 등 다양한 곳에 쓰이는 화성암입니다. 암석의 색깔이 어둡고, 크고 작은 구멍이 있는 것이 있으며 암석을 이루는 알갱이의 크기가 작고 촉감이 거친 특징을 가집니다.

4 화성암이 만들어지는 위치

현무암은 마그마가 지표 가까이에서 빠르게 식어서 만들어집니다.

왜 답이 아닐까?

ⓛ의 위치 (×)

→ ⓛ은 ㉠과 비교했을 때 땅속 깊은 곳에 해당합니다. 따라서 ⓛ은 마그마가 땅속 깊은 곳에서 서서히 식어서 만들어지는 화강암이 만들어지는 위치입니다.

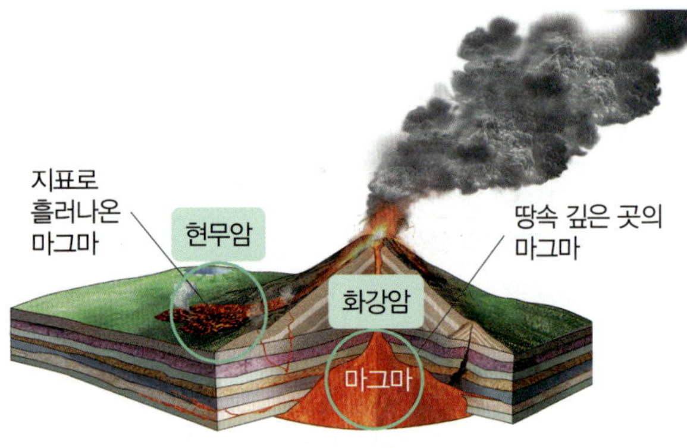

5 현무암과 화강암의 특징

A는 암석을 이루는 알갱이의 크기가 크면서 암석의 색깔이 어두운 암석입니다. B는 암석을 이루는 알갱이의 크기가 크면서 암석의 색깔이 밝은 암석이므로, 화강암에 해당합니다. C는 암석을 이루는 알갱이의 크기가 작으면서 암석의 색깔이 어두운 암석이므로, 현무암에 해당합니다. D는 암석을 이루는 알갱이의 크기가 작으면서 암석의 색깔이 밝은 암석입니다.

왜 답이 아닐까?

ⓛ A~D 중 화강암의 위치로 알맞은 것은 A이다. (×)

→ 화강암의 위치로 알맞은 것은 암석을 이루는 알갱이의 크기가 크면서 암석의 색깔이 밝은 것에 해당하는 B입니다.

ⓔ B는 C보다 마그마가 빨리 식어서 만들어졌다. (×)

→ B는 C보다 암석을 이루는 알갱이의 크기가 크므로 마그마가 서서히 식어서 만들어졌을 것입니다.

6 화산 활동이 주는 피해

액체 상태로 흐르는 성질이 있는 화산 분출물은 용암입니다. 알갱이의 크기가 매우 작아 바람에 날림으로써 화산에서부터 먼 곳까지 피해를 줄 수 있는 고체 상태의 화산 분출물은 화산재입니다.

> **│ 추가자료 │**
>
> **화산 활동에 의해 사라진 도시, 폼페이**
>
> 과거에 화산이 분출하여 사라진 도시가 있는데, 바로 이탈리아 남부의 고대 도시 폼페이입니다. 베수비오 화산이 폭발적으로 분출하면서 18시간 만에 도시가 완전히 파괴되었다고 전해집니다. 도시가 천 년 넘게 화산재에 묻혀 있었기 때문에 보존이 잘 되어 있어, 발굴한 유물을 통해 당시 폼페이 사람들의 생활을 추측할 수 있습니다.
>
>  

7 화산 활동이 주는 이로운 점

화산 지대 땅속의 높은 열로 인해 발생하는 고온의 물 또는 고압의 수증기를 이용하여 터빈(회전식 기계 장치)을 회전시키고, 이에 연결된 발전기로 전기를 만드는 발전 방식을 지열 발전이라고 합니다. 지열 발전으로 전기를 만드는 곳을 지열 발전소라고 합니다.

8 지진의 발생 원인

날씨가 습하거나 흐르는 물에 의한 퇴적 작용은 지진이 발생하는 원인과는 관련이 없습니다.

9 지진 피해 사례

대화 내용에 따르면 지진의 규모는 7.0이고 발생 시간은 어젯밤 22시 50분이며, 발생 장소는 아이티공화국인 것을 알 수 있습니다. 30만여 명의 사상자, 건물 붕괴, 이재민 발생 등 지진으로 인한 피해 정도도 파악할 수 있습니다.

10 지진 대피 방법

지진이 발생했을 때 승강기 안에 있으면 매우 위험하므로, 모든 버튼을 눌러 가장 가까운 층에서 내려야 합니다. 지진으로 인해 전기가 차단되거나 건물이 무너지면 승강기 작동이 멈춰서 갇히거나 추락할 위험이 있기 때문입니다.

채점 TIP (1)에 ⓒ을 고르고, (2)에 가장 가까운 층에서 내린 뒤 계단을 이용하여 대피한다는 내용으로 모두 옳게 쓰면 정답으로 합니다.

1 ㉠ 침식　㉡ 퇴적	**2** ③		**3** ㉣
4 ③	**5** (1) 액체　(2) 고체		**6** 화산 가스
7 ③	**8** ㉡	**9** ⑤	**10** ㉣
11 지진	**12** ㉢	**13** 규모	**14** ④

15 태경　**16** 예 강의 위치에 따라 활발하게 일어나는 작용이 다르기 때문입니다. **17** (1) 예 대체로 밝은 바탕에 검은색 알갱이가 보이고, 여러 가지 색이 포함되어 있습니다. (2) 예 알갱이의 크기가 커서 눈으로 구분할 수 있을 정도입니다. **18** (1) 예 비행기 엔진을 망가뜨려 운항을 어렵게 합니다. 태양 빛을 가려서 날씨에 영향을 미칩니다. 호흡기 질병이 생길 수도 있습니다. (2) 예 주변의 토양을 비옥하게 합니다. **19** (1) 지진 (2) 예 땅이 지구 내부에서 작용하는 힘을 오랫동안 받으면 휘어지거나 끊어지기도 하는데, 이때 땅이 흔들리는 지진이 발생합니다. **20** 예 지진에 대비한 정도, 지진 경보 시기, 도시화 정도 등 여러 가지 요인에 따라 피해 정도가 다를 수 있습니다.

1 흐르는 물이 지표의 바위나 돌 등을 깎아 내는 것을 침식 작용이라고 하고, 침식 작용으로 만들어진 돌이나 흙 등이 물과 함께 이동하는 것을 운반 작용, 운반된 돌이나 흙 등이 쌓이는 것을 퇴적 작용이라고 합니다. 흐르는 물은 침식, 운반, 퇴적 작용을 통해 땅의 모습을 변화시킵니다.

2 강 상류는 강폭이 좁고 경사가 급하여 강 하류에서보다 물이 빠르게 흐릅니다. 따라서 침식 작용이 퇴적 작용보다 활발하게 일어나 큰 바위나 모난 돌을 많이 볼 수 있습니다. 흐르는 물의 양은 강 하류가 강 상류보다 많습니다.

> **┤ 추가자료 ├**
> **강 상류보다 강 하류에서 모래를 더 많이 볼 수 있는 까닭**
> 흐르는 물은 강 상류에 있는 바위를 침식시키며, 이 과정에서 모래가 만들어집니다. 이렇게 만들어진 모래는 물과 함께 운반되어 퇴적 작용이 활발하게 일어나는 강 하류에 쌓입니다.

3 산의 특징으로 볼 때 재민이가 다녀온 곳은 화산입니다. 화산은 높이가 다양합니다. 꼭대기의 화구에 물이 고인 곳이 있고, 아닌 곳도 있습니다. 꼭대기에 눈이 덮여 있는 곳이 있고, 아닌 곳도 있습니다. 또 현재는 활동하지 않지만 활동한 기록이 있는 화산이 있고, 연기가 나거나 용암이 흘러나오는 등 현재에도 활동 중인 화산도 있습니다.

4 화산은 마그마가 분출하여 생긴 지형입니다. 땅속 깊은 곳에서 암석이 녹은 것을 마그마라고 합니다. 화산은 크기와 생김새가 다양하고, 꼭대기에는 분화구가 있는 것도 있습니다. 화산의 분화구에 물이 고여 커다란 호수나 물웅덩이가 생기기도 합니다. 이를 화구호라고 합니다.

5 화산이 분출할 때 나오는 물질을 화산 분출물이라고 합니다. 화산 분출물에는 기체인 화산 가스, 액체인 용암, 고체인 화산재와 화산 암석 조각 등이 있습니다. 화산 가스에는 여러 가지 기체가 섞여 있으며 대부분은 수증기입니다. 용암은 마그마에서 기체가 빠져나간 것을 말하고, 화산 암석 조각은 크기가 매우 다양한 특징이 있습니다.

6 화산이 분출할 때 나오는 기체 상태의 화산 분출물을 화산 가스라고 하며, 화산 가스의 대부분은 수증기입니다.

7 ㈎는 화강암, ㈏는 현무암입니다. 화강암은 마그마가 땅속 깊은 곳에서 서서히 식어서 만들어지기 때문에 알갱이의 크기가 크고, 현무암은 마그마가 지표 가까이에서 빠르게 식어서 만들어지기 때문에 알갱이의 크기가 작습니다. 현무암은 만들어지는 과정에서 마그마가 포함하고 있던 가스 성분이 빠져나간 자리에 구멍이 생기기도 합니다.

8 화강암은 땅속 깊은 곳의 마그마가 서서히 식어서 만들어집니다. ㉠은 현무암이 만들어지는 장소로 알맞습니다.

9 화강암은 현무암보다 암석을 이루는 알갱이의 크기가 큽니다. 화강암은 땅속 깊은 곳에서 마그마가 서서히 식어서 만들어지기 때문에 알갱이들이 뭉쳐질 시간이 충분하여 암석을 이루는 알갱이의 크기가 눈으로 구분할 수 있을 정도로 큽니다. 반면, 현무암은 마그마가 지표 밖으로 분출하여 빠르게 식어서 만들어지기 때문에 암석을 이루는 알갱이들이 뭉쳐질 시간이 적기 때문에 알갱이의 크기가 작습니다.

10 화산재의 영향으로 호흡기 질병 및 날씨의 변화가 나타나기도 하며, 비행기 엔진을 망가뜨려 운항을 어렵게 합니다. 하지만 화산재는 땅을 기름지게 하여 농작물이 자라는 데 도움을 주기도 합니다.

11 땅은 지구 내부에서 작용하는 힘을 오랫동안 받으면 휘어지거나 끊어지기도 합니다. 땅이 끊어지면서 흔들리는 것을 지진이라고 합니다. 지진은 화산 활동에 의해 발생하기도 하고, 지표의 약한 부분, 지하 동굴의 함몰 등에 의해 발생하기도 합니다.

12 흔들림 지진판을 위아래와 양옆으로 세게 흔들었을 때 블록에 떨림이 전달되어 무너진 것처럼 지구 내부에서 작용하는 힘에 의해 지진이 일어나면 땅의 떨림이 전달되어 건물이나 도로가 무너집니다. 흔들림 지진판은 짧은 시간 동안 비교적 작은 힘 때문에 흔들려 블록이 무너지지만, 실제 지진은 오랜 시간 동안 지구 내부에서 작용하는 힘이 쌓인 큰 힘 때문에 발생한다는 다른 점이 있습니다.

13 지진의 세기는 규모로 나타내고, 규모의 숫자가 클수록 강한 지진입니다.

| 추가자료 |

지진의 규모에 따른 영향

규모	영향
~1.9	지진계에 의해서만 탐지가 가능하며 대부분의 사람이 진동을 느끼지 못함.
2.0~2.9	대부분의 사람이 진동을 느끼며, 창문이나 전등처럼 매달린 물체가 흔들림.
3.0~3.9	대형 트럭이 지나갈 때의 진동과 비슷한 진동이 느껴짐.
4.0~4.9	집이 크게 흔들리고 창문 등이 파손되며, 작고 불안정한 위치의 물체들이 떨어짐.
5.0~5.9	서있기가 곤란해지고 가구들이 움직이며, 벽 부착물 등이 떨어짐.
6.0~6.9	제대로 지어진 구조물에도 피해가 발생하며, 부실하게 지어진 건축물에는 큰 피해가 발생함.
7.0~7.9	지표면에 균열이 발생되며 건물의 기초가 파괴되고, 돌담이나 축대가 파손됨.
8.0~8.9	교량과 같은 대형 구조물이 대부분 파괴되고, 산사태가 발생할 수 있음.
9.0~	건물들이 대부분 파괴되며, 철로가 휘고 지면에 단층 현상이 발생함.

14 지진이 발생하면 크고 작은 피해가 발생한다는 것을 알 수 있습니다. 우리나라에서도 지진이 발생하여 부상자가 발생했으므로 지진에 대비하는 자세가 필요합니다.

15 지진이 발생한 후에는 부상자가 있는지 확인하여 응급 처치를 하거나 구조 요청을 합니다. 지진으로 인한 흔들림이 멈추더라도 여진이 발생할 수 있기 때문에 대피 장소에서 계속해서 방송을 청취하며 올바른 정보에 따라 행동해야 합니다.

| 추가자료 |

지진 대처 방법

지진 발생 전	• 비상용품, 구급약품, 비상식량 등을 준비함. • 흔들리는 물건을 고정해 둠. • 근처의 지진 대피 장소를 알아 둠.
지진 발생 시	• 책상이나 식탁 아래로 들어가 몸과 머리를 보호함. • 가스 밸브를 잠그고 전등을 꺼 화재를 예방함. • 무거운 물건이 넘어질 염려가 있는 곳이나 깨질 위험이 있는 창문 근처에서 멀리 피함. • 현관문을 열어 두어 대피로를 확보함. • 승강기 대신 계단을 이용하여 신속하게 대피함.
지진 발생 후	• 라디오나 공공 기관의 안내 방송 등 올바른 정보에 따라 행동함. • 부상자가 있으면 응급 처치를 하거나 구조 요청을 함.

16 강 상류와 강 하류의 모습이 다른 까닭은 강폭과 경사, 물의 속력 등에 따라 강의 위치마다 활발하게 일어나는 작용이 다르기 때문입니다.

채점 기준

상	강의 위치에 따라 활발하게 일어나는 작용이 다르기 때문이라는 내용을 포함하여 옳게 쓴 경우
중	강 상류에서는 침식 작용이 활발하기 때문에 또는 강 하류에서는 퇴적 작용이 활발하기 때문이라는 내용으로 강 상류 또는 강 하류의 한쪽에서 활발하게 일어나는 작용을 한 가지만 예로 들어 쓴 경우
하	강폭이 달라서, 강의 경사가 달라서, 물의 속력이 달라서 등의 이유만을 쓴 경우

17 화산 활동으로 마그마가 식어 만들어진 암석을 화성암이라고 합니다. 화강암은 대표적인 화성암 중 하나로 대체로 밝은색 바탕에 검은색 알갱이가 보이는 특징이 있으며, 땅속 깊은 곳에서 마그마가 서서히 식어서 만들어졌기 때문에 알갱이의 크기가 큽니다.

채점 기준

상	(1)에 밝은색이라는 내용을 포함하여 쓰고, (2)에 알갱이의 크기가 크다는 내용으로 모두 옳게 쓴 경우
중	(1)에 밝은색이라고 쓰고, (2)에 눈으로 구분할 수 있다는 내용으로 조금 부족하게 쓴 경우
하	(1), (2) 중 한 가지만 옳게 쓴 경우

18 화산 활동은 우리 생활에 피해를 주기도 하고 이로운 점
도 있습니다. 화산재는 알갱이의 크기가 매우 작아 비행기
엔진을 망가뜨려 비행기의 운항을 어렵게 하고, 태양 빛을
가려서 날씨에도 영향을 미칩니다. 또 호흡기 질병이 생길
수도 있고 농경지나 마을을 덮쳐 피해를 입히기도 합니다.
반면 화산재가 쌓인 주변의 토양은 비옥해져 농작물이 자
라는 데 도움이 되기도 합니다.

채점 기준

상	(1)에 화산재로 인한 피해를 구체적으로 쓰고, (2)에 토양을 비옥하게 한다는 내용을 포함하여 모두 옳게 쓴 경우
중	(1)에 화산재로 인한 피해를 구체적으로 썼지만, (2)에 농작물이 잘 자라게 한다는 내용으로 단순하게 쓴 경우
하	(1), (2) 중 한 가지만 옳게 쓴 경우

19 땅은 지구 내부에서 작용하는 힘을 오랫동안 받으면 휘어
지거나 끊어지기도 합니다. 이렇게 땅이 끊어지면서 흔들
리는 것을 지진이라고 합니다. 지진은 주로 지구 내부에서
작용하는 힘에 의해 발생하지만 화산 활동이나 지표의 약
한 부분, 지하 동굴의 함몰 등에 의해 발생하기도 합니다.

채점 기준

상	(1)에 지진이라고 쓰고, (2)에 땅이 지구 내부에서 작용하는 힘을 오랫동안 받아서 끊어질 때 흔들리는 것이 지진이라는 내용으로 모두 옳게 쓴 경우
중	(1)에 지진이라고 쓰고, (2)에 땅이 지구 내부의 힘을 받아서 등의 내용으로만 단순하게 쓴 경우
하	(1)에 지진만 옳게 쓴 경우

20 일반적으로는 지진의 규모가 클수록 피해 정도도 커집니
다. 하지만 지진의 규모가 같다고 해서 피해 정도가 같은
것은 아닙니다.

채점 기준

상	지진에 대비한 정도, 지진 경보 시기, 도시화 정도 등 두 가지 이상의 요인을 예로 들어 옳게 쓴 경우
중	한 가지 요인을 들어 옳게 쓴 경우
하	발생 지역이 다르기 때문이다 등의 내용으로, 부족한 답을 쓴 경우

단원 핵심 정리　　　　　▶**94~95쪽**

1 운반　　**2** 침식　　**3** 분화구　　**4** 용암
5 화강암　　**6** 화산재　　**7** 규모　　**8** 계단

4 다양한 생물과 우리 생활

① 생물 관찰 도구, 균류

+ 개념 분석

필수 개념 25 작은 생물을 자세히 관찰할 수 있는 도구에는
현미경이 있다.

- 실체 현미경: 관찰 대상의 형태를 크게 손상하지 않고 입
  체적인 겉모습을 보다 자세히 관찰할 수 있음.
- 디지털 현미경: 스마트 기기와 연결하여 관찰함.

필수 개념 26 포자로 번식하는 버섯, 곰팡이와 같은 생물을
균류라고 한다.

- 버섯과 곰팡이 같은 생물인 균류는 가는 실 모양의 균사
  로 이루어져 있고, 포자로 번식함.
- 균류는 습기가 많고 그늘지며 따뜻한 곳에서 잘 자람.

+ 탐구 분석

버섯과 곰팡이 관찰하기
버섯과 곰팡이를 현미경으로 관찰하면 몸 전체가 가늘고
긴 실 모양의 균사로 이루어진 것을 알 수 있음.

필수 탐구　　　　　▶**102쪽**

1 ㉠ 주름 ㉡ 거미줄　　**2** (1) 눈 (2) 돌 (3) 현

1 버섯의 우산처럼 생긴 부분의 안쪽에는 주름이 많으며, 버
섯의 단면을 디지털 현미경으로 관찰하면 실과 같이 가느
다란 줄무늬가 거미줄처럼 뻗어 있는 것을 볼 수 있습니
다. 이처럼 버섯은 식물과 달리 몸 전체가 거미줄처럼 가
늘고 긴 실 모양의 균사로 이루어져 있습니다.

2 곰팡이를 맨눈으로 관찰하면 검은색, 푸른색, 하얀색 등
다양한 색깔이 보이지만 정확한 모습은 알 수 없습니다.
돋보기로 관찰하면 조금 더 자세히 관찰할 수 있으며, 솜
털 같은 것의 끝부분에 붙은 알갱이가 보입니다. 곰팡이를
실체 현미경으로 관찰하면 가는 실 모양의 끝부분에 둥근
알갱이가 붙어 있고, 서로 엉켜 있는 모습을 보다 자세히
관찰할 수 있습니다.

개념 확인문제 ▶103쪽

1 (실체) 현미경 **2** ㉡ **3** ④
4 혜빈 **5** (1) 포자 (2) 여름철 (3) 없다 (4) 보이지
않는다 **6** ㉢

1 실체 현미경
실체 현미경은 관찰 대상의 형태를 크게 손상하지 않고 입체적인 겉모습 그대로 자세히 관찰할 수 있는 현미경입니다.

2 실체 현미경의 구조
실체 현미경에서 상의 초점을 정확히 맞출 때 사용하는 부분인 초점 조절 나사로 알맞은 것은 ㉡입니다. 초점 조절 나사를 돌리면 대물렌즈와 관찰 대상의 거리를 가깝거나 멀게 할 수 있습니다.

3 디지털 현미경
디지털 현미경은 스마트 기기에 연결하여 사용하는 현미경입니다. 디지털 현미경은 직접 눈으로 보는 접안렌즈 대신 연결된 스마트 기기의 화면을 통해 관찰 대상을 살펴볼 수 있습니다.

4 버섯의 특징
버섯은 주로 습기가 많고 그늘지며 따뜻한 곳에서 잘 자랍니다. 버섯과 같은 균류는 식물의 뿌리, 줄기, 잎과 같은 부분이 없고, 보통 몸 전체가 거미줄처럼 가늘고 긴 실 모양의 균사로 이루어져 있습니다.

5 곰팡이의 특징
곰팡이는 포자로 번식하고, 주로 덥고 습한 여름철에 잘 자라서 흔히 볼 수 있습니다. 스스로 양분을 만들 수 없어 죽은 생물이나 다른 생물에서 필요한 양분을 얻습니다. 곰팡이는 식물과 같은 생김새가 보이지 않고 보통 몸 전체가 균사로 이루어져 있습니다.

6 균류의 정의
버섯과 곰팡이 같은 생물을 균류라고 합니다. 균류는 몸이 균사로 이루어져 있고 포자를 만들어 번식하는데, 포자는 작고 가벼워서 눈에 잘 보이지 않고 공기 중에 떠다니다가 퍼져나가 멀리까지 이동할 수 있습니다. ㉠ 동물은 다양한 기능을 가진 복잡한 구조로 이루어져 있으며, 알이나 새끼를 낳아 번식하는 생물입니다. ㉡ 식물은 뿌리, 줄기, 잎 등의 구조로 이루어지며 씨로 번식합니다. ㉢ 무생물은 생물이 아닙니다.

실력 강화문제 ▶104~105쪽

1 ㉠ 접안렌즈 ㉡ 초점 조절 나사 ㉢ 대물렌즈 ㉣ 재물대 **2** ㉣ **3** ㈐ **4** ㉢, 대물렌즈
5 ② **6** ② **7** ㉣ **8** 예 곰팡이는 주로 습기가 많고 그늘지며 따뜻한 곳에서 잘 자랍니다.
9 (1) ○ (2) ○ (3) ○ **10** (1) 균류 (2) ㉢

1 실체 현미경의 구조
접안렌즈는 눈으로 보는 렌즈이고, 초점 조절 나사는 상의 초점을 정확히 맞출 때 사용합니다. 대물렌즈는 물체의 상을 확대하며, 재물대는 관찰 대상을 올려놓는 곳입니다.

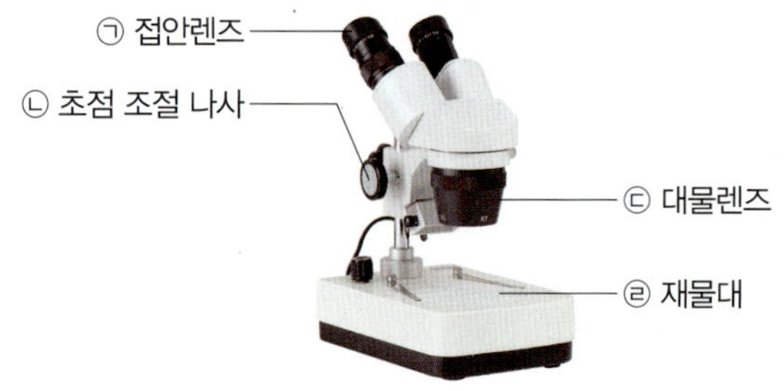

2 실체 현미경에서 재물대의 역할
관찰 대상을 올려놓는 곳은 ㉣ 재물대입니다.

3 실체 현미경 사용 방법
실체 현미경을 사용하는 방법으로 가장 첫 번째 할 일은 대물렌즈의 배율을 가장 낮게 하고, 관찰 대상을 재물대에 올려놓는 것입니다. ㈐ – ㈎ – ㈏ – ㈐의 순서로 실체 현미경을 사용합니다.

4 디지털 현미경의 구조
㉠은 전원, ㉡은 초점 조절 휠, ㉢은 대물렌즈입니다. 디지털 현미경은 실체 현미경에 비해 구조와 사용 방법이 간단합니다.

5 실체 현미경과 디지털 현미경
실체 현미경은 디지털 현미경에 비하면 사용 방법이 복잡한 편입니다.

6 버섯의 특징
버섯의 아랫부분은 기둥처럼 길쭉하며 자루라고 부릅니다. 우산처럼 생긴 윗부분의 안쪽에는 주름이 많고 갓이라고 부릅니다.

7 곰팡이의 특징

곰팡이는 환경 조건이 맞으면 다양한 곳에서 살 수 있습니다. 곰팡이는 주로 덥고 습한 여름에 흔히 볼 수 있으므로, 여름철에는 곰팡이가 생기기 쉬운 물건이나 음식물을 주의하여 보관합니다.

▲ 이끼   ▲ 버섯   ▲ 새싹

8 곰팡이가 잘 자라는 환경

대화 내용으로 보아 습기가 많은 화장실, 그늘진 곳, 따뜻한 온실에서 곰팡이를 발견하였으므로 이 장소들의 특징을 종합하여 써 봅니다.

채점 TIP 습기가 많고 그늘지며(햇빛이 들지 않으며) 따뜻한 곳에서 잘 자란다는 내용으로 모두 포함하여 옳게 쓰면 정답으로 합니다.

9 버섯과 곰팡이

버섯과 곰팡이는 그늘지고 따뜻한 곳을 좋아하며, 필요한 양분을 다른 생물에서 얻습니다. 버섯과 곰팡이는 식물과 달리 꽃을 피우거나 열매를 맺지 않고, 포자를 만들어 번식합니다.

| 추가자료 |
버섯과 곰팡이의 공통점과 차이점

공통점	• 몸 전체가 실과 같은 균사로 이루어져 있음. • 균사는 눈에 보이는 곳뿐만 아니라 다른 생물이나 물체의 전체로 퍼져 있음. • 생김새와 생활 방식이 식물과는 다름. • 스스로 양분을 만들지 못하고 다른 생물이나 죽은 생물의 몸, 음식 등에서 영양분을 얻음.
차이점	• 곰팡이의 포자는 돋보기로도 관찰할 수 있지만 버섯의 포자는 갓에 들어 있기 때문에 관찰하기 어려움. • 버섯은 곰팡이에 비해 크기가 크고, 버섯에서 곰팡이가 자라기도 함.

10 균류의 특징

⑴ 보통 몸 전체가 균사로 이루어져 있는 버섯과 곰팡이 같은 생물을 균류라고 합니다.

⑵ 균류는 그늘지고 습기가 많으며 따뜻한 곳에서 잘 자랍니다.

---

② 원생생물, 세균

+ 개념 분석

필수 개념 27 해캄, 짚신벌레는 생김새가 단순한 생물인 원생생물이다.

• 해캄은 작고 둥근 초록색의 알갱이가 띠 모양으로 연결되어 있고, 몸 중간중간이 마디로 구분됨.
• 짚신벌레는 생김새가 짚신과 닮았고, 몸 전체에 나 있는 작은 털을 이용해서 물속에서 빠르게 돌아다님.
• 동물이나 식물과 비교할 때 생김새가 단순한 해캄이나 짚신벌레와 같은 생물을 원생생물이라고 함.

필수 개념 28 세균은 구조가 단순한 생물로, 우리 주변의 어느 곳에나 산다.

• 세균은 크기가 작아서 배율이 높은 현미경을 이용하여 관찰할 수 있고, 생김새 등 구조가 단순한 생물임.
• 세균은 우리 주변의 어디에서나 살며, 살기에 좋은 조건이 되면 짧은 시간 동안 많은 수로 늘어남.

+ 탐구 분석

해캄과 짚신벌레 관찰하기

• 해캄을 맨눈으로 관찰하면 초록색이고, 뭉쳐 있는 모습이며, 돋보기로 관찰하면 가늘고 긴 머리카락처럼 생김.
• 짚신벌레는 맨눈과 돋보기로 관찰하면 어떤 모습인지 보이지 않음.
• 해캄과 짚신벌레를 현미경으로 관찰하면 동물이나 식물과 비교할 때 생김새가 매우 단순한 것을 알 수 있음.

필수 탐구      ▶ 108쪽

1 ㉡	2 ㉠

1 해캄은 초록색이고, 돋보기를 사용하여 관찰했을 때 가늘고 긴 머리카락처럼 생긴 것을 볼 수 있습니다. 디지털 현미경을 사용하여 더 자세히 관찰하면 몸 중간중간이 마디로 구분되어 있는 것이 보입니다.

2 짚신벌레는 전체적인 생김새가 짚신과 닮았고 끝부분이 둥근 모양입니다. 몸 전체에 나 있는 작은 털을 이용해서 물속에서 매우 빠르게 움직이는 것을 볼 수 있습니다.

개념 확인문제　▶109쪽

1 (1) 짚신벌레　(2) 해캄　　**2** (1) 해　(2) 짚　(3) 짚　(4) 해
3 원생생물　**4** ①, ④　　**5** 별, 하트, 세모　**6** ㉣

1 해캄과 짚신벌레

(1)은 전체적인 모양이 짚신과 닮았고, 몸 전체에 작은 털이 난 모습으로 보아 짚신벌레입니다. (2)는 초록색이고 가늘고 긴 머리카락처럼 생긴 것으로 보아 해캄임을 알 수 있습니다.

2 해캄과 짚신벌레 생김새의 특징

해캄을 맨눈으로 관찰했을 때는 초록색이고 여러 가닥이 뭉쳐 있는 모습이지만, 돋보기로 관찰했을 때는 가늘고 긴 머리카락처럼 생긴 것을 볼 수 있습니다. 해캄을 디지털 현미경으로 관찰하면 크기가 작고 둥근 초록색의 알갱이가 띠 모양으로 연결되어 있고, 몸 중간중간이 마디로 구분되어 있는 등 자세한 모습을 볼 수 있습니다. 짚신벌레는 크기가 매우 작아 맨눈과 돋보기로 관찰했을 때 어떤 모습인지 보이지 않지만, 디지털 현미경으로 관찰하면 짚신과 같은 생김새와 몸 전체에 나 있는 작은 털을 이용해서 움직이는 모습을 볼 수 있습니다.

3 원생생물의 정의

원생생물은 동물, 식물, 균류로 분류되지 않으며 동물이나 식물과 비교할 때 생김새가 단순합니다. 원생생물인 해캄과 짚신벌레는 물살이 느리거나 물이 고여 있는 연못, 논, 하천 등에서 살고, 미역과 다시마 등은 바다에서 사는 등 원생생물은 주로 물에서 삽니다.

4 세균의 특징

세균은 살아 있는 생물입니다. 세균은 우리 주변의 어느 곳에서든 살기에 좋은 조건이 되면 짧은 시간 동안 많은 수로 늘어날 수 있습니다.

5 세균의 생김새

세균의 종류는 매우 다양하며 생김새 또한 매우 다양하지만, 일반적으로 공 모양, 막대 모양, 나선 모양 등으로 구분합니다.

6 세균이 사는 곳

세균은 크기가 매우 작아서 맨눈으로는 볼 수 없지만, 땅, 물, 다른 생물의 몸, 우리가 사용하는 물건 등 우리 주변의 어디에서나 살 수 있습니다.

---

3 생물이 미치는 영향

＋개념 분석

필수 개념 29 생물은 우리 생활에 이로운 영향뿐만 아니라 해로운 영향도 미친다.

- 일부 균류와 세균은 죽은 생물이나 동물의 배설물을 분해하지만, 음식이나 주변의 물건을 상하게 함.
- 일부 원생생물은 다른 생물의 먹이가 되고 산소를 만들지만, 적조 현상 등을 일으킴.

필수 개념 30 생물을 이용한 생명과학은 우리 생활에 널리 이용된다.

- 생명과학은 다양한 생명 현상과 생물의 여러 기능을 연구하여 우리 생활의 문제를 해결하며, 다양한 생물이 우리 생활에 도움이 되게 하는 학문임.
- 이용한 예: 질병을 일으키는 세균을 자라지 못하게 하는 푸른곰팡이의 특징을 이용하여 항생제를 개발함.

＋탐구 분석

다양한 생물이 우리 생활에 미치는 영향 조사하기

[이로운 영향]
- 일부 곰팡이와 세균을 이용하여 된장이나 술, 김치 등 발효 식품을 만들 수 있음.
- 일부 원생생물은 다른 생물의 먹이가 됨.

[해로운 영향]
- 일부 곰팡이나 세균은 피부병이나 질병을 일으킴.
- 일부 원생생물은 적조나 녹조 현상을 일으켜 다른 생물이 살기 힘든 환경을 만듦.

필수 탐구　▶112쪽

1 ㉡　　　　**2** ③, ⑤

1 누룩곰팡이 등의 균류와 젖산균(유산균)과 같은 세균은 발효 식품을 만드는 데 이용됩니다.

2 일부 균류와 세균은 음식을 상하게 하지만, 또 어떤 균류와 세균은 발효 식품을 만드는 데 이용됩니다. 일부 생물은 다른 생물에게 질병을 일으키지만, 또 어떤 생물은 우리 몸의 건강에 도움이 되기도 합니다.

1 ㉡	**2** (1) 해 (2) 이 (3) 해	**3** 원생생물	
4 ㉠	**5** (1) ㉡ (2) ㉠ (3) ㉢	**6** ㉡	

1 생물이 미치는 해로운 영향

㉠과 ㉢은 생물이 우리 생활에 미치는 이로운 영향입니다.

2 생물이 우리 생활에 미치는 영향

(1)과 (3)은 생물이 우리 생활에 미치는 해로운 영향, (2)는 이로운 영향에 대한 내용입니다. (2) 일부 균류와 세균이 죽은 생물이나 동물의 배설물을 분해하여 자연으로 되돌려 보내기 때문에 우리 주변이 죽은 생물이나 동물의 배설물로 가득 차지 않으며, 나아가 지구의 환경을 유지하는 데 도움을 줍니다.

3 원생생물의 이로운 점

일부 원생생물은 다른 생물의 먹이가 되거나 산소를 만들어 이로운 영향을 주지만, 바다에서 그 수가 갑자기 늘어나 바닷물을 붉게 만드는 적조 현상을 일으켜 바다 생물이 호흡을 못하게 하는 등 해로운 영향을 주기도 합니다.

4 생명과학의 정의

생명과학은 다양한 생명 현상을 연구하여 생활 속 문제를 해결하며, 생물의 여러 기능을 연구하여 우리 생활에 도움을 주는 학문입니다.

5 생명과학을 이용한 예

물질을 분해하는 세균의 특성을 이용하여 오염된 물을 깨끗하게 하는 하수 처리를 하고, 영양소가 많고 빠르게 수를 늘리는 원생생물(클로렐라)의 특성을 이용하여 건강식품을 만듭니다. 질병을 일으키는 세균을 자라지 못하게 하는 균류(푸른곰팡이)의 특성을 이용하여 질병을 치료하는 항생제를 만듭니다.

6 생명과학이 주는 이로운 점

바다에서 사는 미역과 다시마에서 당분을 추출한 뒤 발효시키면 에탄올을 얻을 수 있고, 유글레나와 클로렐라 등을 배양하여 추출한 기름에 친환경 물질을 섞어 생물 연료를 얻을 수 있습니다. 이렇게 만들어진 생물 연료는 에너지 문제를 해결하는 데 도움을 줄 수 있습니다. ㉠ 생물 연료는 사람의 수명 연장과는 직접적인 관련이 없습니다. ㉢ 생물 연료는 에너지 문제의 해결을 도울 수 있지만 질병 치료와는 관련이 없습니다.

1 ⑤	**2** ㉣	**3** ①, ②	**4** ㉠
5 (1) 결핵균 (2) ㉢	**6** ⑤	**7** (2) ○	

8 예 일부 곰팡이(누룩곰팡이)는 된장, 치즈, 김치, 요구르트 등의 발효 식품을 만드는 데 이용됩니다.

9 ㉤ **10** (1) ㉥ (2) 인공 눈

1 해캄의 생김새

해캄은 초록색이고 광합성을 하므로 식물이라고 생각할 수 있지만 보통의 식물처럼 뿌리, 줄기, 잎 등의 특징을 가지고 있지 않은 원생생물입니다. 해캄을 현미경으로 관찰하면 몸의 중간중간이 마디로 구분되어 있고, 크기가 작고 둥근 초록색의 알갱이가 띠 모양으로 연결되어 있는 것을 볼 수 있습니다.

2 짚신벌레의 생김새

짚신벌레는 다리가 없습니다. 몸 전체에 나 있는 작은 털(섬모)을 이용하여 물속에서 빠르게 돌아다닙니다.

3 원생생물이 사는 곳

해캄과 짚신벌레와 같은 원생생물은 주로 물살이 느리거나 물이 고여 있는 논, 연못, 하천 등에서 삽니다.

4 세균

대장균은 동물도 식물도 아닌 세균의 한 종류입니다.

㉡  (×)

→ 민들레는 식물입니다.

㉢  (×)

→ 개미는 동물입니다.

㉣  (×)

→ 말미잘은 동물입니다.

5 세균의 특징

일반적인 크기를 기준으로 할 때, 문제에 주어진 다양한 생물 중 크기가 가장 작은 생물은 세균인 결핵균입니다. 생물의 크기는 결핵균, 짚신벌레, 해캄, 진딧물, 버섯, 고양이 순서로 크기가 큽니다. 세균은 살기에 좋은 조건이 되면 짧은 시간 동안 많은 수로 늘어날 수 있습니다.

6 **생물이 미치는 해로운 영향**

동물의 배설물을 분해하는 세균은 지구의 환경을 유지하는 데 도움을 줍니다.

왜 답이 아닐까?

① 독이 있는 버섯 (×)

→ 독이 있는 버섯을 모르고 잘못 섭취하면, 생명이 위독할 수도 있습니다.

② 벽에 자란 곰팡이 (×)

→ 벽에 자란 곰팡이는 보기에 좋지 않을 뿐만 아니라 사람에게 호흡기 질병을 일으킬 수도 있습니다.

③ 식물에게 병을 일으킨 곰팡이 (×)

→ 농작물 등 사람이 키우는 식물에 병이 생기면 재산의 피해가 생길 뿐만 아니라, 식물을 먹는 동물을 비롯하여 사람이 먹는 음식에도 문제가 생길 수 있습니다.

④ 적조 현상을 일으킨 원생생물 (×)

→ 적조 현상이 일어나면 늘어난 원생생물이 물고기 등의 아가미에 달라붙어 숨을 쉬지 못하게 하고, 물속 산소가 부족해져 생물이 살기 힘든 환경이 됩니다.

7 **생물이 미치는 이로운 영향**

물질을 분해하는 다양한 생물의 특성을 이용하여 오염된 물을 깨끗하게 하는 하수 처리를 합니다.

8 **곰팡이가 우리 생활에 미치는 영향**

메주는 된장이나 간장의 재료가 됩니다. 메주에서 자라는 누룩곰팡이는 단백질과 탄수화물을 분해하는 효소를 만듭니다. 이 효소에 의해 메주의 성분이 변화하며 된장의 맛을 내는 다양한 물질이 만들어집니다. 이처럼 일부 곰팡이는 된장, 치즈, 김치, 요구르트 등의 발효 식품을 만드는 데 이용되어 우리 생활에 이로운 영향을 미칩니다.

채점 TIP 곰팡이가 발효 식품을 만드는 데 이용된다는 내용으로 옳게 쓰면 정답으로 합니다.

9 **곰팡이를 생명과학에 이용한 예**

영국의 생물학자인 플레밍은 세균을 배양하던 접시에서 푸른곰팡이가 핀 곳 주변에 세균이 자라지 못한 것을 발견하고, 이 특성을 이용해 최초의 항생제인 페니실린을 개발하였습니다.

10 **세균을 생명과학에 이용한 예**

세균의 한 종류인 슈도모나스는 인간에게 해로운 영향과 이로운 영향을 미칩니다. 슈도모나스의 표면에 있는 단백질이 물을 얼기 쉽게 하는 물질을 가지므로 낮은 온도에서도 얼음이 쉽게 얼 수 있게 합니다.

단원평가 ▶116~119쪽

1 ㉠ 배율 ㉡ 재물대 **2** (1) ○ **3** ㉠, ㉢
4 (1) ㉢ (2) ㉠ **5** 포자 **6** ㉡
7 (1) ㉢, ㉣, ㉤, ㉥ (2) ㉠, ㉡ **8** ⑤
9 혜린 **10** ㉡ **11** (1) ㉡ (2) ㉠, ㉣ (3) ㉢
12 (1) × (2) ○ (3) × (4) × **13** ②
14 (1) ㉣ (2) ㉡ (3) ㉠ (4) ㉢ **15** (3) ○
16 (1) 40 (2) 예 접안렌즈는 눈으로 보는 렌즈이고, 대물렌즈는 물체의 상을 확대하는 렌즈입니다.
17 (1) 예 실과 같이 가느다란 줄무늬가 거미줄처럼 뻗어 있습니다. (2) 예 가는 실 모양의 끝부분에 둥근 알갱이가 붙어 있고, 서로 엉켜 있습니다. **18** 예 원생생물입니다. 동물이나 식물과 비교할 때 생김새가 단순합니다. 주로 물에서 삽니다. **19** 아니야에 ○ / 예 젖산균(유산균)과 같이 우리 몸에 유익한 세균은 해로운 세균으로부터 우리 몸의 건강을 지켜 주기 때문입니다.
20 예 ㉠은 질병을 치료하는 항생제를 만드는 데 이용되고, ㉡은 건강식품을 만들거나 우주인을 위한 우주 식량에 이용됩니다.

1 대물렌즈의 배율을 가장 낮게 하였다가 높이면서 관찰합니다. 관찰 대상을 올려놓는 곳은 재물대입니다.

2 현미경을 옆에서 보면서 대물렌즈와 관찰 대상의 거리를 가깝게 내린 뒤, 접안렌즈로 관찰 대상을 보면서 대물렌즈를 천천히 올려 초점을 맞춥니다.

3 버섯과 곰팡이는 습기가 많고 그늘진 따뜻한 곳에서 잘 자라며, 주로 여름철에 많이 볼 수 있는 생물입니다. 사과나무와 코스모스는 그늘진 곳에서는 잘 살지 못합니다.

추가자료

균류와 식물의 공통점과 차이점

공통점	• 생물이며, 모두 자라고 번식함. • 살아가는 데 물과 공기 등이 필요함.
차이점	• 균류는 보통의 식물보다 작고, 식물은 균류에 비해 큰 편임. • 균류는 몸 전체가 균사로 이루어져 있고 주로 포자로 번식하지만, 식물은 주로 꽃이 피고 씨로 번식함. • 균류는 죽은 생물이나 다른 생물, 물체 등에 붙어서 살고, 식물은 주로 땅에 뿌리를 내리고 삶.

4 곰팡이를 현미경으로 보면 가는 실 모양의 끝부분에 둥근 알갱이가 붙어 있고, 서로 엉켜 있는 모습입니다. 버섯을 현미경으로 관찰하면 실과 같이 가느다란 줄무늬가 거미줄처럼 뻗어 있는 것을 볼 수 있습니다.

5 버섯과 곰팡이와 같은 균류는 보통 몸 전체가 거미줄처럼 가늘고 긴 실 모양의 균사로 이루어져 있고 포자로 번식합니다.

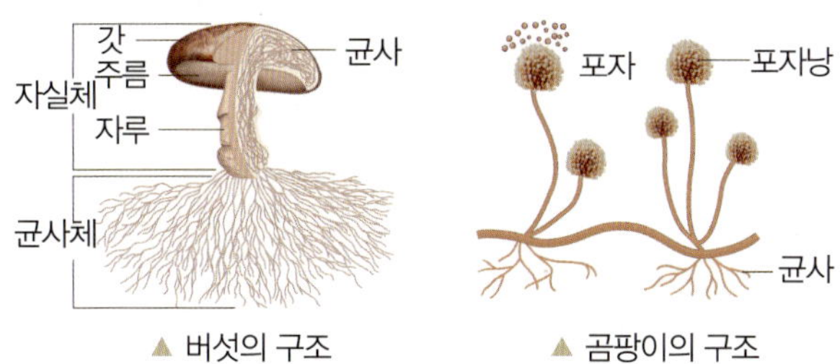

▲ 버섯의 구조   ▲ 곰팡이의 구조

6 식물은 뿌리, 줄기, 잎 등의 생김새를 가지고 있지만, 균류는 그렇지 않습니다.

7 해캄은 전체적으로 초록색이며 가늘고 긴 머리카락 모양이지만, 여러 가닥이 뭉쳐서 삽니다. 몸 중간중간이 마디로 나누어져 있고 크기가 작고 둥근 초록색의 알갱이가 띠 모양으로 연결되어 있습니다. 짚신벌레는 짚신과 모양이 비슷하며 끝부분이 둥근 모양입니다. 몸 전체에 나 있는 작은 털을 이용하여 물속에서 빠르게 돌아다닙니다.

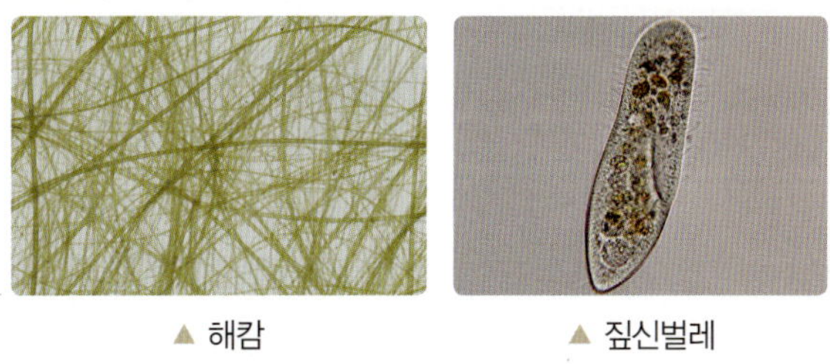

▲ 해캄   ▲ 짚신벌레

8 해캄과 짚신벌레 같은 원생생물은 동물, 식물, 균류로 분류되지 않으며 동물이나 식물과 비교할 때 생김새가 단순한 생물입니다.

> **| 추가자료 |**
>
> **다양한 원생생물의 특징**
> - 아메바는 일정한 모양이 없고 몸 안에는 여러 다른 소기관이 보이지만 단순한 모양입니다.
> - 종벌레는 종 모양으로 단순합니다.
> - 유글레나의 몸속은 해캄과 같이 초록색의 알갱이들이 가득 차 있고 단순한 모양입니다. 긴 꼬리가 달려있습니다.
> - 반달말은 이름은 반달말이지만 초승달 모양에 가까우며, 광합성을 하는 것이 특징입니다.

9 세균은 균류나 원생생물보다 크기가 더 작고 생김새 등의 구조가 단순한 생물입니다. 크기가 매우 작기 때문에 맨눈으로 볼 수 없고, 배율이 높은 현미경을 이용해야 관찰할 수 있습니다.

> **| 추가자료 |**
>
> **입안에 사는 세균**
> 충치가 생기는 까닭은 세균이 치아 표면을 썩게 하기 때문입니다. 입안에 사는 충치의 주된 원인인 세균은 스트렙토코쿠스 뮤탄스로, 공 모양 세균입니다. 뮤탄스는 치아를 검은색으로 변하게 하고 썩게 만듭니다. 입안에 세균이 늘어나는 것을 방지하려면 양치질을 잘해야 합니다.

10 세균은 살기에 좋은 조건이 되면 짧은 시간 동안 많은 수로 늘어날 수 있습니다.

11 ㉠ 결핵균은 긴 막대 모양으로 많은 수가 모여 있습니다. ㉡ 포도상 구균은 공 모양이고 여러 개가 서로 연결되어 포도송이처럼 보입니다. ㉢ 헬리코박터 파일로리는 나선 모양이고 꼬리가 달려 있습니다. ㉣ 대장균은 막대 모양이고 여러 개가 붙어 있습니다. 이처럼 세균은 모양과 종류가 매우 다양하며, 기존의 형태에서 새로운 형태가 나타나는 돌연변이도 많습니다.

12 곰팡이나 세균이 사라진다면 음식물이나 물건 등이 상하지 않지만, 우리 주변이 죽은 생물이나 동물의 배설물로 가득 차게 될 것입니다. 또 김치, 치즈, 된장, 요구르트 등의 발효 식품을 만들 수 없고, 사람이나 동물은 먹은 음식을 잘 소화하지 못하거나 면역력이 약해질 수 있습니다.

13 영양소가 많은 치즈를 이용하여 다양한 음식을 만드는 것은 음식의 조리 과정이므로, 생명 현상과 생물의 여러 기능을 연구하여 활용한 생명과학과는 관련이 없습니다.

14 우리는 다양한 생물의 특성을 우리 생활에 도움이 되도록 이용합니다. 영양소가 풍부한 클로렐라의 특성을 이용하여 건강식품을 만들거나 우주인을 위한 우주 식량을 개발하고, 오염 물질을 분해하는 세균을 활용하여 더러운 물을 깨끗하게 하는 하수 처리를 합니다. 해충에게만 질병을 일으키는 세균을 이용하여 만든 생물 농약은 농작물의 피해를 줄이고 환경 오염을 일으키지 않습니다. 질병을 일으키는 세균을 자라지 못하게 하는 푸른곰팡이를 활용하여 만든 항생제는 질병을 치료할 수 있습니다.

15 물질을 분해하는 원생생물의 특성을 이용해 음식물 쓰레기를 분해하면 환경을 오염시키지 않는 친환경적 방법으로 음식물 쓰레기를 처리할 수 있습니다.

왜 답이 아닐까?

⑴ 남은 음식을 동물 사료로 주는 방법 (×)

→ 남은 음식을 동물 사료로 주는 방법도 음식물 쓰레기를 줄이기 위한 방법으로 알맞을 수 있지만 생명과학을 이용한 해결 방법은 아닙니다.

⑵ 된장, 김치 등 발효 식품을 많이 먹는 방법 (×)

→ 발효 식품을 많이 먹는 방법으로는 음식물 쓰레기를 줄일 수 없습니다.

16 현미경의 배율은 현미경으로 물체의 모습을 확대하는 정도를 말하며, 접안렌즈 배율과 대물렌즈의 배율을 곱해서 구할 수 있습니다. 관찰할 때에는 실체 현미경의 접안렌즈에 눈을 대고 관찰 대상을 보면서 대물렌즈를 조절하며 상에 초점을 맞춰 관찰합니다.

채점 기준

상	⑴에 40을 쓰고, ⑵에 접안렌즈는 눈으로 보는 렌즈, 대물렌즈는 물체의 상을 확대하는 렌즈라는 내용으로 모두 옳게 쓴 경우
중	⑴에 40을 쓰고, ⑵에 접안렌즈와 대물렌즈의 역할 중 한 가지만 옳게 쓴 경우
하	⑴ 또는 ⑵ 중 한 가지만 옳게 쓴 경우

17 버섯과 곰팡이는 몸 전체가 가늘고 긴 실 모양으로 이루어져 있으며, 이를 균사라고 합니다. 식물과 달리 뿌리, 줄기, 잎 같은 생김새가 없고, 보통 몸 전체가 균사로 이루어진 버섯과 곰팡이 같은 생물을 균류라고 합니다.

| 추가자료 |

곰팡이와 버섯을 이루는 균사

곰팡이와 버섯과 같은 균류는 몸 전체가 균사로 이루어져 있으며, 균사는 세포들이 사슬처럼 연결된 하나의 가닥을 말합니다. 이 균사들이 그물망처럼 연결되어 만들어진 덩어리를 균사체라고 합니다. 실제 균류의 균사는 우리가 눈으로 볼 수 있는 표면 위의 부분뿐만 아니라 눈에 보이지 않는 곳에도 매우 넓게 퍼져 있습니다. 곰팡이와 버섯은 동물이나 식물과는 다른 생김새를 하고 있지만 자라고 번식하기 때문에 생물이며, 포자로 번식합니다.

채점 기준

상	버섯과 곰팡이의 생김새를 모두 옳게 쓴 경우
중	버섯과 곰팡이의 생김새 중 한 가지만 옳게 쓴 경우
하	버섯의 생김새를 현미경으로 봤을 때가 아닌 맨눈으로 본 모습으로 쓰고, 곰팡이의 생김새는 옳게 쓰지 못한 경우

18 해캄과 짚신벌레는 원생생물입니다. 원생생물은 동물, 식물, 균류로 분류되지 않으며 동물이나 식물과 비교할 때 생김새가 단순합니다. 주로 물에서 살며, 환경 조건이 맞으면 짧은 시간 내에 많은 수로 늘어날 수 있습니다.

| 추가자료 |

원생생물 비교하기

• 짚신벌레, 해캄과 같이 연못이나 물살이 느린 하천에 사는 것도 있고, 녹조류, 갈조류, 홍조류와 같이 바다에 사는 것도 있습니다.

• 원생생물은 대부분 단세포 생물로 크기가 작지만, 해조류와 같이 크기가 크고 다세포성인 생물도 있습니다.

채점 기준

상	해캄과 짚신벌레의 공통점을 두 가지 이상 모두 옳게 쓴 경우
중	해캄과 짚신벌레의 공통점을 한 가지만 옳게 쓴 경우
하	해캄과 짚신벌레의 공통점을 '생물이다.' 등과 같이 단순하게 한 가지만 옳게 쓴 경우

19 세균은 다양한 질병을 일으키기도 하지만, 발효 식품을 만드는 데 이용되거나 우리 몸의 건강을 지켜 주는 등 유익한 세균도 있습니다. 또 죽은 생물이나 동물의 배설물을 분해하여 지구의 환경을 유지하는 데 도움이 됩니다.

채점 기준

상	'아니야'를 고르고, 그렇게 생각한 까닭을 모두 옳게 쓴 경우
중	'아니야'를 고르고, 그렇게 생각한 까닭을 다소 부족하게 쓴 경우
하	'아니야'만 옳게 고른 경우

20 생명과학은 다양한 생명 현상과 생물의 여러 기능을 연구하여 우리 생활의 여러 가지 문제를 해결해 줍니다.

채점 기준

상	㉠은 질병을 치료하는 항생제를 만드는 데 이용되고, ㉡은 건강식품을 만들거나 우주 식량에 이용된다고 모두 옳게 쓴 경우
중	㉠과 ㉡ 중 한 가지만 옳게 쓴 경우
하	㉠과 ㉡ 중 한 가지를 옳게 썼지만, 다소 부족하게 쓴 경우

단원 핵심 정리 ▶**120~121쪽**

1 대물렌즈 **2** 포자 **3** 물 **4** 세균

5 분해 **6** 생명과학

믿고 보는 동아출판 초등 교재

기초학습서부터 교과서 개념 다지기, 과목별 전문서까지!

초등학교 입학 전부터, 예비 중등까지!

초등학생에게 꼭 필요한 영역을 빠짐없이! **동아출판 초등 교재 라인업**

1 교과서 개념 완벽 학습

백점 국어, 수학, 사회, 과학

   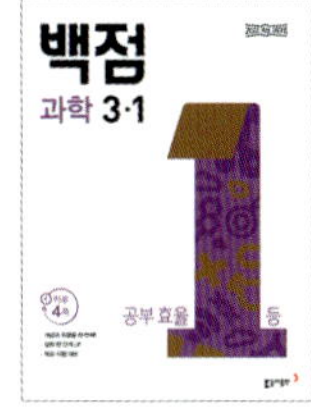

2 초등 영역별 기초학습서

초능력 국어, 수학, 과학
한국사, 한자

3 과목별 전문서

빠작 | 큐브 | 하이탑
뜯어먹는 초등 필수 영단어
그래머 클리어 스타터

    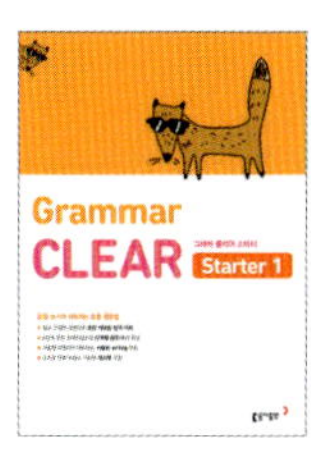

4 예비 중등

초고필 국어, 수학, 한국사
적중 반편성 배치고사 + 진단평가

     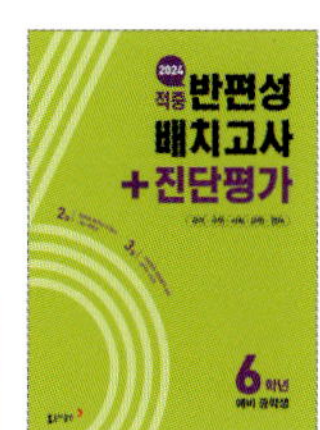

하이탑
HIGHTOP

초등 과학 4·1